DU GENTLEMAN
HIPPOLOGIE — ÉQUITATION
LE CHEVAL
ET
SON CAVALIER
CONFORMATION — ÉDUCATION — CONSERVATION — AMÉLIORATION
PAR
le Comte J. DE LAGONDIE
Ancien Colonel d'État-Major
TOME PREMIER
AVEC NOMBREUSES VIGNETTES
PARIS
L. ROTHSCHILD, ÉDITEUR
13, Rue des Saints-Pères, 13

SYLVICULTURE

Guide du Forestier. — Culture et surveillance des forêts, par A. Bouquet de la Grye (*Conservateur des forêts*). — 2 volumes in-18 reliés, avec 70 gravures. 5 fr.

L'Art de Planter et d'élever en pépinière les arbres forestiers, fruitiers et d'agrément. 2e édition, revue par L. Gouët (*Directeur de l'établissement d'arboriculture des Barres*). — In-18 relié, avec 19 gravures. 2 fr. 50

L'Aménagement des Forêts. — Exploitation des forêts en taillis et en futaie, par A. Puton (*Inspecteur des forêts*). 2e édition, avec gravures, in-18 relié. . . . . 2 fr. 50

Études sur l'Aménagement des forêts, par L. Tassy (*Conservateur des forêts*). — 2e édition. In-8º. . . . . 6 fr.

Mise en valeur des Sols pauvres par les essences résineuses, par A. Fillon (*Sous-inspecteur des forêts*). — In-18. . . . . . . 3 fr.

Les Bois indigènes et étrangers. — Physiologie, culture, productions, qualités, industrie, commerce, par A. Dupont (*Ingénieur des constructions navales*) et A. Bouquet de la Grye (*Conservateur des forêts*). — In-8º, avec 162 gravures. . . . . 12 fr.

Les Bois employés dans l'Industrie. — Cent sections des principales essences de France et d'Algérie, avec leurs caractères distinctifs et leur description, par H. Noerdlinger (*Ancien élève-libre de l'École forestière de Nancy*). . . . . 30 fr.

Manuel de Cubage et d'estimation des Bois, par A. Goursaud, (*Inspecteur des forêts*). — In-18, relié. . . . . 1 fr 50

Flore forestière illustrée du centre de l'Europe, par C. de Kirwan, (*Sous-inspecteur des forêts*). — In-folio orné de chromolithographies représentant 350 figures . . . . 60 fr.

Les Conifères indigènes et exotiques, par C. de Kirwan (*Sous-inspecteur des forêts*). — 2 vol. in-18 rel., avec 106 grav.. 5 fr.

Herbier forestier de la France par E. de Gayffier (*Inspecteur des forêts*), — 2 vol. in-fol. avec 200 phototypographies, rel. 500 fr.

Arboretum et fleuriste de la ville de Paris. — Description, culture, usages de tous les arbres, arbrisseaux, plantes, employés dans les parcs et jardins, par A. Alphand (*Directeur des travaux de Paris*). — In-folio. . . . . 50 fr.

Le Monde des Bois. — Faune et flore forestières, par F. Hœfer. — In-8º avec 300 vignettes, 15 fr. — Édition avec 27 gravures sur acier. . . . . 25 fr.

L'Élagage des Arbres forestiers et d'alignement, par le comte A. des Cars (*Membre de la Société centrale d'Agriculture*). — In-18 avec 72 gravures, relié. . . . . 1 fr.

Code de la législation forestière, par Ch. Jacquot (*Inspecteur des forêts*). — In-18, relié . . . . 1 fr. 50

Réorganisation du Service forestier et réforme de la loi sur les pensions civiles, par Aloys Wisst. — In-8º. . . . . 3 fr. 50

Les Oiseaux utiles et nuisibles aux forêts, champs, jardins, vignes, etc., par H. DE LA BLANCHÈRE (*Ancien élève de l'école forestière*). — 2e édition, avec 150 vignettes. In-18, relié. . . . . . . 3 fr. 50

Les Ravageurs des Forêts et des Arbres d'Alignement. — Description, mœurs, ravages des insectes destructeurs des bois, moyens pratiques de les combattre. — 5e édition, par DE LA BLANCHÈRE et le Dr Eug. ROBERT. — In-18, relié, avec 162 gravures. Prix. . . . . 3 fr. 50

CHASSE — SPORT

Ornithologie du Chasseur, par le docteur CHENU. — In-8º orné de 50 chromotypographies. . . . . 20 fr.

Les Animaux des forêts, par R. CABARRUS (*Sous-inspecteur des forêts*). — In-18 avec 84 gravures, relié. . . . . 2 fr. 50

Le Rêve du Chasseur. — Gibier des bois, plaines, côtes, montagnes, par B.-H. RÉVOIL. — In-folio, 20 planches en deux teintes, avec texte. . . . . 50 fr.

Le Guide du Chasseur devant la loi. — Code du Chasseur par F. TÉCHENEY. — In-18, relié. . . . . 2 fr. 50

Nouveau Carnet de chasse illustré, avec Guide pour les jeunes chasseurs au chien d'arrêt, par M. CHATIN. — 2e édition, in-18, relié . . . . 1 fr.

Le Cheval et son Cavalier. — Hippologie et équitation, par le comte DE LAGONDIE (*Ancien colonel d'état-major*). — 2 vol. in-18, ornés de vignettes, reliés. . . . . 7 fr. 50

Le Chien. — Races, croisements, élevage, dressage, éducation, maladies et traitement, d'après les ouvrages les plus récents de Stonehenge, Idstone, Hamilton Smith, Bouley. — In-18 relié, avec 100 gravures hors texte. — Prix. . . . . 3 fr. 50

Les Oiseaux Gibier. — Histoire naturelle, Chasse, Mœurs et Acclimatation, par H. DE LA BLANCHÈRE. Ouvrage de luxe, in-folio, avec 45 Chromotypographies et nombreuses vignettes dans le texte. Prix : 50 fr. — En reliure de luxe. . . . . 60 fr.

HORTICULTURE — BOTANIQUE

Les Promenades de Paris. — Histoire et description des bois de Boulogne et de Vincennes, Champs-Élysées, parcs, squares, boulevards de Paris, par A. ALPHAND (*Directeur des travaux de Paris*). 2 vol. in-folio, illustrés de 80 gravures sur acier, 23 chromolithographies et 487 gravures sur bois. Prix : 500 fr. ; sur papier de Hollande. . . . . 1,000 fr.

LE CHEVAL

ET

SON CAVALIER

TOME PREMIER

COURSES DE CHEVAUX — HANDICAPS — PARIS
CHEVAL DE PUR SANG — VITESSE — FORME — HARAS
ÉLEVAGE — ACHAT — ÉCURIES — SELLERIE
FERRURE — ENTRAINEMENT — POULAIN — HUNTER
STEEPLE-CHASE — COURSES AU TROT
CAVALIER — JOCKEYS — GROOMS

LE CHEVAL ET SON CAVALIER

ÉCOLE PRATIQUE

POUR

LA CONNAISSANCE – L'ÉDUCATION – LA CONSERVATION – L'AMÉLIORATION

DU CHEVAL

DE COURSE — DE CHASSE — DE GUERRE

d'après les plus récentes Publications anglaises sur le Turf,
avec des Tables généalogiques et nombreuses Additions au point de vue
du Cheval français

PAR

Le Comte J. de LAGONDIE

Ancien Colonel d'État-Major

Ouvrage en deux Volumes ornés de nombreuses Vignettes.

TOME PREMIER

PARIS

J. ROTHSCHILD, ÉDITEUR

13, RUE DES SAINTS-PÈRES, 13

1874

Strasbourg, typ. G. Fischbach, succr de G. Silbermann. — 584.

PRÉFACE.

« Ad narrandum et docendum. »

L'ouvrage intitulé *Le Cheval anglais* a paru en 1860. C'était un extrait du *British rural Sports* par STONEHENGE, avec quelques notes du traducteur.

Cet ouvrage décrivait assez complétement l'état de la question chevaline en Angleterre, et l'édition a été promptement enlevée, de sorte que, depuis nombre d'années, les connaisseurs en demandent inutilement des exemplaires.

Le nouveau livre que je me suis décidé à faire paraître contient toutes les parties de Stonehenge déjà publiées, et en outre des extraits de plusieurs autres ouvrages anglais, avec des notes du traducteur qui en font un livre tout nouveau.

J'ai mis à contribution les œuvres de Delaberre Blaine, celui de Yonatt, le nouveau travail publié en 1866 par Stonehenge sous son vrai nom de Walsh, le *Sporting Magazine*, le *Handy horse Book*, le livre de Walker sur les exercices du corps, etc.

J'ai laissé de côté la partie vétérinaire qui est loin d'être spéciale aux Anglais, et qui a été fondée chez eux par le Français S' Bel.

Enfin, je n'ai rien négligé pour rendre ce travail digne de l'estime des connaisseurs et en faire un *Vade-mecum* sur le turf, à la chasse, partout enfin où l'on fait un noble usage du cheval.

Comte J. de Lagondie.

NOTES GÉNÉRALES.

Souvent nous avons, pour l'intelligence du texte,
opéré nous-même la conversion des mesures anglaises en mesures françaises; cependant il est utile,
pour ceux qui voudront faire du sujet une étude ap-
profondie, d'avoir à leur portée tous les documents
nécessaires pour se rendre compte de chacune des
assertions de l'auteur. Nous allons donc faire un ta-
bleau des mesures et monnaies anglaises réduites en
unités décimales françaises.

1 pied, $0^m,3048$.
1 pouce, $0^m,0254$.
1 yard impérial (3 pieds), $0^m,9144$.
1 furlong (220 yards), $201^m,1644$.
1 mille (8 furlongs), $1609^m,3149$.
1 mille nautique, $1853^m,74$.
1 pole (perche), $5^m,0291$.
1 acre (160 perches carrées), 40 ares 4671.
1 pinte (1/8 de gallon), en litres, 0,5679.
1 gallon impérial, $4^l,5435$.
1 peck (deux gallons), $9^l,0869$
1 bushel (boisseau de 8 gallons), $36^l,3477$.
1 quarter (8 bushels), $290^l,7816$.
1 stone (14 livres), 6 kil. 3476.
1 livre (avoir du poids), 0 kil. 4534.

1 once (16e de la livre), 0 kil. 0283.
1 quintal (112 livres), 50 kil. 78.
1 tonne (20 quintaux), 1015 kil. 65.
1 guinée (21 schellings), 26 fr. 47.
1 souverain (20 schellings), 25 fr. 21.
1 crown ou couronne, 5 fr. 81.
1 schelling, 1 fr. 16.

Poids des jockeys et des chasseurs.

Stones.	Kilogr.
6	38,0856
7	44,4332
8	50,7808
9	57,1284
10	63,4760
11	69,8236
12	76,1712
13	82,5188
14	88,8664
15	95,2140
16	101,5616
17	107,9092
18	114,2568
19	120,6044
20	126,9520 [1]

Tailles en pieds anglais.

5	pieds		1^m,5240
5	p.	1 p.	1^m,5494
5	p.	2	1^m,5748
5		3	1^m,6002
5		4	1^m,6256

[1] Un nommé Daniel Lambert, mort en 1809 à Stampford, pesait 52 st. 2 lb., savoir 331 kil. 0752.

5 p.	5 p.	. . . .	1^m,6510
5	6	. . . .	1^m,6764
5	7	. . . .	1^m,7018
5	8	. . . .	1^m,7272
5	9	. . . .	1^m,7526
5	10	. . . .	1^m,7780
5	11	. . . .	1^m,8034
6	pieds	. . . .	1^m,8288
6 p.	1 p.	. . . .	1^m,8542
6	2	. . . .	1^m,8796
6	3	. . . .	1^m,9050
6	10	. . . .	2^m,0828

Cette dernière taille était celle du boxeur américain Freemann, qui vint combattre en Angleterre
en 1842. Son poids dans l'arène était de 18 stones.

Taille des chevaux.

Elle se compte en *mains* ou *paumes* de quatre
pouces chacune, ce qui fait 0^m,1016.

13 mains font	1^m,3208
14	—	1^m,4224
15	—	1^m,5240
16	—	1^m,6256
17	—	1^m,7272

Tous les chevaux de service sont compris entre
ces limites.

Nous croyons devoir ajouter quelques résultats
(performances) constatés en Angleterre.

En 1865, l'on considérait comme la plus belle

prouesse au trot, celle de Flora Temple, battant Tacony, en parcourant un mille (1609ᵐ) en 2 minutes 24 secondes et demie; mais le 9 août, cette même jument, luttant contre Princess, a gagné trois manches de un mille chacune : la première, en 2 minutes 23 secondes et demie; la seconde, en 2 minutes 22 secondes, et la dernière, en 2 minutes 23 secondes et demie. Ces vitesses n'ont été obtenues que sur les hippodromes d'Amérique.

En Angleterre, Jacky, dans sa course au trot contre Tinker, a parcouru cinq milles en moins de 15 minutes.

Au galop de course, Childers, à Newmarket, a parcouru 7420 yards en 7 minutes et demie, et 6640 yards en 6 minutes 40 secondes.

La course du Derby, qui est de 2414ᵐ, a été fournie, en 1857, en 2 minutes 45 secondes par Blink Bonny, surpassant de 3 secondes la vitesse de Cymba, citée dans cet ouvrage. Dans les douze dernières années, le vainqueur qui a mis le plus de temps à parcourir cette distance, l'a fait en 3 minutes.

Champion fut le premier cheval qui ait gagné le Derby et le Saint-Léger. Cela se passa en 1800, et depuis cette époque le charme ne fut pas rompu.

Avant 1848, quand Surplice obtint les deux triomphes; en 1849 et 1850, The Flying Dutchman et puis Voltigeur en firent autant; Blair Athol, en

1864, et enfin un cheval français, Gladiateur, s'est élevé à la hauteur en 1865.

En 1853, West Australian gagna le prix de deux mille guinées, puis le Derby et enfin le Saint-Léger. Depuis cette époque, le Saint-Léger est échu momentanément à d'autres qu'aux vainqueurs du Derby.

En 1801, Eleanor, tout comme Blink Bonny en 1857, enlevèrent le Derby et les Oaks, et en 1835, Queen of Trumps gagna les Oaks et le Saint-Léger.

A Leamington, Chandler a franchi 39 pieds d'un seul bond.

Les hommes ont fait constater des résultats aussi surprenants. Ainsi Howard, natif de Bradford, franchit d'un seul bond 28 pieds et demi, en se servant d'une planche légèrement relevée sur le devant.

Wantling, de Derby, a parcouru 100 yards en 9 secondes.

George Seward a parcouru 200 yards en 19 secondes et demie.

Jusqu'en 1858, le mille n'avait jamais été couru par un pedestrian en moins de 4 minutes 28 secondes; mais, le 12 juillet 1858, Hosspool a battu Smith pour cette distance d'un mille en 4 minutes 23 secondes.

Le même Hosspool fut battu pour un demi-mille par un nommé Reed, qui arriva en 1 minute 58 secondes, vitesse la plus grande que l'on ait constatée pour un demi-mille.

Enfin, dix milles ont été franchis en 52 minutes 53 secondes par Levett, battant Frost de 2 yards[1].

Maxfield a parcouru 20 milles en 1 heure 58 minutes.

Pour donner une idée du fonds que l'on peut acquérir par l'entraînement, je signalerai Bill Hayes et Mike Madden, boxeurs de Londres, qui combattirent 6 heures 3 minutes, le 17 juillet 1849 ; mais ceci est trop étranger à notre sujet, et il est temps de clore cette énumération de prouesses.

---

[1] *Deer foot*, Indien des États-Unis d'Amérique, a battu Miles en 1863, 11 milles 790 yards (24,926^m) en une heure.

LE CHEVAL ET SON CAVALIER.

LIVRE I.

COURSES DE CHEVAUX.

CHAPITRE Iᵉʳ.

REMARQUES GÉNÉRALES SUR LES COURSES DE CHEVAUX.

But des courses de chevaux. — 1. — En Angleterre, de l'aveu général, le seul objet pour lequel les courses de chevaux furent établies dans le principe et patronées par les puissants du siècle, c'est comme encouragement à la production chevaline[1].

Sous aucun autre point de vue les courses ne pourraient se maintenir sur le terrain des plaisirs

[1] On élève aujourd'hui en Angleterre cinq fois au moins autant de chevaux qu'il y a un siècle. (Youatt, p. 26.

nationaux en raison des fâcheuses conséquences qu'elles entraînent aux yeux de ceux qui veulent moraliser le peuple ; mais tant que les guerres resteront inévitables dans ce bas monde, une cavalerie bien montée sera essentielle à notre existence comme nation.

Or, à moins que l'on n'accorde de grands encouragements à nos éleveurs, nous perdrons bientôt cette prééminence en qualité de chevaux, qui nous a toujours distingués.

Tant que l'exportation des chevaux sera permise, il est certain que d'autres nations participeront à notre avantage ; mais cependant, dans le cas d'une lutte avec une puissance voisine, cette source de remontes pourrait lui être fermée. Il est facile de démontrer qu'une race de chevaux supérieure est nécessaire pour la défense nationale, et les courses seules maintiennent les chevaux de race en nombre et dans leur pureté primitive ; il faut donc, jusqu'à ce qu'on ait trouvé quelque autre expédient, que tout Anglais patriote aide à la prospérité des courses, ou évite au moins de leur faire opposition. Il n'en est pas de même des actes frauduleux et des vols manifestes qui sont trop communs sur le turf, parce qu'il ne peut exister de raison acceptable pour que l'habitude de faire courir des chevaux soit accompagnée de plus de fraudes et de déceptions que tout autre sorte de concours. La cause des maux présents est assez connue, et il appartient au public de les encourager ou de les supprimer. Ceci néanmoins est un sujet qu'il sera plus opportun d'étudier quand nous viendrons à examiner les détails du système. Il est seulement nécessaire, pour le moment, de se bien persuader que l'existence de notre race supérieure de chevaux dépend de la conservation du plaisir des courses. Pour entrer pleinement dans cette question, il faut faire deux observations préliminaires. D'abord, c'est que le cheval de pur sang est comparativement inutile pour tout autre usage que les courses ou la procréation du demi-sang, et que cette race se restreindrait promptement à des nombres fort limités si l'on supprimait le véhicule actuel. Secondement, la vitesse et la vigueur ne peuvent s'éprouver que par une lutte qui doit prendre sous une forme quelconque l'aspect d'une course, car, sans cette épreuve, l'éleveur ne pourrait se faire aucune opinion sur la bonté des étalons dont il doit faire choix. Tous les producteurs savent que la forme extérieure ne suffit pas, et qu'avec ce seul guide ils seraient constamment exposés à produire des animaux de bel aspect, mais sans vigueur. Si ces deux points peuvent être démontrés, il s'ensuit qu'il faut maintenir les courses sous une forme quelconque pour guider l'éleveur dans le choix de son haras, et qu'elles doivent être encouragées par les prix royaux, etc., afin de donner aux riches et aux nobles du pays la tentation de saisir les occasions de produire cette race au plus haut degré de pureté et de perfection.

Introduction des handicaps. — 2. — Les mauvaises tendances dans les courses sont aujourd'hui tellement inséparables de leur existence, qu'il faudrait un vigoureux acte législatif pour en triompher. La cause du mal est assez évidente, mais le remède n'est pas aussi facile, à moins de détruire presque en entier le système sur lequel est basé ce genre de sport. Je vais essayer de l'expliquer brièvement. Jusqu'aux trente dernières années, toutes les courses avaient lieu sous des poids fixés relativement à l'âge ou à la taille des chevaux concurrents; mais il fut trouvé à cette époque qu'au moyen de caravans[1], et depuis par chemin de fer, un petit nombre de bons chevaux balayaient tout devant eux, et par conséquent il y avait grande difficulté à créer assez d'amusement pour les spectateurs ou à procurer de bonnes mises dans les poules, même pour les bons chevaux. Quand on apprenait, en effet, qu'un cheval supérieur pouvait paraître dans un lieu de courses, personne ne se donnait la peine de faire entrer d'autres concurrents, et le résultat était une

[1] Sorte de voiture pour le transport des chevaux.

promenade autour de l'hippodrome, et pas même
quelquefois cela, quand le prix n'était pas fondé des
deniers publics. Pour faire face à ces difficultés,
plusieurs comités hippiques se décidèrent à adopter
le système des handicaps, bien connus auparavant,
mais auxquels alors on avait bien rarement recours.
Il est dans la nature de ce mode de concours d'offrir
une prime constante à la fraude et à la tromperie,
car sans y avoir recours aucun cheval n'a de chances
pour gagner un seul handicap, quand même il les
courrait tous de mars à septembre. La raison en est
assez apparente, puisque ce n'est qu'en trompant le
commissaire[1] que le cheval victorieux a reçu un
poids au-dessous de la force réelle, et a été ainsi mis
en mesure de vaincre. Pour les non-initiés, il est
peut-être nécessaire d'expliquer que la course en
handicap est ouverte aux chevaux de tout mérite,
dont les propriétaires paient une certaine entrée,
après quoi le juge, ou plutôt handicapeur, leur fixe
à chacun un poids qui doit les amener *ex æquo* au
poteau d'arrivée. Après cette fixation, le propriétaire
a le droit de renoncer à son entrée ou d'y ajouter
une certaine somme. Il s'ensuit que si la théorie pouvait être exécutée en perfection, tous les chevaux
arriveraient nez à nez ; mais la pratique est sujette à

---

[1] Le handicapper, en anglais.

l'erreur, parce que le juge, pour se faire une opinion sur leurs moyens, est guidé par leur manière antérieure de courir en public ; il devient donc désirable, pour le propriétaire d'un cheval engagé dans un handicap d'importance, de le faire courir dans les courses antérieures de façon à perdre, ou, en langage de turf, *de se retirer du poids*. Par suite, tous ceux qui sont engagés dans ces pratiques perverses essaient constamment de faire croire aux handicappers que leurs chevaux sont plus mauvais qu'ils ne le sont en réalité, et quelquefois un cheval court pour toute une saison et même plus d'une, dans toutes sortes de courses, sans que son maître le laisse gagner, dans le but de lui retirer du poids pour le moment où il faudra faire un grand coup. A d'autres époques, cette conduite aurait paru éminemment déshonorante, et plus d'un acte semblable a encouru le blâme du Jockey Club, même quand l'ordre de « retenir les ficelles » avait été donné par un motif moins indigne ; mais maintenant cet acte est si commun qu'au contraire c'est le propriétaire d'un cheval maladroitement engagé qui est l'objet du mépris du monde hippique. Cette circonstance ne doit pas non plus causer de surprise, quand on songe que les conditions mêmes de la course sont une tentation permanente au manque d'honneur. L'homme est assez enclin au vice sans stimulants extraordinaires, mais c'est le comble de l'absurdité et de la folie de lui en fournir plus que la nature ne lui en suggère.

Cette malversation est tellement reconnue sur le turf, qu'il est aujourd'hui passé en proverbe qu'un mauvais cheval engagé adroitement vaut mieux qu'un bon cheval maladroitement produit, et il est en effet assez clair qu'il rapporte plus d'argent. Par suite, si l'argent est le but désiré, comme cela n'arrive que trop fréquemment, le proverbe ci-dessus trouve son application, et un cheval inférieur est souvent plus profitable au propriétaire que le meilleur produit de son écurie dans la même année. Bien des exemples pourraient être présentés dans lesquels des chevaux de trois ou quatre ans ont été engagés pendant toute une saison seulement pour leur procurer une bonne entrée dans les handicaps du printemps de l'année suivante, et alors ils les ont gagnés avec la plus grande facilité. Mais ces faits sont si notoires qu'il est inutile de s'étendre plus longtemps sur ce sujet. Il suffit de répéter qu'il est universellement admis par tous les initiés aux secrets du turf, que continuellement des chevaux paient leur entrée et courent uniquement pour engager le handicapper à les charger faiblement, et qu'enfin cette pratique est devenue si notoire, que le but finit par n'être plus atteint. Car, puisque tous, ou du moins presque tous, jouent le même jeu, le handicapper est obligé d'avoir recours à d'autres moyens de reconnaître le mérite relatif des chevaux, et il n'est pas toujours guidé pour le poids à donner par la place obtenue dans les courses. Mais ce n'est encore qu'une exception à la règle qui domine dans les courses publiques, et quoique dans des cas scandaleux des chevaux puissent être hors de concours par surcharge, cependant dans la majorité des circonstances, avec une patience et une finesse ordinaire (ou prudence, comme on dit), le handicapper est induit à la fin à accorder un poids si minime que le succès convoité se trouve assuré, sauf les accidents pendant l'entraînement. Il peut être allégué en faveur de ces courses, qu'elles donnent quelque encouragement aux éleveurs, parce que si le résultat de leurs soins et peines n'est pas un animal de premier ordre, il peut encore dans un handicap gagner un prix important. A nos yeux, le pis de l'affaire est que le succès ne dépend pas de la bonté relative des chevaux, mais de la perversité relative de ceux qui les engagent. Rien ne serait plus aisé que de donner encouragement à des chevaux de second ou de troisième ordre, en offrant des poules à ceux qui n'auraient jamais gagné plus d'une certaine somme. C'était l'usage dans les petits centres de courses, mais quoique cela encourageât l'éleveur, cela ne faisait pas l'affaire des book-makers (gens qui ont un registre de gageures)[1], qui demandent un champ plus nombreux pour parier à la ronde (*betting round*), ni des comités des courses, qui veulent beaucoup de monde à leurs réunions. De là provient l'énorme succès des handicaps, qui conviennent à tant de personnes composant la confrérie des parieurs, les propriétaires des chevaux inférieurs et les comités de courses, tandis qu'ils ne nuisent aux hommes qu'au point de vue de la moralité, et à la race de chevaux qu'au point de vue de l'aptitude à supporter du poids. Si les races de chevaux n'avaient que ces courses pour encouragement, elles se détérioreraient promptement, et l'animal vif et brillant pouvant porter au plus 6 stone (38 k. 08) deviendrait le *summum bonum* rêvé par l'éleveur.

3. — Le *Derby*, les *Oaks* et le *Saint-Léger* ont cependant heureusement été conservés et ont fourni les moyens d'éviter les tendances destructives des handicaps à l'égard des chevaux, quoique malheureusement ces prix soient presque autant livrés aux pratiques des spéculateurs. Ces grandes courses sont des épreuves vraies du mérite du cheval, et plusieurs seigneurs ou gentlemen d'honneur irréprochable ont réussi à les gagner, et même dans les annales de ces

[1] On entend par *book* l'ensemble des paris inscrits.

prix, le succès d'un cheval appartenant à un spécu-
lateur (book-maker) est un événement rare. Leur
grand défaut est de trop dépendre des fluctuations
de la spéculation, et que, quand les sommes enga-
gées par le public prennent des proportions si énormes, les tentations vers la fraude, sous une forme
quelconque, sont assez fortes pour la rendre fréquente.
Être assez adroit et candide pour avouer les qualités
d'un animal supérieur suffirait pour assurer son insuccès dans presque tous les cas. De là la nécessité
de tout le secret qui règne ou que l'on essaie de faire
régner dans les écuries de course. Dès qu'un cheval
de Derby est à courtes chances[1], il est l'objet des
tentatives de plusieurs vagabonds d'hippodrome qui
sont tous prêts à détruire sa santé ou ses jambes s'ils
peuvent en saisir l'occasion. Cela est souvent arrivé,
et quand on possède un favori bien en vogue, la peur
de semblables accidents nécessite une vigilance
constante et la précision d'un Argus. Il est vrai que
plusieurs échappent à la règle fatale, mais un plus
grand nombre succombe, et le meilleur plan est
sans contredit de tenir autant que possible le public dans l'ignorance relativement aux qualités d'un
cheval.

[1] Courtes chances quand il est coté 4, 5 ou 6 contre un ; longues chances
quand on parie 50, 60, 100 contre 1. Il y a maintenant pour le Derby de
deux à trois cent chevaux engagés.

Mauvaises tendances dans les paris. — 4. — Comme on l'a déjà remarqué, les courses précitées servent souvent aux parieurs pour faire de l'argent, et souvent des chevaux sont engagés et deviennent des favoris uniquement afin de pouvoir parier contre eux et de réaliser de la sorte une grosse somme, moins forte il est vrai que celle que l'on obtiendrait par la victoire, mais encore suffisante pour faire une bonne spéculation. Dans quelques cas, deux ou trois chevaux sont engagés par la même personne; l'un est destiné à courir et est tenu fort bas dans les paris; les autres, au contraire, ne sont jamais destinés à gagner des prix, mais souvent à la réalisation d'une somme qui paiera toutes les dépenses, et peut-être un peu plus, lors même que celui qui a la mission de gagner éprouverait un échec. Toutes ces pratiques de chicane sont sans doute fort répréhensibles, mais elles ne sont pas une conséquence nécessaire des courses, et ne sont point, comme dans le handicap, encouragées par les règles fondamentales. Partout où l'on parie d'une façon importante, on est sûr de voir naître l'excès, soit à la course, soit au tripot, au marché du houblon ou sur le turf; mais ceci n'a aucun rapport avec la légitimité des événements sur lesquels on parie.

On pourrait alléguer avec autant de raison que la culture du houblon est immorale, parce que l'on fait des spéculations incessantes sur ce commerce, tout comme pour les courses de chevaux. Sans doute il y a du mal des deux côtés, et si l'on pouvait se passer de houblon et de chevaux, peut-être y aurait-il quelque petite difficulté à trouver, pour les remplacer, des objets aussi incertains et sujets à autant de fluctuations ; mais tant qu'on pourra compter les pailles d'une meule ou faire courir des vers sur une assiette, on pourra établir des paris qui satisferont les assistants, et l'on ne peut même espérer que la disparition des chevaux et du houblon réussît à déraciner notre penchant au jeu.

5. — La réforme des courses est maintenant devenue une nécessité du siècle, et leur suppression serait hautement préjudiciable. Puisqu'il faut en supporter la continuation d'une façon ou d'une autre, la seule chose qu'il y ait à faire, c'est de les débarrasser des vices qui souillent leur réputation actuelle. Les paris doivent s'accomplir en liberté, aucune disposition législative ne pouvant empêcher les hommes de risquer de l'argent à l'appui de leurs opinions. La seule question à décider est de savoir si les lois doivent assurer l'exécution d'un semblable contrat. L'avis publié dernièrement par certains membres du Jockey Club, de leur intention de proposer un règlement portant qu'à l'avenir aucun pari ne sera payé d'avance, est un pas dans la vraie direction ; si cette

détermination s'accomplit, elle empêchera beaucoup de pratiques frauduleuses fort communes aujourd'hui[1]. Cela serait certainement une véritable révolution dans le monde des parieurs et mettrait fin au système actuel de faire un livre (*book*), puisque chacun sera incertain des paris qui resteront bons et de ceux qui seront annulés, parce que les chevaux qui en faisaient l'objet n'auront pas couru. Il restera néanmoins un champ suffisant pour l'exercice du jugement du véritable amateur, et celui qui parie par spéculation peut être laissé de côté.

Mais, tout en laissant quelque chose à la spéculation, il n'y a pas de raison pour ne pas relever les courses de l'état d'atonie où elles se trouvent ; la tâche est difficile, et je n'ai pas la présomption de sup-

---

[1] Tous les ans, et particulièrement en 1869, des seigneurs anglais que la passion des courses avait portés à engager sur le turf des sommes énormes, ont été victimes de manœuvres déloyales de chevaliers d'industrie. L'indignation publique réclame l'intervention du Jockey Club et même du Parlement pour une réforme radicale. Des hommes aussi compétents que l'amiral Rous et Sir Joseph Hawley s'occupent avec ardeur de cette question importante. Il est curieux de voir en cette controverse Sir Joseph invoquer souvent des précédents observés dans les courses françaises.

Les modifications les plus importantes que l'on propose actuellement sont la suppression de la règle p. p. (play or pay, courir ou payer) et la fixation de l'âge des chevaux au 25 mars au lieu du 1er janvier, afin que les poulains soient désormais produits dans des herbages, au lieu d'être jetés sur la terre nue. Tout cheval né avant le 25 mars compterait un an de plus, et cela suffirait pour faire renoncer à l'élevage d'hiver, si nuisible à la constitution du cheval de pur sang. Cela serait fort raisonnable, mais je crois que la tradition, ou routine, qui a fixé les époques de courses, l'emportera sur la raison pure.

poser que cela puisse être effectué par les efforts d'un individu isolé ; mais cependant cette plaie doit disparaître avec le temps, car il faut qu'il soit mis fin au système corrompu qui prévaut aujourd'hui. Dès que l'on verra que les fraudes n'ont pas de chances de succès, on cessera de les entreprendre, et quand tous essaient la même tromperie, le résultat doit être que personne ne doit réussir. Le mal se guérira de lui-même, et les handicaps sur terrain plat suivront le sort des steeple-chases établis sur les mêmes principes, qui deviennent annuellement moins fréquents et moins importants. Si , par quelque moyen, ces traits indignes pouvaient être rayés de la carte, un grand coup serait porté à la confrérie des parieurs, qui vivent en grande partie de ce qu'ils peuvent accrocher sur les handicaps. Trois grandes courses par an ne fourniraient pas un aliment suffisant à leurs vastes mâchoires, et ils sentiraient cruellement la perte des handicaps.

Quoique je ne ne demande pas leur cessation pour écarter cette classe de gens, cependant cet effet serait loin de m'être désagréable ou préjudiciable aux intérêts du monde équestre. Rien ne peut excéder la beauté des chevaux engagés, et l'on ne peut imaginer de scène plus excitante que celle d'un terrain de course bien emménagé, avec un grand champ de chevaux de race ; mais le concours de la horde des spéculateurs n'est certainement pas de mon goût. Je n'ai, toutefois, point de guerre déclarée avec eux, les regardant comme un mal nécessaire et une soupape de sûreté pour l'exubérance des poches trop bien garnies et l'excès de santé de la jeunesse et de l'inexpérience. Laissez la direction des courses à quelque comité général nommé par le ministre de l'intérieur, que toutes primes données à la fraude sous la forme de handicap disparaissent; alors on pourra espérer les vrais avantages du système, sans l'affreux alliage maintenant inhérent à son essence même. Les comités de courses s'étendent si loin dans le pays, et sont si souvent en concurrence, que l'on ne peut espérer les voir se réformer eux-mêmes; mais s'ils étaient obligés de soumettre leurs programmes à un fonctionnaire public responsable, si on leur traçait certaines règles de conduite, ils seraient obligés de se conformer à ses décisions, et de suivre ses règlements. Tous actes de fraude, comme de faire courir un cheval destiné à perdre, devraient être punis, soit par l'exclusion des courses, soit par une peine sévère.

Bien que l'on ne puisse pas les empêcher entièrement, ces supercheries diminueraient singulièrement de fréquence et d'importance. Personne ne peut être puni pour parier contre son cheval, avec l'intention bien décidée de voler le public; mais on devrait formuler, s'il est possible, quelque loi qui taxât d'infamie de pareils actes, si elle ne réussissait pas à les empêcher entièrement. Tel est le plan qui sera tôt ou tard imposé à la législature, si le turf doit être remis en voie d'utilité pour le perfectionnement des races chevalines tel qu'il était autrefois. Les circonstances que l'avenir nous réserve décideront du moment où l'on pourra opérer cette réforme[1].

6. — Les courses sont divisées en courses plates, courses de haies, steeple-chase, chasse à courre et luttes au trot. La première est maintenant pratiquée dans toute l'étendue des trois Royaumes. La seconde est aussi assez commune; mais ses deux subdivisions

---

[1] Le propriétaire du cheval favori pour la coupe de Chester en 1870, Bonny swell, se voyant devancé dans le marché, a tranquillement déclaré aux parieurs que si on n'acceptait pas un pari de 14,000 l. st. (350,000 fr.) contre 1000, il ne ferait pas partir son cheval. Cette prétention exorbitante n'ayant pas été agréée, tous ceux qui avaient parié pour un cheval notoirement reconnu comme le meilleur ont eu le déplaisir de le voir rester à l'écurie et ont perdu leur argent.

Nous ne sommes plus au temps où le Jockey Club interdisait l'hippodrome au prince de Galles depuis George IV, parce qu'on soupçonnait la délicatesse de Chifney, son jockey. L'amiral Rous a entendu dire à son père, membre du Club à cette époque, qu'en effet Selim, cheval du prince, avait été volontairement retenu dans une course contre Lydia, mais que George IV était complétement étranger à cette fraude, n'étant pas venu sur l'hippodrome et ne sachant même pas que cette course devait avoir lieu. Les gens de son écurie seuls avaient combiné cet acte de mauvaise foi. Les commissaires du Club eurent le grand tort d'écrire au prince une lettre inconvenante et celui tout à fait impardonnable de refuser l'enquête qu'il sollicitait. L'amiral pense aussi que Chifney était innocent de tout cela, mais un entraîneur qui montait aussi quelquefois, était loin d'être irréprochable.

ne sont pas aussi suivies qu'autrefois. Les courses de haies sont quelquefois mêlées aux courses plates dans les réunions d'été, mais elles appartiennent plutôt à la catégorie du steeple-chase qu'à la course plate, puisque dans les deux cas il faut que le cheval ait la puissance et la volonté de franchir les obstacles que l'on met devant lui. La chasse aux chiens courants est maintenant complétement une course, et peut prendre rang parmi les catégories déjà énumérées, quoiqu'elle ne soit suivie d'aucun prix déterminé ; cependant ses adeptes luttent les uns contre les autres aussi ardemment que les jockeys sur l'hippodrome.

La poursuite du renard est en beaucoup de contrées bien plutôt un steeple-chase quotidien que la pratique d'une chasse. Les luttes au trot sont maintenant presque abolies ; mais, comme on les pratique encore quelquefois, nous devons donner quelques détails sur la manière de les exécuter en Angleterre. Les chevaux en usage dans ces différentes espèces de courses sont :

Le cheval de pur sang, qui est à peu près maintenant le seul cheval en usage sur le terrain plat ; le demi-sang ou cocktail [1], qui est généralement de 15 seizièmes de pur sang, et est employé pour

____

[1] Cocktail (queue retroussée), ou plutôt cheval nicté.

courir les haies, les steeple-chases ou les chasses à courre.

Plusieurs des chevaux employés à cet exercice sont tout à fait de pur sang ; mais les chevaux à grand succès dans le steeple-chase ont généralement quelque tache dans leurs généalogies, quoique pas plus d'un seizième, ou même d'un trente-deuxième. Les hunters et les trotteurs sont plus fréquemment de sept huitèmes de sang ; mais plusieurs ont moins de cette qualité précieuse, tandis que d'autres encore sont tout à fait de pur sang. Ce sujet sera traité plus complétement dans les différents chapitres du cheval de course, du cheval de steeple-chase, du coureur de haies, du hunter capable de porter du poids, et du trotteur destiné à concourir à son allure.

CHAPITRE II.

LE CHEVAL DE COURSE DE PUR SANG.

Définition du cheval de pur sang. — 8. — Ce n'est point un sujet aussi simple qu'on le suppose; car, quoique le pur sang passe pour être uniquement du sang oriental, le fait n'est point exact, si l'on remonte au temps où l'on a commencé à enregistrer les faits. Dans la généalogie d'Eclipse on trouve les noms de non moins de 13 juments de sang non tracé, et la même quantité de sang impur ou presque autant se trouve dans tous les chevaux de son époque, c'est-à-dire éloignés au même degré des sources primitives de nos meilleures familles chevalines. La définition est donc insuffisante, puisqu'elle ne trouve pas son application à un étalon dont le sang coule dans presque toutes les races actuelles, et bien d'autres chevaux sont dans le même cas que lui. La seule appréciation qui puisse tenir lieu d'une définition, c'est l'inscription au studbook destiné à enregistrer les chevaux de pur sang.

Tous les chevaux issus des juments qui y sont signalées et des étalons figurant dans ses pages sont qualifiés de pur sang, et tous les autres sont communément désignés comme des demi-sang, bien qu'ils

soient composés de demi pur, ou de trois quarts ou
de sept huitièmes, ou de toute autre proportion.
Beaucoup de nos étalons de demi-sang sont bien
près d'être purs ; mais rien maintenant ne peut effa-
cer la tache qu'autrefois on considérait comme lavée
par quelques croisements avec le sang oriental.

Origine du cheval de pur sang. — 9. — Nous
sommes redevables aux Stuarts du premier grand
perfectionnement apporté aux races de nos che-
vaux. En effet, Jacques Ier et Charles Ier ont introduit le sang arabe, et Charles II a jeté les bases
de nos races modernes en important quatre juments (appelées juments royales, en raison de leur
maître), auxquelles on peut faire remonter les chevaux célèbres de la fin du siècle dernier, et quelques-unes de nos meilleures familles chevalines
actuelles. Plusieurs chevaux orientaux furent aussi
importés à diverses époques, tels que Turc Stradling,
ou Lister père de Snake, les turcs blanc et alezan de
D'Arcey, le turc Acaster, l'arabe Alcock, le barbe
bai de Curwen, le barbe de Toulouse, l'arabe blanc
de Honeywood, l'arabe de Cullen, le vieux Greyhound, né en Angleterre, mais conçu en Barbarie,
l'arabe de Damas, les turcs de Helmsley, Belgrade,
Selaby et Strickland, les arabes bais Oglethorpe et
Lonsdale, l'arabe alezan de Wilson et l'arabe bai de
Newcome, l'arabe de Coomb, l'arabe Litten d'Hamp-

toncourt, les barbes de Cole et de Tarran, l'arabe de Lord Oxford à l'épaule tachée de sang, le turc blanc de Place, l'arabe de Bethell, le turc Holderness, le barbe de Compton appelé ensuite l'arabe gris de Sedley, les arabes de Northumberland, Golden, Bell's et Saanah, le barbe bai de Hutton, les arabes gris et bais de Newton, l'arabe de Panton, et plusieurs juments arabes, celle de l'amiral Keppel, l'arabe de Wym, et le barbe marocain de lord Fairfax.

10. — Mais les racines principales de nos meilleurs chevaux peuvent être désignées par les trois chevaux orientaux suivants : d'abord le turc de Byerley, dont on ne sait autre chose que d'avoir été le cheval de guerre du capitaine Byerley en Irlande, en 1689; secondement l'arabe de Darley, importé par M. Darley de Yorkshire, de bonne heure dans le 18ᵉ siècle, on suppose vers 1712, et l'arabe ou barbe Godolphin, importé quelques années après, et employé comme père en 1731, en conséquence de l'impuissance de Hobgoblin, près duquel il remplissait le rôle ignoble de boute-en-train. De ces trois derniers chevaux sont dérivées toutes nos meilleures races, dans la généalogie desquelles on trouvera leurs noms mêlés à plus ou moins des descendants des autres chevaux et juments dont nous avons donné une première liste. En se reportant aux tables généalogiques contenues dans cet article, on reconnaîtra que Godolphin pré-

domine à un haut degré ; car, quoiqu'il n'ait paru que
vingt ans après l'arabe de Darley et qu'on puisse le
considérer comme plus rapproché de nous de deux
générations, cependant sa descendance prévaut beaucoup plus que cette légère différence ne peut l'expliquer. En examinant nos tables généalogiques, il est
usuel de tracer la provenance spécialement par la
ligne mâle ; de là différents chevaux sont considérés
comme descendants de l'un ou l'autre de ces trois
chevaux, souvent lorsqu'ils ont en réalité plus du
sang de l'un ou même des deux autres dont on ne
fait pas mention. Ainsi Eclipse passe généralement
pour un descendant de l'arabe de Darley, et il l'était
en effet, étant fils de Marske, qui était fils de Squirt,
lui-même petit-fils de l'arabe de Darley par Bartlett's
Childers ; mais, d'un autre côté, Eclipse venait de
Spilletta, issue de Régulus, fils de Godolphin, il
avait donc un huitième de sang de Godolphin et un
seizième de l'arabe de Darley. Il a été prétendu par
quelques écrivains hippiques, et entre autres par
Hanckey Smith, que l'excellence des deux Childers
provient plutôt des étalons de la première liste que
de l'arabe de Darley. Mais je ne puis m'empêcher de
croire que c'est une illusion, par la raison suivante :
En consultant les tables généalogiques, l'on verra
que le sang de l'arabe de Darley avec celui du turc
de Byerley et Godolphin se rencontre dix fois aussi

souvent que tout autre, tel que l'une des juments
royales ou le turc Lister, qui sont les noms les plus
fréquents après ces trois célébrités. Maintenant, si
les qualités d'Eclipse étaient dues au croisement
dans sa généalogie du Lister Turc ou de Hautboy,
comment se fait-il que dans les familles qui ont suivi
nous ne trouvons pas ce sang prédominant parmi les
chevaux de première qualité ? Si, au contraire, nous
trouvons nos animaux de choix inondés du sang de
Godolphin, Byerley Turc et l'arabe de Darley, à
l'exception de quelques gouttes éparses venant de la
longue liste énumérée plus haut, nous sommes obligés de donner le premier rang à ces trois, et la seule
question qui se présente est si cette persévérance
exclusive des mêmes unions, bien que cause origi-
nelle de supériorité, ne nécessite pas aujourd'hui une
importation de sang nouveau. L'examen va bientôt
nous démontrer que ces trois étalons forment les
grosses branches de l'arbre généalogique. Toutefois,
à l'époque actuelle, il est à peine désirable en théorie
et tout à fait impossible en pratique de séparer ces
origines et de les évaluer en comparaison l'une de
l'autre, parce que la génération présente est trop
éloignée de l'époque ou vivaient ces trois coursiers.
Peu de chevaux modernes sont seulement à sept
générations de Godolphin. Cotherstone et sa sœur
Mowerina sont, je crois, les seuls chevaux de quel-

que distinction qui le comptent comme ancêtre au sixième degré. La distance du Darley Arabian et de Byerley Turc est encore plus grande, quoique dans quelques cas elle ne soit que de deux degrés en plus. Pour plus de commodité, je donnerai une liste des chevaux et juments les plus remarquables, éloignés des animaux modernes de six ou sept degrés. J'y joindrai une description de leurs généalogies et particularités, et ensuite je veux décrire la filiation en remontant de nos bêtes modernes jusqu'à eux, de manière à reconnaître la valeur relative de ces éléments, et l'opportunité d'y avoir recours ou de les éviter dans le choix des sujets destinés à la reproduction. Rien n'est plus difficile à faire que ce calcul sans avoir toute la généalogie devant les yeux, parce qu'il est impossible de saisir tous les détails en ayant recours à la méthode d'inscription employée dans le studbook. Mais par une recherche faite avec plus de soin, il résultera, je crois, que certains chevaux et juments qui ne remontent qu'à cette distance sont à mettre au premier rang, tandis que d'autres s'éteignent graduellement. Selon la prédominance des premiers, ou leur absence, une filiation est à rechercher ou sans valeur.

Liste des chevaux et juments dont nos races sont principalement dérivées. — 11. — Une liste de chevaux et juments à six ou sept générations de nos

chevaux modernes, c'est-à-dire d'environ 100 ans,
sera avantageuse à l'éleveur, en ce sens que cela
lui fera comprendre lēs listes ci-jointes de nos chevaux et juments actuellement le plus en évidence.
A la tête de cette liste je placerai le père célèbre
dont le nom suit.

12. — *Herod*, ou, comme on l'appelait autrefois,
le roi Hérode, fut mis bas en 1758 et fut élevé par
le duc de Cumberland, puis vendu à sir John Moore,
entre les mains duquel il fut un grand coureur sur
l'hippodrome, quoique point constamment victorieux
comme son fils Highflyer, ou ces foudres de vitesse
Childers et Eclipse. C'était à l'extérieur un fort beau
cheval, avec beaucoup de vitesse et de moyens, mais
sa réputation repose maintenant sur sa descendance,
qui, dans sa première génération, produisit 497 vainqueurs et réalisa plus de 200,000 livres st. En se
reportant à sa généalogie, donnée dans la table 2,
l'on verra qu'il provenait presque entièrement de sang
oriental, mais cependant avec plusieurs taches dont
une seule aujourd'hui déshonorerait une généalogie.
Il est ordinairement considéré comme représentant
le Byerley Turc ; mais en réalité, il est moitié plus
près du Darley Arabian, ayant une infusion du premier et deux du second. Flying Childers est inscrit
son grand-père, et c'est à lui, je suppose, qu'est dû
le mérite, dont jouit Hérode, d'être l'ingrédient le

plus précieux dans la composition de nos familles chevalines actuelles. En parcourant les tables généalogiques, on le rencontre plus souvent qu'aucun cheval de son temps, et j'espère montrer comme règle (avec exceptions bien entendu) que la valeur d'un cheval comme coureur dépend de la quantité du sang d'Hérode contenue dans sa généalogie. Spanker ne forme pas tout à fait un seizième du sang d'Hérode, en faisant le calcul de la réunion en une des trois sources les plus éloignées. L'Arabe de Béthel peut prétendre à une part imposante, puisqu'il entre pour un huitième dans la composition d'Hérode; mais, comme il n'a pas grande réputation provenant d'autres sources, l'on peut à peine supposer que la bonté du sang d'Hérode dépende de lui.

13. — *Matchem* viendra le second en importance, aussi bien qu'en date, bien qu'à cet égard il dût précéder Hérode, étant né en 1748 ; mais, comme je crois qu'il ne prévaut pas autant dans les généalogies de nos chevaux, je l'ai classé au-dessous de ce célèbre animal. Quoiqu'il soit en descendance mâle le seul représentant de Godolphin vivant de son temps, il a l'honneur d'avoir transmis ce sang par la ligne femelle avec Miss Ramsden, Molly Longlegs, Rachel, Lisette, Folly, etc., etc. Cette dernière était par Blank, fils de Godolphin, avec une jument sœur de Régulus et fille de Godolphin. La généalogie de

Matchem est donnée dans la table I, qui montrera
que sa composition est en grande partie due à Godolphin et présentant peu de mésalliances. Le barbe
Saint-Victor, le turc Acaster, le turc de Byerley et
l'arabe Oglethorpe font chacun un seizième, proportion que prend aussi le barbe de Curwen avec une
petite portion additionnelle par Crab. Spanker paraît
aussi dans cette généalogie, mais à un moindre degré
que dans celle d'Hérode. Matchem était un très-bon
cheval de course, presque toujours victorieux. Comme
étalon, il ne s'éleva pas jusqu'à Hérode, mais il fut
père de 354 vainqueurs, dont les gains réunis mon-
tèrent jusqu'à 150,000 liv. sterl.

14. — *Eclipse* (Fig. 1), l'honneur et l'orgueil de
l'hippodrome, est ordinairement rangé parmi les descendants de Darley Arabian, dont il est le seul représentant dans la ligne mâle qui puisse être tracée
jusqu'à nos familles modernes ; mais, en examinant
sa généalogie (table IV), il paraîtra qu'il a deux fois
autant du sang de Godolphin que de celui de l'arabe
de Darley, le premier composant un huitième, et
l'autre un seizième. Outre ces deux, nous trouvons le
turc de Lister pour près d'un huitième, le turc blanc
de d'Arcy un peu plus d'un seizième, et les juments
royales dans la même proportion. Il fut élevé, comme
Hérode, par le duc de Cumberland, et à la mort de
ce seigneur vendu à M. Wildman, qui le revendit à

M. Kelly, qui le produisit aux courses à cinq ans,
avec les résultats extraordinaires qui sont familiers
à tous ceux qui connaissent les annales du turf. Il
ne fut jamais battu, et gagna onze plats royaux[1],
outre d'autres prix. De forme, il était long et très-

Fig. 1. — Éclipse.

bas du devant, et d'un si mauvais caractère, qu'il
était fort difficile de le monter. Les gains de sa pro-
géniture furent à peu près les mêmes que pour Matchem, ainsi que le nombre de chevaux, savoir 344
vainqueurs, qui gagnèrent 158,000 liv. sterl.

[1] Les plats royaux étaient des prix pour des courses de longue haleine.

15. — *Rachel, Folly, Miss Ramsden, Principessa, Lisette* et *Molly Longlegs* furent toutes petites-filles de l'arabe Godolphin, et la plupart de nos meilleurs chevaux montrent un ou plusieurs de leurs noms dans leur généalogie ; quelques-uns même les combinent presque absolument toutes. Leurs généalogies sont données en totalité dans les tables ci-après, où l'on trouvera ainsi celles de Snap, Bay Bolton, Gipsey, Babraham, la grande et la petite jument de Hartley, aussi le Foxhunter de Cole, Young Belgrade, Giantess, Soreheels et Careless, noms qui reviennent constamment au sixième ou septième degré de nos chevaux actuels. La première table montre parmi les ancêtres de Matchem, Partner, la sœur de Mixbury, the Bald Galloway, Crab, Basto et Spanker ; dans la seconde table, avec la généalogie d'Hérode, on trouve celles de Blase, Childers, Fox et Merlin ; et dernièrement, dans la table d'Eclipse, on donne celles de Spilletta, Régulus, Mother Western, Snake et Hautboy.

16. — *Trentham*, élevé par sir John Moore, en 1766, fut vendu à sir John Ogilvie et réalisa en prix plus de 8000 guinées, somme énorme pour le temps. Il fut ensuite employé comme étalon par lord Egremont et paraît dans les généalogies de Melbourne, Lancercost, Alarm, etc., comme le père de Camille, fille de Coquette, jument élevée par lord Bolingbroke, et provenant du barbe de Compton avec la sœur de Régulus (Voir table 47).

17. — *Syphon*, né en 1750, combine plusieurs courants de sang ancien par Squirt, fils de Darley Arabian, Bay Bolton, fils de Grey Hautboy, deux fois, et la sœur de Mixbury, fille du barbe de Curwen. Sa généalogie est dans la table 6.

18. — *Crab*, fils de l'arabe Alcok et d'une sœur de Soreheels, se trouvera transmettant ce sang à plusieurs de nos meilleures familles ; toutefois il n'est représenté dans la ligne mâle par aucun cheval moderne.

19. — *Childers*, mieux connu sous le nom de Flying Childers, n'est pas représenté dans la ligne mâle ; mais son sang prévaut à un haut degré par Lisette, Elfrida, Hyena, Curiosity, Papillon et Promise, toutes filles de Snap, son petit-fils ; leurs noms se trouvent constamment dans le 5e ou 6e degré, en compagnie de celui de Herod, aussi arrière-petit-fils de Childers, comme on l'a déjà remarqué dans le § 12. Sa carrière dans l'hippodrome fut très-remarquable, même à cette époque où l'on faisait comparativement peu d'usage d'un cheval de premier ordre. Il ne fut jamais battu et passe pour avoir porté 9 st. 2 liv. (57 k. 95) sur la course ronde de Newmarket, 3 milles 4 furlongs 93 yards (5717^m,64) en 6^m,40, ce qui est aussi près que possible de 14 secondes le

furlong, la plus grande vitesse avec laquelle, de nos jours, on ait parcouru le Derby avec un stone[1] de moins en poids et une distance plus que moitié moindre ; mais je montrerai plus loin que cette vitesse a été surpassée par West Australian et Kingston, à un moment plus complet de leur développement, c'est-à-dire respectivement âgés de 4 et 5 ans.

20. — *Sportsmistress,* née en 1765, sera toujours remarquable comme mère de Pot-8-os par Eclipse ; elle était arrière-petite-fille de Godolphin, et donna ainsi une nouvelle infusion de ce sang déjà prédominant dans Eclipse. Outre Godolphin, elle était largement imbue du sang de Crab, l'un des ancêtres de Cade (son grand-père, et aussi grand-père du côté paternel et maternel de Goldenlocks, sa mère). Aussi Sportsmistress fut incestueusement croisée avec Crab, et, par son union avec Eclipse, rencontra le sang de Godolphin, et aussi avec celui de Crab, qui paraît dans Bald Galloway, dans Cade, dans Eclipse et deux fois dans la généalogie de Sportsmistress. Outre Pot-8-os, qui fut son premier produit, elle eut dix autres poulains, mais aucun d'une grande valeur. (Voir Généalogie.)

21. — *Brunette,* mère de Trumpator, Cantator, Pipator, naquit en 1771. Elle combine le sang de

---

[1] Le stone est de 6 kil. 3466.

Godolphin Arabian avec celui du Turc Byerley, Darley, Arab, Bloody, Buttocks, Greyhound, Ancaster Starling et Newton Bay Barb ; elle ne provenait point de croisements rapprochés. (Voir Généalogie.)

22. — *Rachel*, née en 1763, par Blank, fils de Godolphin, et par une petite-fille du même cheval, est remarquable comme mère de Highflyer, par Herod, et Mark Anthony, par Spectator. Dans le premier cas, il y avait un croisement bien rapproché vers Godolphin, et une alliance au dehors dans le sang d'Herod, produisant l'invincible Highflyer, et dans l'autre cas, une continuation assez répétée d'alliances rapprochées produisit un cheval inférieur à Highflyer, mais fort au-dessus de la moyenne. Ici le sang de Soreheels était dans le père et la mère.

23. — La célèbre *Prunella* ne doit pas passer inaperçue, comme mère de deux des plus célèbres poulinières qui aient jamais existé. Savoir : 1º *Pénélope*, par Trumpator, mère de Whalebone, Whisker, Woful, Web et Wire ; 2º *Parasol*, fille de Pot-8-os et mère de Partisan. On verra qu'elle avait reçu une seconde infusion du sang de Childers, par sa mère, fille de Snip, son père étant par Herod. Elle descendait ainsi de ce cheval célèbre par la ligne collatérale de Cypron, fille de Blaze, autre de ses fils. Comme la plupart des meilleures juments, elle a hérité de chacun

des trois grands étalons orientaux, la prépondérance restant comme à l'ordinaire à Godolphin Arabian.

24. — La poulinière la plus étonnante qui figure dans tout le stud-book est la jument Alexander, dont la généalogie est donnée à la 55e table de ce livre, elle fut mère de non moins de trois étalons

Fig. 2. — Lord Jersey avec Bay Middleton.

de premier ordre, savoir : Castrel, Sélim et Rubens, dont le sang est considéré comme tout à fait de la plus haute classe, Castrel étant maintenant représenté par Pantalon, Sélim par Bay Middleton, Flying Dutchmann, Cowl, Pyrrhus Ier et une foule de célébrités, tandis que Rubens, aujourd'hui éteint dans la ligne mâle, est encore maintenant en réputation par les produits de Défense, qui était du côté de sa mère petit-fils de ce cheval. De cette façon, la plus grande partie de nos chevaux les plus en renom remontent à la jument fille d'Alexander.

Série de tables généalogiques. — 25. — Les séries de tables que nous donnons à la fin de l'ouvrage contiennent les généalogies de nos chevaux modernes les plus remarquables, tracées jusqu'au point le plus reculé donné par le stud-book. Chacun sera divisé en deux sections ou plus, afin d'éviter les répétitions sans fin qui arriveraient sans cette précaution ; mais, comme dans tous les cas on fait un renvoi aux tables où l'on donne la généalogie tout entière, il devient facile de pousser les investigations jusqu'au bout, en ayant recours à la table indiquée par le chiffre. La plupart de nos chevaux modernes dérivent d'à peu près vingt-quatre juments, presque toutes fort proches parentes ; ainsi, en donnant une fois la généalogie de ces juments, il devient inutile de la répéter dans chaque cas particulier. Le grand point, en examinant une généalogie, est d'avoir à la fois sous les yeux toutes les ramifications récentes, de manière a faire saisir d'un coup d'œil tous les embranchements, et d'être à même d'estimer l'importance relative de chacun de ses éléments. Ainsi, en examinant la généalogie de Bay Middleton (Fig. 2), on devrait nous dire qu'il est fils de Sultan, par Cowl, fille de Phantom; mais, en ayant recours à la table contenant sa généalogie et celle de son fils Andover, l'on verra qu'il est descendu du même sang que plusieurs de nos meilleurs chevaux, par exemple Williamson's Ditto, Julia, sœur de Cressida (mère de Priam), Web, sœur de Whalebone, etc., etc., et ainsi non-seulement nous pourrions acquérir quelque connaissance de ses éléments propres, mais encore quelques conclusions sur son aptitude à le combiner avec d'autres espèces de sang. Cette règle est applicable à chacune des tables que nous publions; mais on entrerait dans d'interminables discussions si l'on voulait faire voir tous les traits saillants que l'on peut observer. Qu'il suffise de dire que l'on y peut voir d'un coup d'œil, dans chaque cas, les sources dont sont dérivés nos chevaux modernes les plus estimés, et que l'éleveur y peut faire son choix avec toutes les chances de ne pas oublier le cheval le plus approprié à son intention.

26. — En comparant ces tables, quelques noms frappent continuellement le regard, comme par exemple Eclipse et ses fils Alexander, Pot-8-os, Joë, Andrews, Saltram, Dungannon, Mercury et King Fergus, Herod et son fils Highflyer. Matchem se rencontre encore constamment, quoique pas aussi fréquemment que Herod, Highflyer et Eclipse, et il est remarquable que quoique en total le sang de Godol-

phin l'emporte sur celui de Byerley Turc ou Darley Arabian, cependant il est répandu dans un plus grand nombre de canaux ! La valeur de ces noms est telle que je crois que la bonté d'une famille peut s'estimer par la quantité de sang d'Herod et d'Eclipse dans sa généalogie, surtout du premier. Highflyer, combinant le sang d'Herod avec celui de Godolphin Arabian, a aussi une valeur particulière comme ancêtre, et peut-être même plus qu'Herod, quand on le mêle à d'autres courants ; mais, prenant en total que ce sang nous vienne par lui, ou par Maria, mère de Waxy, ou par d'autres sources, je crois que l'on peut ériger en règle que la proportion du sang d'Herod trouvée dans les 64 ancêtres d'un cheval au sixième degré formera sa valeur comme cheval de course, et quand cette proportion est grande, avec une libérale addition du sang de Godolphin et celui de Darley Arabian à travers Barlett's Childers et Eclipse, la combinaison est d'une qualité que rien ne peut exceller. Que celui qui scrute les arcanes de la production calcule et compare par lui-même ces éléments tels qu'ils sont exposés dans les tables ci-jointes, et je crois qu'il est difficile de ne pas adopter cette conclusion. Mais, indépendamment de la valeur de ces tables, pour donner une idée des diverses combinaisons de sang qui composent chaque généalogie, elles sont aussi d'un grand usage pour juger de la convenance des alliances rapprochées, sans un guide comme celui que nous présentons, il est impossible de faire même une conjecture sur les parentés curieuses qui existent entre les ancêtres de nos chevaux célèbres. Toutes les fois que la généalogie est donnée au complet, si l'œil parcourt les diverses colonnes, il y a à parier que le même nom paraîtra plusieurs fois de suite, et l'on est ainsi mené à conclure que les alliances rapprochées ont toujours été adoptées jusqu'à un certain point. Cela était presque inévitable, puisque tous les chevaux de distinction proviennent actuellement des mêmes sources, quoique souvent croisés avec beaucoup de variété, et tenus d'autres fois pendant plusieurs générations successives dans un courant particulier. Toutes ces distinctions demandent à être étudiées avec soin, et nous leur ferons allusion quand nous entrerons dans la question de la production et les lois qui règlent cette occupation mystérieuse et intéressante.

CHAPITRE III.

VITESSE ACTUELLE ET USAGES DES CHEVAUX DE COURSE MODERNES.

Vitesse actuelle. — 27. — En examinant les chroniques des courses telles qu'elles sont tenues dans les années qui viennent de s'écouler, l'on verra que de 13 1/2 à 14 secondes par furlong est la plus grande vitesse obtenue dans aucune de nos courses de plus d'un mille de longueur, et avec 8 st. 7 lb.[1] portés par les chevaux de trois ans. En 1846, Surplice et Cymba gagnèrent le Derby et les Oaks, chacun courant la distance en 2 minutes et 48 secondes, exactement 14 secondes par furlong[2]. Ce train n'a jamais été atteint depuis cette époque; cependant the Flying Dutchmann en a bien approché, en restant 2 secondes de plus, ce qui met son train à 14 secondes 1/6 par furlong. Mais la plus magnifique prouesse d'un cheval de trois ans est celle de Sir Tatton Sykes, sur l'hippodrome du Saint-Léger, qui a 1 mille 6 furlongs 132 yards[3] de

---

[1] 8 st. 7 = 53 kil. 947.

[2] 1 mille vaut.... 1609m,3149. — 1 yard, 0m,9144. — 1 furlong (220 yards) 201m,1644. — 2′48″ à 14″ le furlong font 2413m,9728 pour le Derby (pour 2 kil., 2m,19″).

[3] 2937m,0021.

longueur, qu'il parcourut en 3 minutes et 16 secondes à un train qui donne à très-grande proximité 13 secondes 1/2 par furlong[1]. Avec une année de plus et le même poids, cette vitesse a été légèrement dépassée par West Australian, même sur un espace plus étendu, quand il battit Kingston seulement d'une tête, courant 2 milles et 4 furlongs[2] en 4 minutes 27 secondes, aussi près que possible de 13 secondes 1/3 par furlong. Cette course est la meilleure de l'époque moderne, en considérant le poids, l'âge et la distance, et elle soutient bien la comparaison avec l'exploit souvent cité de Childers sur le terrain de Beacon, quand à six ans il battit Almanzor et Brown Betty, portant 9 st. 2 livres, en faisant la distance en 6 minutes et 40 secondes, ou au train de 14 secondes 1/3 par furlong[3]. Ainsi, en lui passant son année pour le mille de plus qu'il avait à courir et pour les deux livres qu'il portait de plus que Kingston, il aurait été dépassé à Ascot de 1 seconde par furlong, et aussi par New Australian avec ses conditions d'âge. Si nous comparons encore ces résultats sur le turf anglais avec les exploits récemment vantés des chevaux américains, l'on trouvera qu'il n'y a aucune raison de craindre que nos rivaux,

1 Pour 2000ᵐ, Sir Tatton aurait mis 2 m. 13 s.
2 4023ᵐ,28, ou pour 4000ᵐ, 4 m. 25 s. (West Australian et Kingston).
3 Furlong, 201ᵐ,16.

dans le jeu du progrès, ne viennent à nous dépouiller de nos lauriers. Le 2 avril 1855, l'on a fait courir à la Nouvelle-Orléans une course de longueur à
Lecomte et Lexington, tous les deux de quatre ans.
Le dernier, qui gagna, parcourut les 4 milles, portant 7 st. 5 [1], en 7 minutes 19 secondes 3/4, ou à
une grande approximation 13 secondes 3/4 par furlong. Cette course passe en Amérique pour la meilleure que l'on ait enregistrée, et c'est sans contredit
un résultat estimable, quoique (si l'on considère combien le poids était léger) il ne soit pas aussi près de
nos meilleures vitesses anglaises que l'on pourrait le
croire au premier coup d'œil. Le 14 avril dernier,
Brown Dick et Arrow coururent 3 milles sur le
même hippodrome en 5 minutes 28 secondes, ou au
train de 13 secondes 2/3 par furlong ; le premier,
âgé de trois ans, portait 6 st. 2 lb., et le dernier, qui
avait cinq ans, 7 st. 12 lb. (49 k. 75). D'où l'on verra
que Kingston, du même âge que Arrow et portant
9 st. (57 k. 05) au lieu de 7 st. 12 lb.[2], courut 2
milles 1/2 à un meilleur train que Arrow ses 3
milles, et cela à 1/3 de seconde par furlong (201^m,16),
et nous venons en outre de montrer que, l'année
dernière, deux chevaux ont excédé le plus beau

[1] 7 st. 5 font 46 kil. 624.
  6 » 2 » 38 kil. 864.
  4 milles, 6437^m,2596.
[2] 7 st. 12 lb. 49 kil. 7971.

résultat des anciens temps de 1 seconde par furong,
et surpassé la plus grande vitesse de l'Amérique actuelle de 1/3 de seconde par mille (1609ᵐ). Ainsi, il
n'y a aucun fondement dans l'assertion qui attribue
à nos chevaux d'être dégénérés dans leurs moyens
de courir une bonne distance avec du poids sur le
dos, puisque j'ai montré qu'en prenant pour exact le
temps pris par Childers, temps sur lequel il y a encore du doute, ce cheval avait été récemment très-
considérablement surpassé par West Australian et
Kingston [1]. Plusieurs assertions hasardées ont été
faites sur la vitesse, pour un mille, de chevaux du
dernier siècle, mais on ne peut leur accorder aucune
confiance. C'est une fiction absurde de supposer que
jamais cheval de course ait pu parcourir un mille
dans une minute, et il n'est pas supposable que Childers, qui ne pouvait mieux faire que nos chevaux
modernes sur l'hippodrome de Beacon, eût réussi à
les surpasser pour une plus courte distance. Le fonds
était incontestablement le *forte* des premiers coureurs ; ils étaient petits, nerveux et près de terre ;
indubitablement ils bravaient la distance, et pou-

[1] Presque tout ce que l'on dit de Childers paraît assez fabuleux; il n'y a que deux résultats bien constatés dans ses performances: à 6 ans, avec 8 st. 5 livres, il battit, en course de 4 milles, Speedwelt, hongre de vitesse douteuse, et à 7 ans il battit, en course de 6 milles, Chanter, âgé de 12 ans. Des courses de cette longueur ne se font pas avec vitesse. C'est comme producteur qu'il faut surtout admirer Childers, arrière grand-père d'Eclipse.   (Yonatt, p. 28.)

vaient courir successivement pendant des mois et
des années, d'une façon bien rarement imitée de nos
jours ; mais que, dans leur petite forme compacte,
ils pussent fournir une petite course aussi vite que
nos chevaux de trois ans modernes, c'est une illusion
qu'un homme de quelque expérience des courses
n'admettra jamais un seul instant [1].

28. — La taille et la forme du cheval de pur.sang
moderne sont supérieures à celle des anciens temps,
si nous en pouvons juger par les portraits que nous
en a laissés Stubbs, qui était de beaucoup le plus
fidèle des peintres d'animaux dans le dix-huitième
siècle. En élégance de formes, nous surpassons considérablement les chevaux de cette époque, surtout
par la beauté de la tête et la forme de l'épaule, dont
les éleveurs se sont beaucoup occupés. Pour la taille
aussi l'on a fait un pas immense, la taille moyenne
du cheval de course ayant été augmentée d'au moins
une main (ou paume) [2] dans le siècle qui vient de
s'écouler. Cet accroissement est, je crois, principalement dû a l'arabe Godolphin, qui fut le père de
Babraham, le seul cheval de son temps qui atteignît
16 mains, et aussi père et grand-père de plusieurs

---

[1] Une minute et 45 secondes passent pour un parcours de premier ordre
pour la distance d'un mille.

[2] 1 main, $0^m,1016$.
15 mains, $1^m,5240$.
16 mains, $1^m,6256$.

qui dépassèrent 15 mains, très au-dessus de la moyenne des chevaux de l'époque, comme, par exemple, Fearnought, Genius, Gower Stallion, Infant, Denmark, Bolton, Cade, Chub, Lofty et Amphion. Sans doute l'on trouvera, en examinant les chevaux de ce temps, qu'entre 130 vainqueurs dans le milieu du dix-huitième siècle, il y en avait seulement dix-huit de 15 mains et au delà, parmi lesquels dix-huit onze étaient par Godolphin et ses fils, trois par Darley Arabian, deux par le turc de Byerley et deux d'autres provenances. L'on peut donc assurer, avec quelque degré de probabilité, que l'accroissement de taille est en grande partie dû à Godolphin, sans compter ce que l'on a dû aux soins excessifs et à l'attention dont la race de chevaux a été l'objet. Toutefois, il n'y a point de soins ni d'efforts qui puissent accroître la taille de certaines races, et s'il n'y eût eu cette aptitude à l'accroissement, aucune masse d'attentions n'aurait pu porter le cheval à la moyenne actuelle, qui peut être mise aux environs de 15 mains 3 pouces (1^m,60).

La maturité prématurée est incompatible avec la durée. — 29. — Les lois qui règlent la croissance et la décadence sont immuables, et l'on peut toujours proclamer qu'en proportion de la rapidité de l'accroissement on trouvera le dépérissement prématuré de l'être animal ou végétal. Ainsi le chêne

est plus durable que le mélèze, et l'éléphant vit plus
que le cheval ; de même l'on trouvera dans les lévriers,
les chevaux, les moutons ou les bœufs, que ceux qui
viennent les premiers à maturité sont les premiers à
décroître ou du moins à en donner des signes pal-
pables, car dans l'état de domesticité la véritable
décrépitude est rarement tolérée. Il faut en conclure
que quand l'éleveur s'attache à produire des poulains
qui, à deux ans, soient formés comme de vieux chevaux et soient en état de lutter avec eux pour de
courtes distances, il en résultera toujours qu'il attein-
dra son but en sacrifiant en grande partie leur durée,
comme se manifeste la diminution de force dans la
constitution et la nature faible et peu résistante des
organes de la locomotion. Le bois dont on les fait
n'est plus du chêne, mais du sapin, et ne peut pas plus
être comparé aux matériaux dont on faisait les chevaux à l'ancienne mode que l'on ne peut assimiler
ces bois de construction. Il est vrai que même aujourd'hui l'on peut présenter quelques exceptions qui
semblent provenir de matériaux comparables au fer ;
aussi bien qu'autrefois Eclipse, Childers et leurs
contemporains, nous pourrions citer Rataplan, qui,
la saison dernière, a couru 29 fois, gagnant 18, et
Angelo, qui a couru 35 fois, mais n'a été que 10 fois
vainqueur. Cependant ce sont des exceptions, et la
grande majorité de nos chevaux ne peuvent paraître

sur l'hippodrome plus de 8 ou 10 fois, et beaucoup
n'approchent pas de ce nombre. Childers et Eclipse
avaient l'un et l'autre cinq ans quand on leur fit
subir l'entraînement, et c'était l'usage ordinaire de
l'époque. Pour en citer un exemple, Miss Neesham
naquit en 1720, et courut pour la première fois le
Plat royal, à York, en 1726 ; elle continua à courir
tous les ans jusqu'en 1731, où elle fut employée
comme poulinière pendant deux saisons, produisant
Miss Patty. En 1733, Miss Neesham, maintenant
sous le nom de Mère Neesham, gagna un plat à York,
et ensuite, en 1734, gagna deux poules sur le même
hippodrome dans sa quatorzième année. L'on ne
connaît rien de pareil de nos jours, et même un
cheval courant à 8 ans est une rareté. Beeswing,
il est vrai, courut et gagna de bons prix dans sa neuvième année, mais c'était une *rara avis*, et nous
devons attendre quelque temps avant de retrouver sa
pareille.

30. — Les chevaux de course ne doivent pas néanmoins être considérés comme réellement dégénérés
parce qu'ils sont plus tôt mûrs qu'autrefois, mais il
n'y a pas de doute que leur type n'ait été modifié
par l'attention que l'on a mise à produire cette particularité. Le type du cheval de course est maintenant plus rapproché de la forme du poulain de deux
ans ; il est devenu plus vite, mais il perd du fonds

en proportion. Cela se comprend facilement, parce qu'il est impossible qu'un cheval puisse maintenir une haute vélocité pour un aussi long temps et pour une distance comparable à celle qu'il franchirait à un galop moins rapide. J'ai montré qu'il pouvait faire et faisait maintenant la distance en moins de temps que Childers; mais qu'il puisse maintenir son fonds de train aussi longtemps que le cheval à la mode d'autrefois, je suis loin de le croire. Un cheval lent peut maintenir le train qu'il peut atteindre pendant longtemps si on le compare au cheval vite, et on peut le mener ventre à terre pendant toute la distance, à moins qu'elle ne soit fort longue. Encore faut-il qu'il ait assez bon caractère pour s'y prêter. Mais le cheval vite se crèverait promptement si on lui permettait de s'étendre ou si on l'excitait à le faire pour n'importe quelle distance d'hippodrome; il faut donc le ménager à un certain degré, de peur des conséquences. Ici, nous devons d'abord prendre en considération ce type poulain, puis l'état des os et des muscles à l'âge de deux ans, puis l'épreuve à laquelle on met tout cela par l'entraînement prématuré. De sorte que toutes choses concourent à la production d'animaux tarés et de faible complexion, et l'on ne peut s'étonner si la proportion des boiteries et autres infirmités s'en accroît. Il est vrai aussi que nos hunters et nos chevaux arrivent aussi plus tôt à leur entière croissance ; cela procure sans doute un avantage, mais je crains qu'il ne soit plus que contrebalancé par leur décadence prématurée et le manque de durée de leurs jambes et de leurs pieds, comme le témoigne la fréquence des cas d'articulations enflammées et de pieds malades qui prévalent maintenant chez les chevaux de chasse et de route. Ainsi, ce que l'on gagne de trois à cinq ans se perd de dix à quinze, et il y a surcroît de perte, je le crains, car il est hors de doute qu'il faut élever plus de chevaux pour un temps donné qu'il n'était autrefois nécessaire, soit pour la chasse, la route ou le harnais. Toutefois, et comme je l'ai dit précédemment, le changement n'est pas entièrement en mal, et l'utilité anticipée du cheval est une légère compensation de son usure prématurée.

31. — Le grand objet de nos jours est la production d'un grand nombre de chevaux de pur sang en état de produire de solides chevaux de route et de chasse. Maintenant, ce but est incompatible avec le système actuel ; on doit s'attendre à les voir de jour plus délicats et plus frêles. Pour plusieurs objets, le cheval oriental est tout à fait impropre, comme, par exemple, pour tirer du poids et donner dans le collier ; là, son courage, sa légèreté et la vivacité de son tempérament sont l'inverse de ce que la besogne réclame, et il est de beaucoup surpassé par le vieux

cheval de charrette anglais ou par l'espèce moderne perfectionnée pour le gros trait. Aucun cheval de pur sang ne voudrait faire des efforts successifs à plein collier comme les chevaux de nos bonnes espèces charretières, et, par conséquent, il n'a pas été formé pour une œuvre qui doit être accomplie par des efforts lents et persévérants. Le cheval oriental et ses descendants tirent par saccades, et, quoique l'habitude puisse les modifier jusqu'à un certain point, jamais on ne les élèvera pour le trait au niveau du cheval de charrette anglais, même si l'on pouvait augmenter suffisamment leur poids, la grosseur et la force de leurs membres.

33. — Il a été ainsi démontré que le cheval de pur sang tel qu'on le produit est seulement utile pour améliorer les races de nos hunters et de nos chevaux de selle un peu légers, et que, par son accroissement et son usure prématurés, il porte préjudice à leur résistance au travail sur nos routes, qui deviennent de plus en plus dures et éprouvent plus les membres et les pieds. Il est assez clair, toutefois, qu'il a servi à perfectionner ces races sous tous les autres rapports, et nous possédons des chevaux parfaits à cet égard, excellents hacks, hunters et légers chevaux de voiture, souvent tout cela à la fois dans le même individu. Ceci est la perfection, et si l'on pouvait en produire beaucoup, ce serait un grand avantage, car la plupart

des gens aimeraient un cheval qui pût servir à tout,
si pareil animal pouvait s'obtenir. Sans beaucoup de
sang, la chose est impossible, et encore avec nos
races les plus pures, quand le résultat est atteint,
cela n'est pas pour longtemps, en conséquence des
effets que la dureté des routes produit sur leurs
membres délicats et leurs pieds contractés. En conséquence, ainsi que je l'ai déjà remarqué, il y a nécessité que le gouvernement intervienne pour aider,
par des choix attentifs, à la production d'une race
de chevaux de pur sang qui nous donnent les trois
espèces des hacks, hunters et carrossiers légers, utiles
dans la vie civile, et dont on pourrait au besoin tirer
des remontes abondantes pour la cavalerie. Les
mêmes qualités sont requises pour le cheval de
guerre que pour la vie civile ; ce qui convient bien
pour un de ces services sera avantageux pour l'autre.

**Chevaux de pur sang uniquement élevés pour les
courses.** — 34. — Mais, en outre du service d'amélioration de notre population chevaline, le cheval de
pur sang est employé à un usage qui n'est profitable
en lui-même ni à la nation ni aux individus, et que
l'on suit en partie comme un plaisir et trop souvent par
spéculation. Comme néanmoins c'est le seul moyen
d'encourager cette espèce de chevaux essentielle à
l'amélioration des espèces utiles à notre existence et à
notre bien-être, le mal peut être supporté en raison

du bien qui l'accompagne, et nous devons des remerciments à ceux qui, pour un but quelconque, jettent des sommes considérables pour la production de ces admirables spécimens de l'espèce chevaline que l'on présente tous les ans au poteau. Ils ne sont peut-être pas les meilleurs pour la production ; j'ai déjà indiqué qu'on la voudrait autrement dirigée ; mais jusqu'à ce que le gouvernement s'empare de la question et nous donne des animaux encore plus parfaits, nous devons nous contenter de ce que nous pouvons avoir et faire l'éloge du pont avec lequel nous traversons l'eau, bien qu'il ne soit pas construit en cœur de chêne.

CHAPITRE IV.

POINTS ESSENTIELS POUR LES SUCCÈS DE COURSE DANS LE CHEVAL DE PUR SANG.

Pureté du sang. — 35. — La pureté du sang est un *sine quâ non* pour l'objet des courses; mais il est nécessaire de comprendre ce que l'on entend par le terme «sang». On ne doit pas supposer qu'il y ait aucune différence réelle entre le sang du cheval pur et celui de demi-sang. Personne ne pourrait, par aucun moyen connu, faire la moindre distinction entre les deux. Le terme «sang» est ici synonyme de race, et par pureté du sang, nous entendons pureté relative dans la généalogie de l'animal, c'est-à-dire que le cheval qui provient d'une source est pur de tout mélange avec d'autres et peut être un pur Suffolk Punch[1], ou un pur Clydesdale, ou un pur Thorough-bred. Mais tous ces termes sont relatifs, puisqu'il n'existe aucun animal parfaitement pur dans aucune race, soit cheval de trait, de selle ou de course. Tous ont été produits par un mélange avec d'autres espèces, et, bien que maintenant on les garde aussi purs que possible, cependant originellement ils ont été formés d'élé-

[1] Suffolk Punch, bidet du Suffolk; Clydesdale, race de carrossiers; Thorough-bred, pur sang.

ments composés; même les meilleurs et plus purs Thorough-breds sont tachés de quelques légères imperfections. Ainsi ce n'est donc que comparativement qu'on emploie l'expression de *pur* pour ces chevaux ou pour d'autres. Mais depuis que de longue date le Thorough-bred a été produit pour les courses et que les choix ont été faits uniquement dans ce but, il est raisonnable de supposer que cette race est la meilleure pour cet effet et de considérer une mésalliance comme une déviation de la source la plus claire dans une autre plus trouble et par conséquent impure. Il faut en conclure que l'animal provenant de la source impure est défectueux sous quelques points caractéristiques de la race pure, et aussi qu'il est impropre à l'objet particulier des courses. Maintenant, le fait se retrouve dans la pratique, car en toutes circonstances il s'est trouvé que le cheval produit avec la moindre déviation des sources indiquées dans le *stud-book* est incapable de lutter de fonds avec ceux qui sont entièrement de cette race. De là il est passé en règle que, pour les courses, tout cheval doit être de pur sang, savoir, comme je l'ai déjà expliqué, issu d'un père et d'une jument dont le nom se trouve au *stud-book*[1].

Forme extérieure. — 36. — La forme extérieure du

[1] Deux chevaux de demi-sang (Habberley et Combat) ont pourtant battu d'assez bons coureurs de pur sang.

cheval de course a une grande importance, mais il est
hors de doute que l'axiome suivant est dans le vrai :
« Le cheval peut courir sous toutes les formes. » Les
exemples qui le vérifient sont toutefois exceptionnels
et il y a une autre bonne règle qui établit que, *cœteris
paribus*, tel cheval sera le meilleur coureur s'il est
formé dans le modèle le plus semblable aux meilleurs
chevaux de course. Ainsi, supposons que l'on trouve
que sur 50 bons chevaux 49 ont de jolies têtes, des
encolures légères, des poitrines profondes, des
épaules obliques, de longs rayons articulaires à la
croupe, des jarrets vigoureux, etc., la présomption
sera qu'un cheval semblable de formes à ces 49
leur ressemblera pour la vitesse et le fonds. D'un
autre côté, il est admis sur le turf que la pureté de
la race l'emporte sur la forme extérieure, et que de
deux chevaux, l'un parfait de forme, mais d'un courant de sang inférieur, et l'autre d'un sang habituellement victorieux, mais inférieur pour les formes,
c'est ce dernier qui a le plus de chances de se com-
porter sur l'hippodrome à la satisfaction de son
maître. De ce principe découle le proverbe qui nous
vient de nos pères : « Qu'une once de sang vaut une
livre d'os, » et avec l'explication ci-dessus la chose
est réellement ainsi. En dépit de cette supériorité
reconnue pour le sang, il est incontestable que pour
les succès de premier ordre il ne faut pas seulement

une grande pureté de sang provenant des sources les plus victorieuses, mais encore une charpente de l'espèce la plus utile, sinon la plus élégante. Plusieurs de nos meilleurs chevaux ont été laids et même communs, comme par exemple presque tous les Melbournes, et particulièrement ce cheval si vite Sir Tatton Sykes; mais, en dépit de leur laideur, tous les détails étaient bons et utiles. Rien ne peut surpasser la bonté de charpente des produits de l'étalon Melbourne; leur largeur de hanches et leurs amples proportions étaient de nature à leur donner une puissance énorme et une grande masse de muscles, ce qui est particulièrement utile dans les juments issues de ce père, classe d'animaux plus souvent défectueux sous ces rapports que les mâles. Concluons de là qu'il faut toujours distinguer l'utilité de l'élégance, et souvenons-nous que si celle-ci plaît à l'œil, elle n'est pas la cause réelle de la victoire, tandis que, d'un autre côté, les hanches saillantes et les formes osseuses de quelques chevaux ne sont pas si élégantes à l'œil, mais elles donnent de fortes attaches aux forces motrices, et permettent au système musculaire de s'établir solidement sur une pareille base. Voici les points essentiels par lesquels on distingue du troupeau vulgaire le cheval de course de haute caste.

37. — La hauteur du cheval de course varie de 15

mains à 15 1/2 [1], mais la taille moyenne de nos meilleurs chevaux est à peu près 15 mains 3 pouces. Peu de coursiers de première classe ont excédé la taille de Surplice, qui est de 16 mains 1 pouce, comme l'est aussi Wild Dayrell, vainqueur du Derby de cette année. Sir Tatton Sykes a 15 mains 1/2 [2], et entre sa taille et celle de Surplice on peut ranger tous les grands vainqueurs, depuis 10 à 12 ans. L'on peut donc poser cette moyenne comme la meilleure taille pour le cheval de course, quoique l'on ne puisse nier que pour quelques petits hippodromes rétrécis, comme celui de Chester, par exemple, un cheval plus petit, n'ayant guère plus de 15 mains, se trouve avoir une meilleure chance, comme étant mieux en état de tourner les angles et les courbes qui se présentent sans cesse.

38. — La tête et le cou doivent être caractérisés par la légèreté, qui est essentielle dans ces parties. Tout ce qui est inutile de ce côté est un poids mort, et nous savons quel est l'effet que peut produire un poids de 7 livres pour retarder un cheval sur une distance un peu sensible. Or, sept livres se répartissent facilement sur l'étendue d'un cou qui peut,

---

[1] 15 mains, 1^m,524.
16 mains 1/2, 1^m,676.
15 mains 3 pouces, 1^m,600.
16 mains 1 pouce, 1^m,651.
[2] 1^m,574 (15 mains 1/2),

en allant d'un extrême à l'autre, varier de 20 à 30
livres. Ainsi l'on peut considérer comme indubitable
que tout ce que l'on rencontre dans la tête et le cou
qui n'est pas nécessaire aux mouvements du cheval
dans la course, est autant de poids superflu imposé
à l'animal. Voilà les caractères généraux, mais en
détail la tête doit être mince vers la mâchoire, cependant avec un développement complet du front,
qui doit être convexe et large, de manière à contenir
dans le crâne un bon volume de cervelle. Dès que
vous avez obtenu plénitude en cette partie, tout le
reste de la tête peut être aussi fin que possible ; les
mâchoires se réduisant à un museau étroit, avec un
léger creux en dehors en face, mais avec un espace
entre les deux côtés de la mâchoire inférieure à la
jonction avec le cou, de manière à donner une large
place pour la partie supérieure du tuyau respiratoire,
quand l'encolure est pliée. Les oreilles doivent être
droites et fines, pas trop courtes ; les yeux pleins et
animés ; les narines larges et capables de se bien
dilater à l'allure extrême, ce qui se vérifie facilement
après une poussée au galop. Elles doivent saillir avec
fermeté, de manière à montrer en plein la membrane intérieure. Le cou doit être musculeux et cependant léger, le conduit respiratoire libre et séparé
du cou, c'est-à-dire pas trop bridé par le *fascia* ou
membrane du cou ; le sommet doit être mince et

nerveux, pas épais et chargé, comme on le voit dans
les étalons communs et même chez quelques juments. Entre les extrêmes de l'encolure de brebis
et le défaut contraire, il y a bien des degrés; mais
pour les courses je préférerais le premier des deux,
car peu de chevaux peuvent bien marcher avec l'encolure assez pliée pour mettre le menton sur la poi-

Fig. 3. — Kingston.

trine; mais ici comme partout c'est l'heureux milieu
qu'il faut rechercher, comme on le voit dans le por-
trait de Kingston (Fig. 3) qui accompagne cet article,
quoique peut-être il soit encore un peu plus chargé
qu'il ne faut le désirer ou que l'original. Sa tête et
sa forme générale sont celles qui peuvent être choisies comme modèle du cheval de course; car, quoi-

qu'il soit considéré comme trop léger de coffre, il est dans mon opinion juste ce qu'un cheval de course doit être dans cette partie, qui est plus souvent trop profonde que trop petite, et la solidité connue de ce producteur, comme celle de ses parents et descendants, vérifie cette assertion.

39. — Le corps ou la région du milieu devrait être modérément long dans l'ensemble, et pas trop court entre la dernière côte et l'os de la hanche. Tant que les dernières côtes ont de la profondeur, il y a peu d'importance à ce qu'elles soient très-rapprochées de la hanche, car cette forme raccourcit les enjambées, et quoiqu'elle permette au cheval de porter un grand poids, cependant elle l'empêche d'atteindre un haut degré de vitesse. Le dos lui-même doit être musculeux et les hanches assez larges, pour permettre un bon développement du système musculaire. Le garrot doit avoir une légère saillie, mais sans cette élévation en rasoir que plusieurs qualifient de belle épaule, mais qui, dans le fait, est sans rapport avec cette partie, et n'est qu'un embarras pour le sellier, puisqu'elle empêche l'épaule d'être pincée par la selle. La poitrine elle-même devrait être bien développée, mais pas trop large et profonde. Aucun cheval ne peut bien parcourir une distance, s'il n'a une bonne place pour les soufflets ; mais, si le cœur est sain et de bonne

qualité, il y aura assez de poumons dans une poitrine de dimensions moyennes; tout ce qui est au-dessus est superflu, c'est du poids additionnel. Plusieurs de nos chevaux à longue haleine ont eu des poitrines moyennes, et quelques-uns des plus mauvais avaient de l'espace pour faire jouer une paire de soufflets de forge. Si le cœur fait bien son devoir, les poumons peuvent toujours fournir assez d'air, et nous savons que quand il est renouvelé fréquemment et avec assez d'énergie, le sang est aéré aussitôt que chassé, et la grande difficulté réside dans ce pouvoir de propulsion qui réside seulement dans le cœur. Si le poitrail est trop large, cela affecte matériellement l'action des jambes de devant; par conséquent, à tout point de vue théorique et pratique, il y a un heureux milieu entre la trop grande contraction dans cette région, et la poitrine lourde, large, encombrante, que l'on trouve quelquefois même dans le cheval de pur sang, surtout quand on l'élève dans les herbages trop riches, trop succulents, plus propres à l'élève du bœuf que du cheval oriental. Dans la forme des *hanches*, le point essentiel est la longueur et la largeur de l'os pour l'attache musculaire, et il importe peu si la croupe est un peu avalée ou si elle est élégamment droite et horizontale, pourvu qu'il y ait une bonne longueur entre la hanche et la pointe de l'ilion. La ligne entre ces deux points peut être presque horizontale ou former avec le terrain un angle considérable. Dans tous les cas, ce doit être une longue ligne; plus elle sera longue, plus il y aura dessus de substance musculaire, et plus les muscles auront de bras de levier. Toutes ces parties sont mieux expliquées dans l'anatomie du cheval; la voir pour les détails.

40. — L'*avant-main*[1], consistant en épaule, bras et avant-bras, canon et pied, doit être fixée sur la poitrine, et l'omoplate doit être couchée obliquement sur le côté avec un développement complet des muscles qui doivent la mouvoir et la pousser en avant dans la course. L'obliquité est de la plus grande importance, puisqu'elle agit comme un ressort qui annule le choc de la course ou du saut, et donne aussi une plus longue attache aux muscles qui, de leur côté, peuvent agir avec un grand bras de levier sur le bras et le canon. On verra, en examinant le squelette, que l'omoplate n'atteint pas le sommet du garrot, et que les os qui forment cette partie n'ont rien à faire avec l'épaule elle-même; de là provient que beaucoup de chevaux à garrot élevé ont les épaules faibles et mauvaises, tandis que d'un autre côté beaucoup de chevaux à garrot bas ont des épaules obliques et puissantes qui donnent la plus

---

1 *Fore quarter*, en anglais, ne répond pas absolument à l'avant-main, qui en France comprend la tête.

grande facilité et la plus grande souplesse aux extrémités antérieures. L'*épaule* doit être très-muscu-
leuse sans excès, et formée de manière à jouer librement dans l'action[1] du cheval. La pointe de
l'épaule, articulation correspondante à l'épaule humaine, ne doit pas être trop saillante, mais pas trop
plate en même temps. L'on doit désirer un certain
développement de la pointe osseuse; mais tout excès
est un défaut et gêne l'action de cette partie importante. L'*avant-bras* entre cette jointure et le coude
doit être long et bien revêtu de muscles, le coude
établi tout droit et ne rentrant pas dans la poitrine,
le *bras* long et musculeux, les genoux larges et forts
avec la saillie osseuse postérieure bien développée,
les jambes plates et montrant le ligament suspenseur
large et libre, les paturons assez longs sans être
faibles, les pieds sains, ni trop grands ni trop petits,
et sans le moindre degré de contraction, ce qui est
le point délicat du cheval de pur sang[2].

[1] Le mot *action*, signifiant le mouvement d'épaule et de hanche, com
mence à être admis en français.

[2] Les descendants des chevaux orientaux ont ordinairement des extrémités d'un petit diamètre, et il est rare de trouver chez un cheval de
course un pied largement ouvert. Quand il s'en est rencontré, ils étaient
relativement bas, et il devient évident qu'alors le cheval perd peut-être
un pouce à chaque foulée et se trouve, dans une course de 4 milles, en
désavantage réel vis-à-vis un rival dont le pied est de la forme élevée.
Pour le hunter et le cheval de selle, il est indispensable que le pied soit
ferme et de bonne dimension, afin de ne pas enfoncer en terrain mou ou
se démolir en terrain dur.

Bien des gens regardent un pied avec aussi peu d'attention que la

41. — L'*arrière-main* est le principal agent de la locomotion et se trouve, par suite, d'une grande importance pour atteindre une grande vitesse. L'on a souvent avancé que l'épaule oblique est la particularité la plus désirable pour cet objet, que c'est la forme d'où dépend la vitesse et dans laquelle on peut dire qu'elle réside. Cela est vrai jusqu'à un certain point, parce qu'il n'y a point de doute qu'avec une épaule chargée la haute vitesse est impraticable; car, quelque puissante impulsion que reçoive le corps, si, au moment où les membres antérieurs touchent la terre, la masse ne rebondit pas aussi vigoureusement qu'elle le devrait, l'allure devient lente. L'on peut assimiler cette position à l'expérience faite avec deux balles, l'une de caoutchouc et l'autre, de même taille et même poids, faite de ma-

jambe de bois d'un invalide, sans se douter de la complication du mécanisme intérieur qui, sous la corne, renferme ce qui correspond chez nous aux quatre doigts et le pouce.

En Angleterre, le proverbe « pas de pied, pas de cheval » se trouve dans toutes les bouches. Le hunter peut cependant aller à travers champs avec de mauvais pieds, et le carrossier ferré à planche peut se tirer d'affaire sur une bonne route; mais le hack, le cheval de guerre et même le cheval de course ont besoin d'extrémités résistantes. Chez les peuples qui ne ferrent point, cela est encore plus indispensable, et le prophète Isaïe parle de la cavalerie babylonienne, dont les pieds ont la dureté du silex.

Homère et Virgile ont célébré le retentissement des pieds des chevaux de leurs héros :

Et solido graviter sonat angula cornu.

Clarke dit que le pied doit former par devant avec le sol un angle de 33°. White veut 45°, mais je crois que ce chiffre est exagéré et que le cheval serait beaucoup trop droit et deviendrait bouleté.

tériaux sans élasticité, comme la cire. Maintenant, supposez ces deux balles lancées avec une force égale sur un champ de gazon bien uni , avec un angle qui les fasse rebondir plusieurs fois après avoir rencontré la surface, la balle élastique commencerait avec une vitesse égale à l'autre , mais elle la dépasserait bien vite, parce que son élasticité lui permettrait de conserver la puissance motrice, tandis que la nature inerte et sans élasticité de la balle de cire la ferait promptement adhérer à la terre (Fig. 4). Il en est de même de l'épaule élastique : elle reçoit la résistance de la terre, mais réagit sur elle et perd peu de la puissance engendrée par le coup des jambes de derrière , qui doit être fort et rapide, sans quoi l'épaule ne recevrait ni ne transmettrait aucune force. Pour la pleine et entière action de l'arrière-main, deux choses sont nécessaires , savoir : d'abord , longueur et volume de muscle , et puis longueur du bras de levier sur lequelle le muscle doit agir. Il s'ensuit que tous les os formant l'arrière-main doivent être longs , mais la longueur relative doit beaucoup varier , pour que les parties sur lesquelles les muscles reposent soient longues plutôt que celles qui correspondent aux tendons, qui ne sont que des cordes et n'ont aucun pouvoir propulseur , mais ne font que transmettre celui qu'ils tirent des muscles eux-mêmes.

Ainsi l'os de la hanche doit être long et large , et

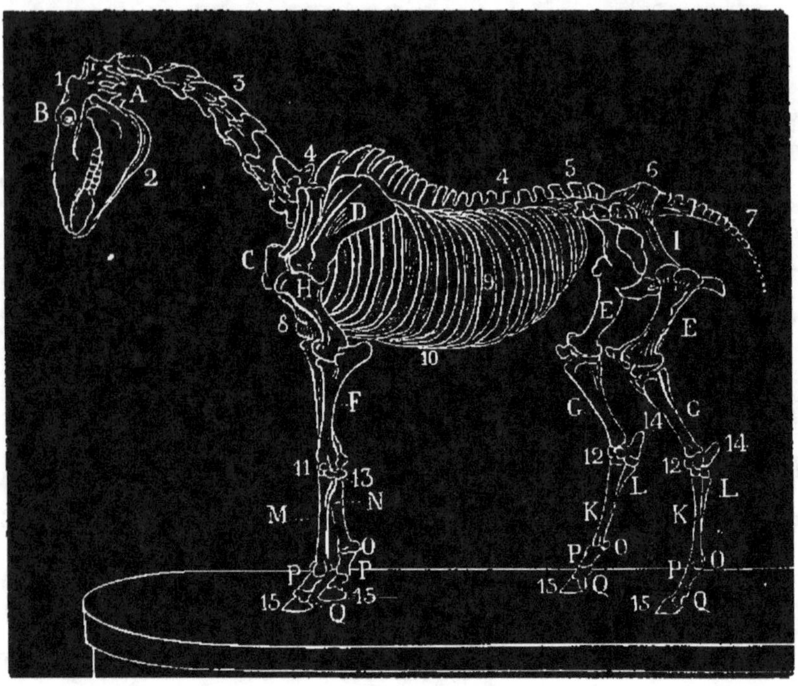

Fig. 4. — Squelette.

1 Crâne.	A) Atlas.
2 Maxillaire.	B) Orbite.
3 Vertèbres cervicales.	C) Cartilage cariniforme.
4 Vertèbres dorsales.	D) Scapulum.
5 Vertèbres lombaires.	E) Fémur.
6 Sacrum et vertèbres sacrées.	F) Radius.
7 Vertèbres coccygiennes.	G) Tibia.
8 Sternum.	H) Humérus.
9 Côtes.	I) Coxal.
10 Cartilages costaux.	K) Métatarse large.
11 Os du carpe.	L) Petit métatarse extérieur.
12 Os du tarse.	M) Métacarpe.
13 Os pisiforme.	N) Petit métatarse extérieur.
14 Os calcis (calcaneum?)	O) Os sésamoïde.
15 Sabot (os du pied).	P) Os suffraginis.
	Q) Os coronæ.

les deux parties supérieures du membre et le fémur
doivent être longs, forts et complétement développés.
Dans cette forme, le grasset est porté bien avant, et
il y a un angle considérable entre ces deux parties.
Le jarret doit être osseux et fort, sans jardon ni
éparvin ; la pointe doit être longue et établie de façon
à être exempte de faiblesse à l'endroit où se produit
la courbe. En examinant l'arrière-main pour juger
de son développement musculaire, le cheval ne doit
point être examiné de côté, mais on doit lui lever la
queue et l'on doit s'assurer que les muscles des deux
membres se rencontrent au-dessous de l'anus, qui
doit être bien supporté par eux et non laissé lâche
dans un creux profond et flasque. La ligne de la
partie extérieure de la cuisse doit être pleine, et
dans les chevaux ordinaires le muscle doit saillir au
delà du plan de la pointe de la hanche. Néanmoins,
cette plénitude n'est pas souvent remarquée dans le
cheval de pur sang jusqu'à ce qu'il soit arrivé à
l'âge mûr et retiré de l'entraînement. Les os sous
le jarret doivent être plats et sans adhésions, les ligaments et tendons pleinement développés et faisant
librement saillie sans adhérence à l'os, les articulations bien formées et larges, mais sans grossisse-
ment maladif, les paturons modérément longs et
obliques, les os de bonne dimension, et, en dernier lieu, les pieds doivent correspondre à ce

que nous avons déjà dit pour les extrémités antérieures.

L'ensemble de ces points doit être en proportion relative, c'est-à-dire que la forme du cheval doit être « vraie » [1]. Il ne doit pas avoir une arrière-main longue et bien développée avec une avant-main à épaule verticale faible ou chevillée [2]. L'inverse ne vaudrait pas mieux; car, quelque bien conformée que soit l'épaule, le cheval ne marchera pas bien si les propulseurs n'ont pas la même valeur. Il est donc de grande importance que le cheval de course ait toutes ses parties en parfaite harmonie, et que l'on ne trouve pas l'arrière-main d'un long et rapide coursier avec une épaule épaisse et courte qui conviendrait à des enjambées moins étendues.

La robe, la peau, le crin. — **43.** — La robe du cheval de pur sang est maintenant généralement le bai, le bai brun, ou l'alezan; l'une ou l'autre de ces robes paraîtra 99 fois sur 100. Le gris n'est pas commun, mais paraît quelquefois, comme dans le cas récent de Chanticleer et quelques-uns de ses descendants [3]. Le noir paraît aussi quelquefois, mais pas plus

---

[1] Nous dirions *suivie*.

[2] Pour la vitesse, le cheval doit être levreté. S'il était rectangulaire comme le bon cheval d'escadron, il ne pourrait chasser aussi loin sous lui les jambes de derrière et ses entrailles seraient poussées contre les poumons.

[3] L'alezan paraît une robe primitive, car elle est souvent sans mélange, même quand chaque poil en particulier présente deux mélanges de teinte

souvent que le gris. Les rouans, les isabelles, les alezans lavés sont maintenant hors de cause, et les cinq robes mentionnées ci-dessus peuvent être considérées comme complétant les couleurs que l'on voit sur l'hippodrome. Quelquefois ces robes sont mélangées de beaucoup de blanc, soit en lices sur la face, soit en balzanes plus ou moins chaussées ; quelquefois les jambes et les pieds sont si blancs que le cheval n'a guère que son corps bai, bai brun, ou alezan. Presque tout le monde préfère les couleurs franches avec aussi peu de blanc que possible, et il n'y a que les grands succès des produits d'un étalon qui engageront les éleveurs à avoir recours à lui, s'il fait des poulains largement marqués de blanc. Les poils gris mêlés dans la robe, comme chez Venison, sont plutôt approuvés qu'en défaveur, mais ils n'arrivent jamais au rouan, dans laquelle robe les gris sont en quantité égale ou en majorité.

44. — Le tissu de la robe et de la peau est un grand indice de race, et en absence de généalogie on y fait fort attention ; mais quand la généalogie est

---

ou même plus. Dans la nuance intermédiaire, entre l'alezan clair et l'alezan brûlé, se trouve l'alezan doré, qui résulte, comme pour le bai, de la teinte de l'extrémité des poils. On considère en Angleterre les alezans brûlés comme très-ardents, mais on les croit sujets à l'encastelure. Quand Delabere Blaine dînait aux mess de cavalerie, il signalait ce fait, ce qui amenait fréquemment une vérification qui a toujours été au détriment des alezans brûlés. Les Espagnols les croient infatigables. *Caballo Castano, antes muerto que cansado.*

satisfaisante, il est inutile d'attacher de l'importance à cette preuve secondaire. Aussi n'examine-t-on guère la peau, excepté comme signe de santé. Toutefois, dans les chevaux de pur sang, la peau est plus fine et le poil plus soyeux que dans les espèces communes. Les veines sont plus apparentes, partie en raison de la finesse de la peau, partie en raison de leur grosseur et de celle de leurs nombreuses ramifications. Ce réseau de veines est important, en ce qu'il permet à la circulation de continuer au milieu des plus violents efforts; car, si le sang ne pouvait pas s'accumuler dans ce système veineux, souvent il engorgerait les gros vaissaux du cœur et des poumons, tandis qu'en se concentrant à la surface, il donne beaucoup de soulagement, et le cheval se trouve en état de maintenir une vitesse énorme et prolongée qui serait impraticable sans leur secours. Ainsi ces parties ne sont pas seulement utiles comme marques de race, mais encore essentielles pour le but même pour lequel la race a été créée.

45. — La crinière et la queue doivent être soyeuses et non frisées, bien que l'on voie souvent une légère ondulation. Quand elles sont décidément frisées, c'est presque universellement un signe d'avilissement qui indique, aussi clairement qu'un signe extérieur peut le faire, une tache dans la généalogie. Là encore, comme dans d'autres cas, le titre authentique

de généalogie doit prévaloir sur tout raisonnement fondé sur des données moins certaines. L'attache de la queue est aussi regardée comme de grande importance, mais c'est principalement pour l'apparence, car pour les allures et le fonds, le cheval ne dépend nullement de ces accessoires. La force du tronçon n'a aucune valeur comme indice ; j'ai connu bien des chevaux très-énergiques avec des queues flasques et tombant lâchement.

Variétés de forme. — 46. — Entre la forme de West Australian et celle d'un cheval qui court pour un prix de province, il y a une vaste différence, et aucun poids inférieur à celui qui écraserait jusqu'à terre le noble coursier ne pourrait les faire arriver ensemble au but. Il y a des cas très-nombreux dans lesquels 4 stones (25 k. 38) peuvent être portés par un cheval de première classe au-dessus de la plume que l'on fait porter à un cheval très-lent, et cependant le cheval aux formes distinguées laissera derrière lui l'animal inférieur, qui ne peut, par aucun moyen, parcourir le terrain plus vite qu'au train où il peut supporter le poids ordinaire. En examinant nos listes de handicaps, l'on verra que du haut en bas il y a généralement une différence de quatre ou cinq stones (de 25 k. 38 ou 31 k. 73) ; et bien que cette différence réussisse souvent à tenir en arrière les meilleurs chevaux, elle ne permet pas toujours aux poids les plus légers d'emporter le prix, c'est seulement à ceux qui sont légèrement chargés relativement à leur puissance réelle. Mais il est aussi bien connu que certains chevaux peuvent courir un demi-mille (804 m.) à fond de train, mais pas plus ; d'autres, un mille (1609 m.) ; d'autres encore, un mille et demi.(2014 m.) à deux milles (3218 m.), tandis qu'une autre classe, maintenant moins commune qu'autrefois, demande une distance de trois à quatre milles (de 4828 à 6437 m.) pour pouvoir développer des moyens supérieurs aux chevaux ordinaires. Ces particularités sont généralement héréditaires, quoique pas toujours ; mais cependant, quand le sang est connu, il peut être généralement préjugé d'avance si l'animal pourra ou non supporter une distance. Quand le croisement est solide d'un côté et brillant de l'autre, il n'est pas aisé de deviner de quel côté penchera le jeune rejeton ; mais dans le cas où un cheval est produit par un étalon et une jument, tous les deux de sang résistant, ou bien dans le cas inverse, l'homme expérimenté pourra presque toujours décider quelles seront les qualités de fonds que présentera le produit. Il y a encore quelques chevaux de charpente forte et compacte, avec des reins courts et des croupes puissantes, que l'on peut espérer voir monter une côte sans difficulté, surtout s'ils sont de sang résistant ; et de même il y en a de formes brillantes, avec des lignes longues, mais faibles, et beaucoup d'air entre les jambes, qui peuvent gagner sur le terrain plat une course d'un mille ou un mille un quart (de 1609 ou 2012 m.), mais ne peuvent grimper une côte, ou sur le terrain plat dépasser la distance précitée. Tous ces détails doivent être soigneusement étudiés par l'éleveur en faisant choix de ses étalons et poulinières, ainsi que par le propriétaire, pour décider dans quel genre de course il engagera ses jeunes produits.

CHAPITRE V.

L'ÉTABLISSEMENT D'UN HARAS DE CHEVAUX DE COURSE.

Comparaison entre l'élevage et l'achat. — 47. — Quand une fois on a pris la résolution de suivre la carrière pleine d'excitation que nous allons considérer, la première chose à discuter sont les moyens d'exécution. Il y a deux moyens de former un stud [1]. La première consiste à élever les chevaux nécessaires pour le sport, et l'autre à les acheter à l'âge de deux, trois ou quatre ans, selon les circonstances. Le choix doit être guidé principalement par l'espèce du prix auquel on aspire et par le jugement du propriétaire ou de son conseiller habituel. Il y a aussi à considérer les facilités pour l'élevage dont il peut disposer, car sans ferme d'élevage contenant les terres propres à l'éducation des chevaux, il est inutile d'avoir recours à ce mode de procéder. Chacune de ces méthodes demande beaucoup d'habileté et de jugement, et il est rare que l'on puisse atteindre ces qualités sans dépenser de grosses sommes et sans que le désir du succès ne soit refroidi par la conviction qu'il n'est pas toujours la récompense du

---

[1] Stud, écurie de chevaux destinés aux courses.

mérite. Néanmoins, pendant que la passion dure, il est juste de lui donner tout son développement, et si l'hippodrome pouvait seulement être débarrassé de ceux de ses habitués qui le déshonorent, les façons honorables pourraient reparaitre et les gens de bien seraient encouragés à entrer dans le cercle magique et à s'y disputer les honneurs. Si l'ambition du jeune turfite est élevée et qu'il veuille devenir un des cordons bleus de l'ordre, sans doute il faut qu'il élève pour lui-même, car rien n'est plus rare que le succès avec des chevaux achetés après l'âge des épreuves. Quelques poulains de l'année sont vendus par suite de circonstances particulières, mais la grande majorité de vainqueurs du Derby ont été élevés par les propriétaires qui les ont fait courir. En outre, quand un beau poulain du sang à la mode est en vente, il est généralement acheté à un prix qui rendrait un stud ainsi recruté d'un prix exorbitant, et, cependant, sans un stud [1], rien ne peut réussir dans ce genre d'entreprise [2]. Un homme peut avoir élevé, entraîné

---

[1] Stud, haras, écurie, signifie ici un certain nombre de chevaux de course de divers âges.

[2] Dans son ouvrage récent, *The post and the paddock* (Le Poteau et le Pré), le *Druide* cite lord George Bentinck comme ayant 38 chevaux à la fois à l'entraînement, et parmi eux, son poulain Farintosh lui coûta 3000 l. st. (75,000 fr.) de mises et de forfaits.

En 1851, un cheval de deux ans, Hobby Noble, a été payé 6500 guinées, mais aussi Flying Dutchman a valu à son propriétaire 20,000 l. st. environ rien qu'en prix, et ses profits réunis à ceux de son demi-frère Van Tromp montaient à 34,000 l. st. (plus de 850,000 fr.)

et fait courir pour seule chance un Wild Dayrell, vainqueur du Derby en 1855, c'est un cas exceptionnel, et tous ceux qui ont l'habitude de l'arène conviennent qu'il faut avoir plus d'une corde à son arc. Mais si les luttes auxquelles on le destine sont seulement ces réunions de campagne pour quelque but local ou autres petits concours de ce genre, un petit nombre de chevaux estimés propres à ce jeu peuvent être trouvés à des prix comparativement bas et avec de belles chances de succès. Différent en cela du lévrier, le cheval peut toujours être essayé avec une approximation ne différant guère de son vrai mérite, parce qu'en toute occasion il fera de son mieux pour l'état d'entraînement dans lequel il se trouvera, et il n'y a point de chance (à moins que le caractère soit mauvais) pour que le cheval se montre plus tard différent de ce qu'il était le jour de l'essai. Il faut savoir aussi que pour les prix ordinaires on peut trouver un cheval dont la vitesse n'est pas tout à fait de première classe, mais dont la constitution et les jambes lui permettront de paraître dans l'arène beaucoup plus fréquemment que son compétiteur d'une riche organisation, avec une forme plus brillante et un tempérament plus irritable. Ainsi le débutant sur l'hippodrome peut, avec une faible dépense relative, satisfaire son goût pour les excitations en concourant dans les courses de

campagne avec des écuries limitées, et cependant
avec de jolies chances de succès et avec certitude
d'éviter ces lourdes dépenses qu'entraînent les écuries nombreuses et tout ce qu'il faut pour réussir à
Epsom ou à Newmarket. Peu de personnes voudraient
entreprendre de se procurer ces satisfactions dis-
pendieuses avant d'avoir gagné de l'expérience dans
les voies secondaires, et je conseillerai toujours fortement aux commerçants de se tenir dégagés de ces
manifestations extravagantes qui sont nécessaires
pour réussir dans les hautes régions de l'hippodrome.
Qu'il se rende maître de l'alphabet de la science, et
aujourd'hui il trouvera encore à qui parler, même
quand les prix secondaires sont disputés par le rebut
des grandes courses. Car il est extraordinaire combien sont efficacement préparés les chevaux de nos
réunions secondaires et combien il y a peu de différence apparente entre les chevaux qu'on y rencontre
et ceux qui courent à Epsom et à Doncaster.

48. — Pour les courses de second ordre, il suffira
donc de choisir des chevaux vendus comme impropres aux prix principaux, auxquels on ne reproche
guère que de la lenteur et qui sont toutefois vigoureux et francs, avec les membres et les pieds bons
et solides. Ces chevaux seront bons à tout en société
de leurs pareils, et recueilleront des prix réservés
aux animaux qui n'ont pas gagné plus d'une certaine

somme, ou ils conviendront aux selling stakes [1], où
on peut les entrer et s'engager à les vendre pour une
somme assez faible, proportionnée d'ailleurs au
prix d'achat et à la valeur qu'on leur attribue. Quand
ces poulains ou pouliches ont couru en public et *ne
sont pas tarés*, on peut estimer leur valeur précise;
mais si on ne peut les essayer qu'en particulier, c'est
une parfaite loterie, à moins que l'on ne puisse faire
une épreuve avec un cheval dans les mêmes conditions d'entraînement et dont la valeur est bien connue. Si par quelqu'un de ces modes d'appréciation
l'on peut se rendre compte de la valeur de l'emplette
que l'on veut faire et qu'il n'y ait aucun doute sur
l'absence des tares, le jeune adepte du turf peut ha-
sarder à investir de 50 livres st. à 2 ou 300 [2], suivant
l'estimation qu'il a faite et l'avis de son entraîneur,
car il est bien entendu qu'il ne se reposera pas uniquement sur son propre jugement. Les chevaux de
course sont vendus sans garantie, et sont pris avec
tous leurs défauts, de sorte qu'il faut bien de la prudence pour apprécier leur valeur sous ce point de
vue particulier. Peu de chevaux de tout genre sont
sans un vice quelconque [3], et cela est particuliè-

---

[1] Selling stakes, poules dans lesquelles on fait connaître le prix pour
lequel on veut céder son cheval. Il est chargé en conséquence du prix
annoncé.

[2] La livre sterling, en anglais l. st., *pound*, vaut 25 fr. 21 c. à peu près.

[3] En anglais, *une vis relâchée.*

ment vrai des chevaux de course, pour lesquels toutes les parties de l'économie animale doivent être aussi parfaites que possible. Rien n'éprouve davantage qu'une préparation sévère sur la terre desséchée par les chaleurs de l'été, et les courses que l'on fournit sur quelques-uns de nos hippodromes suffisent pour détruire tous les membres qui n'ont pas la dureté de l'acier. Il ne faut donc pas s'étonner si beaucoup succombent, et il importe à l'acheteur de prendre soin de ne pas mal employer son argent et de ne pas s'embâter d'une brute infirme qui ne peut supporter une préparation sévère et encore moins les épreuves continuelles en public dans lesquelles le propriétaire voudrait la produire. Quand il a fait tout ce qui était en son pouvoir pour reconnaître l'aptitude du cheval et que les résultats sont satisfaisants, l'amateur peut l'acheter avec un ou plusieurs autres du même acabit et les donner à un entraîneur public ou à son serviteur particulier.

Ce qu'il faut pour une écurie peu nombreuse. — 49. — *Un cheval pour conduire les galops préparatoires* sera nécessaire dans tous les cas, et si l'établissement d'entrainement est particulier, un animal propre à ce service doit être acheté et employé uniquement à cet effet ; mais dans les écuries publiques ce cheval fait partie des engagements de l'entraîneur, qui ordinairement trouve un cheval pour mener votre

petit groupe, ou si on lui confie un seul cheval, il
l'associe à d'autres pour les exercices de galop. Toutefois, dans toutes les occasions importantes, dans
les écuries publiques ou particulières, un cheval de
cette sorte doit être mis spécialement de côté pour
conduire les autres ; le propriétaire le trouve, et
l'entraîneur public fait un prix particulier pour son
entretien.

50. — *Un garçon pour chaque cheval* est également nécessaire, et selon les conventions peut être
choisi par le propriétaire ou par l'entraîneur ; mais
dans tous les cas, chaque cheval a un enfant à son
service, qui prend de lui un soin exclusif, lui met
ses couvertures et le monte pour les exercices. Il est
étonnant de voir ces légers gamins avec leurs chevaux, les monter et les tenir ensemble. Par une éducation précoce et une pratique constante, et aussi en
partie par l'habitude d'être toujours avec les animaux confiés à leurs soins, de façon à leur faire
croire qu'ils font partie de leur être, ils parviennent
à faire plus que l'on eût osé espérer. Il est désirable
d'avoir des enfants aussi légers que possible, à cause
des effets du poids sur les membres du cheval, mais
quelquefois le caractère du cheval est assez mauvais
pour nécessiter des mains de bride plus fortes et plus
expérimentées, et alors ses jambes doivent supporter les conséquences de cette surcharge. Après quel-

que temps, toutefois, le poids léger peut être remis
en selle et s'y maintenir sans difficulté. C'est ici que
les grands établissements ont de l'avantage : ils peuvent changer les garçons pour les accommoder aux
chevaux, et dans le nombre il se trouve généralement quelques gamins en état de monter n'importe
quel quadrupède.

51. — *Cette petite écurie de courses* peut donc
être considérée comme devant consister en quelques
produits des grands établissements d'élevage choisis
avec grand soin avec l'avis de l'entraîneur et aussi
d'un bon vétérinaire, qui peut être consulté relativement à la netteté du cheval. J'examinerai maintenant leur préparation aux courses, ordinairement
appelée *entraînement*, et je supposerai qu'il est en-
trepris en particulier avec un bon groom entraîneur
et un terrain convenable pour cet objet.

CHAPITRE VI.

DE L'ENTRAINEMENT.

Le terrain nécessaire. — 52. — Sans un bon terrain d'entraînement, il ne peut pas être question d'amener au poteau des chevaux en état de courir. Les ignorants peuvent supposer que la condition peut se perfectionner sur tous les terrains; mais ceci est une illusion, puisque l'état des jambes et des pieds doit être une source d'anxiété continuelle pour l'entraîneur, et à moins qu'il ne puisse maintenir ces parties en bon état, il est impossible de régler le travail d'une façon normale. Des difficultés se trouvent jetées dès le principe sur la tâche à accomplir, et le cheval n'est pas amené au poteau dans l'état voulu. N'épargnez donc pas vos peines pour vous procurer un terrain convenable et assez varié pour qu'il y en ait toujours une portion en état de servir aux exercices de l'entraînement. Il y a des terrains qui ne deviennent à peu près jamais durs, sans cependant se détremper, et ceci est un avantage sans prix, mais ces genres de terrain sont généralement en exploitation en raison de leur grande valeur, et peu d'écuries particulières peuvent en avoir à leur disposition. Dans plusieurs régions, il a des plateaux de bonne qualité pendant les saisons humides, terre sèche et élevée; il y a aussi souvent à portée un espace de terre bas et mousseux propre à faire courir pendant la sécheresse.

Un semblable arrangement est aussi commode pour l'entraînement que le meilleur terrain du monde. La seule objection que l'on puisse présenter, c'est que l'on n'y trouve point de collines et qu'il est moins commode pour le galop préparatoire, qui demande pour la fin une élévation graduelle. Toutefois l'entraîneur fera son choix, et s'il ne peut pas avoir tout ce qu'il désirerait, il fera pour le mieux. Pour les gelées et les grandes sécheresses, il faut des pistes préparées au tan ou en terre labourée, ou bien une piste en fumier consistant dans de la vieille litière, établie dans un endroit commode, pour faire trotter et même donner les suées ; mais cela ne répond pas au but comme le tan, qui est plus élastique que la paille, et peut être mis à la profondeur nécessaire, de manière à faire disparaître le choc qui se produirait sur la terre glacée.

Les écuries. — 53. — Les écuries d'entraînement sont de première nécessité, et si on n'en trouve pas sous la main de toutes construites, elles peuvent être établies avec peu de dépense. A peu près 30 livres par cheval suffiront pour l'indispensable, à moins que les matériaux ne dépassent

le prix usuel, ou que les goûts du propriétaire
ne le portent vers le style des salons. Cette somme
doit couvrir le nécessaire ; mais pour des écuries
de fantaisie, il faut en certains cas pousser jusqu'à
200 ou 300 livres par cheval. Une partie de l'écurie
doit être divisée en boxes distinctes et séparées ;
mais les chevaux qui ont de rudes travaux font
mieux en compagnie, et, par suite, devraient
être, soit en stalles ordinaires, mais plus profondes,
soit séparés par des planches hautes au plus de cinq
ou six pieds et se terminant, dans la partie supérieure, par des barreaux de fer, de manière à leur
laisser une société qui les dispense de l'ennui de
l'emprisonnement solitaire. L'expérience démontre
que dans bien des cas un cheval qui aime la compagnie prendra au moins un repas d'avoine de plus
par jour en stalle qu'en liberté dans une box. Avec
un cheval qui se nourrit peu, ceci est un point de
grande importance, puisqu'il arrive souvent que
leur condition dépend principalement de la quantité
de grain qu'ils veulent manger. En arrangeant les
écuries de façon à combiner les avantages des deux
méthodes, ainsi que je viens de le proposer, c'est-à-
dire par la grille de fer dans le haut des séparations,
chaque espèce de cheval trouvera son compte, et la
box en liberté ne sera utile que quand le repos et
l'isolement deviendront nécessaires, comme dans le

cas de maladie contagieuse ou demandant seulement le repos et l'absence de tout dérangement. Beaucoup de gens sont d'avis que les écuries ne peuvent être trop claires et trop aérées, mais je crois que c'est une grande erreur, et, au contraire, je pense qu'elles sont rarement trop sombres et trop renfermées, en conservant toutefois une bonne ventilation. Si elles sont très-élevées, il faut les chauffer artificiellement ou empêcher l'introduction de l'air frais; mais quand elles sont modérément petites et basses, c'est-à-dire hautes de dix à onze pieds, elles sont juste au point où la chaleur naturelle des chevaux peut les tenir chaudes tout en admettant l'air frais lorsqu'il est nécessaire, et laissant échapper l'air vicié par un ventilateur en forme d'entonnoir établi au plafond. Je suis convaincu que l'obscurité est avantageuse au cheval qui travaille beaucoup, et il profitera deux fois autant dans une écurie modérément sombre que si elle était très-éclairée. Le cheval au régime de l'entraînement est au moins quatre heures par jour en plein air et se trouve disposé au repos quand il rentre. En pleine lumière il ne jouit pas d'une tranquillité complète, mais avec une écurie obscure il se couche, se repose et permet à ses jambes de se remettre des efforts du travail, ce qu'elles font bien plus tôt quand l'animal est couché que quand elles supportent le poids du corps et sa pleine colonne de

sang. Pour ces raisons et parce que j'ai toujours
trouvé que les écuries les plus saines étaient sombres et modérément basses, je conseille d'en faire
choix pour l'œuvre de l'entraînement, ayant toujours
soin qu'elles soient parfaitement nettoyées, que les
conduits soient bien recouverts et avec une pente
convenable. Il doit y avoir toute facilité dans la sellerie pour chauffer de l'eau pour laver et sécher les
couvertures imbibées de sueur, et les garçons doivent être logés dans les chambres au-dessus des écuries, de manière à être toujours à portée de leurs
chevaux, pour le cas d'une prise de longe ou autre
accident. La bonne eau est fort à désirer, et la situa-
tion de l'écurie par rapport au terrain d'entraînement
est de grande importance ; elle devrait être à moins
d'un quart de mille de l'endroit où finit le galop
pour les suées, afin que le cheval puisse être rentré
séché, et que tout soit terminé avant que la sueur
ait le temps d'être réabsorbée. Si l'on ne peut obtenir
cette proximité, une box isolée doit être construite à
l'extrémité du terrain de course pour que chaque
cheval y puisse être bouchonné à son tour et sorti
encore pour faire un temps de petit galop avant
d'être enfermé dans l'écurie. Voilà les conditions
requises pour l'écurie de course ordinaire ; celles qui
ont rapport au dressage et à la préparation du cheval de deux ans seront examinées quand nous ver-

rons l'écurie d'élevage, qui demande à elle seule tant d'arrangements additionnels. Je suppose maintenant que l'on s'occupe de l'espèce d'entraînement le plus simple, le seul qu'un novice puisse entreprendre s'il veut éviter un fiasco complet, car on aura tout le temps, après avoir pénétré les arcanes de l'écurie de courses ordinaire, d'essayer de sonder les mystères encore plus profonds de l'élevage et la mise à l'œuvre du cheval de deux ans.

Sellerie. — 54. — En outre des selles d'exercice et des brides mises à la charge du garçon et tenues dans la sellerie ordinaire, il faut des selles supplémentaires pour les essais, qui doivent être chargées de façon diverse de manière à produire ce que l'on veut faire porter dans les épreuves particulières. Celles-ci doivent être sous le contrôle seul de l'entraîneur et gardées sous clef, quoique, en dépit de tous les efforts de déguisement, les gamins de nos jours aient généralement le talent d'estimer correctement les moyens de leur cheval, et qu'il y en ait beaucoup qui ont l'esprit plus malin que leur maîtres ne le supposent, quoique incapables de sortir de leur spécialité et assez courts d'appréciation pour tout ce qui n'est pas chair de cheval. Mais, comme il est inutile de leur fournir plus qu'il est nécessaire les moyens d'apprécier l'importance de la charge et que l'entraîneur doit seller lui-même les chevaux avant les épreuves, ils ne manient même pas les selles, et s'il le veut il peut garder entièrement pour lui le poids mis sur chaque cheval. Ces selles doivent être tenues dans une caisse à part, et si on n'a pas une chambre exprès pour les mettre, la caisse peut être mise dans une cuisine ou tout autre emplacement sec et chaud. Comme de raison, l'entraîneur aura soin de tenir registre des épreuves, et beaucoup y inscrivent aussi la somme du travail fait par chaque cheval, tenant en un mot un journal régulier de leur travail.

55. — Mais, en surplus de ces selles d'épreuve particulière, il faut, pour des écuries d'entraînement, une foule d'objets, tels que peignes, brosses, gants de crin doux ; on se sert maintenant beaucoup et avec succès des bandes de laine et de calicot ; des éponges, des couvertes ordinaires, des couvertes d'été, des tapis de bure ordinaires et d'autres pour les suées ; des selles d'exercice pesant sept livres, des bridons ordinaires et doubles, des mors à la Pelham, des martingales, enfin cette variété d'ustensiles que l'entraîneur jugera utiles suivant le caractère de son cheval ; des guêtres pour exercice et voyage, genouillières de voyage, couvertes imperméables pour les jours de pluie, des époussettes, des courroies, couteau de chaleur, tornez, ciseaux pour le poil, et les remèdes les plus employés dans les écuries, tels que purgatifs, cordiaux, nitre,

boules pour l'entraînement, dont la plupart des entraîneurs font usage à leur gré. Des emplâtres pour les efforts ou coups supportés par les membres doivent être tenus toujours prêts, en raison de la fréquence des accidents; mais leur emploi sera donné plus tard au chapitre des maladies du cheval. A l'exception des remèdes, vous trouverez ci-dessus une liste à peu près complète des objets employés pour l'entraînement du cheval de course.

Examen indispensable de chaque cheval. — 56. — Avant de commencer l'entraînement, il sera nécessaire d'examiner individuellement chaque cheval et de considérer à quel degré il se trouve à l'égard de l'état d'entraînement, et aussi sa force de constitution, sa généalogie, et, comme une conséquence de ces prémisses, sa puissance de travail [1]. En faisant cette estimation, l'entraîneur est guidé par les observations suivantes, qui, pour un œil expérimenté, mènent à une conclusion avec assez de certitude. D'abord, la race ou le courant de sang qui a une grande importance, car certaines familles s'entraînent notoirement mal, tandis que d'autres

---

[1] Gustavus, cheval gris, vainqueur du Derby en 1821, était si petit à un an, que le royal propriétaire du haras d'Hamptoncourt le vendit pour 25 guinées à M. Hunter, lequel en prit si mauvaise opinion qu'il l'offrit sans succès pour 15 guinées. Tant qu'un coursier est sain, il ne faut pas s'en défaire avant de l'avoir franchement éprouvé.

(Youatt, p. 31.)

supportent n'importe quelle quantité de travail; secondement, l'état des jambes, dont il faut tenir compte
dans tous les cas, parce qu'un cheval préparé à
moitié sur des jambes saines vaut mieux que celui
qui est tout à fait prêt, mais qui est infirme et boiteux au point de ne pouvoir faire un temps de galop;
troisièmement, la fermeté de la chair au toucher et
l'apparence générale qui indique, soit un animal robuste qui se nourrit bien et de tout, ou bien un
cheval délicat, à constitution molle, toujours difficile
à entraîner. Naturellement, ces trois variétés demanderont des exercices très-différents. La première
est assez aisée à mettre en état et ne demande que
du travail régulier avec une suée par semaine et
beaucoup de promenade au pas, etc. La seconde demande toujours la surveillance de l'entraîneur, et il
faut, pour monter ces chevaux, un enfant soigneux,
puisqu'un seul galop donné sans précaution arrêtera
le cours de l'entraînement et le mettra de côté pour
quelque temps, si ce n'est pour toujours. La troisième variété peut avoir ou non de bonnes extrémités; mais, dans tous les cas, elle demandera autant
de soins que le n° 2, de peur qu'un travail exagéré
ne lui ôte l'appétit et ne détruise sa santé. Chacune
de ces classes d'animaux doit travailler séparément,
relativement aux suées et aux courses; mais, dans
la promenade au pas, tous les chevaux peuvent être

mis en file. Sans ces différences en constitution, caractère, membres, race et âge, l'entraînement serait un procédé fort simple, parce qu'il consiste théoriquement à donner tout simplement au cheval assez d'exercice pour mettre ses muscles et son haleine dans la condition la plus énergique et aussi à retirer toute graisse superflue, tant de la surface que de l'intérieur du corps. En fait, entraîner, c'est faire travailler le cheval; mais le point délicat consiste à donner la quantité de travail convenable dans chaque cas particulier et à donner ce travail au moment opportun. Il faut se souvenir que ces conseils s'appliquent seulement aux chevaux de pur sang, l'entraînement des demi-sang se conduisant tout à fait différemment, comme nous le ferons voir aux chapitres des steeple-chases et des chasses au renard.

57. — Les considérations suivantes sont celles qui pèsent principalement dans l'esprit d'un entraîneur savant, dans ses décisions et modes de traitement relatifs à chacun des hôtes de ses écuries. La première grande essentielle est une bonne constitution et une santé robuste dès le commencement. Personne ne peut entraîner un cheval déjà reduit par la mauvaise nourritue ou les mauvais traitements au point d'être faible et probablement malade jusqu'à un certain point. Un pareil animal doit être mis de côté

pendant un certain temps, et aucune tentative d'entraînement ne doit être faite à son égard jusqu'à ce qu'il soit en chair, en bonne santé, et plutôt corpulent que maigre. Il ne devrait y avoir aucune partie souffrante, au moins aucune de quelque importance. Surtout faut-il que les poumons et les membres ne souffrent point, car si l'un de ces agents principaux des efforts actifs est en défaut, toute chance d'amélioration par l'entraînement est perdue. Il était de coutume autrefois d'entraîner les chevaux au moyen des purgatifs et des suées jusqu'à ce qu'ils fussent aussi maigres et effilés que possible, et aucun cheval n'était considéré comme en état de courir s'il ne montrait sur son corps chaque muscle superficiel. Mais maintenant un meilleur système a prévalu ; l'on a trouvé qu'aussitôt que l'haleine est assez complète pour permettre au cheval de parcourir sa distance sans être essoufflé pour plus d'une seconde ou deux, il est assez débarrassé de graisse, et il ne faut plus que du temps pour le mettre en état de perfection. Ainsi, l'on ne peut poser aucune règle quant à l'apparence et à la somme de travail, et aucune autre épreuve ne sera concluante. C'est à l'expérience et au jugement à décider le travail auquel chaque cheval doit être soumis.

58. — La durée de l'entraînement doit varier très-considérablement, d'après l'état premier du cheval,

son âge et la distance d'hippodrome qu'il aura à parcourir. Six mois peuvent être pris comme moyenne approximative du temps nécessaire pour mettre dans sa meilleure forme un cheval de trois ans, en supposant qu'il ait été préalablement entièrement débourré, qu'il ait eu des promenades au pas journalières ; qu'il se trouve en bonne santé et net dans ses membres et dans sa respiration. Beaucoup de chevaux ont été amenés au poteau bien plus tôt, même à partir du temps où ils quittaient les herbages ; mais c'est, je crois, la moyenne habituelle, et dans beaucoup de cas l'on a mis encore plus de temps à produire ce haut état de santé, qui est le résultat d'une nourriture riche et d'un fort exercice, mais qui peut rarement être maintenu longtemps.

59. — Mais tout ce laps de temps n'est pas entièrement occupé à un genre de travail constant : marcher aujourd'hui, courir demain, suer après-demain, et ainsi de suite. L'on a adopté le plan de diviser l'opération en deux ou trois degrés appelés *préparations*, et dans les intervalles l'on donne une dose médicinale et quelques jours jusqu'à une semaine entière de repos. Il est connu qu'un cheval qui a cessé de travailler pendant longtemps, ou qui n'a encore rien fait, demande de l'habitude graduelle avant que ses os, ses muscles et ligaments, aussi bien que son cœur et ses poumons, soient en état

de supporter des exercices violents. C'est pourquoi, en supposant que l'on se propose de mettre six mois à entraîner un cheval pour une occasion particulière, divisant cet espace en trois préparations, la première sera occupée par un travail lent et léger, la seconde par un travail un peu plus vite, et la troisième par le plus haut degré de vitesse auquel vous puissiez soumettre votre cheval. Ainsi, le travail d'entraînement peut être classé en première, seconde et troisième préparation, chacune plus sévère et à plus vives allures que la précédente.

Première préparation. — 60. — L'objet principal de cette partie de l'entraînement est de durcir les membres et les articulations, de débarrasser l'intérieur de la graisse superflue et encombrante, et d'accoutumer le cheval à un long exercice au pas. Il est rare que l'haleine puisse être menée à perfection dans ce degré, car les allures très-rapides ne pouraient être endurées, soit à l'intérieur, soit à l'extérieur, et la toux chronique ou des articulations enflammées suivraient immanquablement toute tentative de précipitation dans l'œuvre à accomplir. Quelques chevaux robustes pourraient peut-être supporter l'effort avec impunité, mais dans tous les cas le préjudice serait fort grand, et il faudrait arrêter l'entraînement pour réparer l'erreur première. « La précipitation est la pire des vitesses. » Ici ce proverbe trouve pleine confirmation, et toute tentative de commencer par la fin rendrait certainement le cheval plus lent, au lieu de produire le résultat opposé.

61. — Une médecine légère sera généralement indispensable une ou deux fois pendant le cours de cette première préparation ; mais si le cheval n'est plus dans les mains de ceux qui ont eu soin de sa santé et lui ont donné un exercice régulier, l'on peut s'en dispenser le premier mois, après quoi cela deviendra nécessaire. La dose variera, d'après la taille et l'âge, depuis 3 drachmes jusqu'à 5 et même plus, si un vieux cheval a été mis au vert, ce qui le rend toujours moins sensible à l'effet des purgatifs. Quand cette dose aura complétement opéré, on peut sortir l'animal régulièrement et lui faire commencer la routine du travail journalier. (Pour les boules purgatives, voir aux maladies des chevaux.)

62. — En ouvrant la porte de l'écurie à quatre heures dans l'été, ou à six ou sept au commencement du printemps et dans l'automne, le garçon commence par attacher son cheval au ratelier de sorte qu'il ne puisse se coucher, mais soit à portée de sa mangeoire ; ensuite on lui donne à manger ordinairement un quarteron d'avoine et peut-être une seule poignée de paille s'il mâche mal son grain ; mais s'il se nourrit bien, ou ne lui donnera pas de

paille du tout. Pendant ce repas, l'on met la litière en ordre, retirant tout ce qui est tombé dans la nuit ; la litière doit être propre et égale, nette de crottin ou d'urine, en prenant soin d'enlever toute la paille salie d'une façon ou d'autre. Les gens d'écurie les plus minutieux retournent la litière chaque jour et retirent le fumier de la stalle, et tout homme soigneux le fait au moins deux fois par semaine. Quand le cheval va finir son repas, les garçons peuvent déjeuner, car comme ils vont être deux ou trois heures sans descendre de cheval, il leur faut quelque chose dans l'estomac. Pendant ce temps, l'avoine se mange, le garçon donne à son cheval sa petite ration d'eau, l'attache court au ratelier, lui met sa muselière et le panse légèrement, puis il le rhabille, le selle, le guêtre, et ensuite met la bride. Après avoir retourné le cheval dans la stalle, on le laisse un moment suivant les ordres, en attendant que les autres chevaux soient prêts. Quand tous sont prêts, le cheval est monté dans sa stalle et attend son tour pour sortir, ce qu'il fait assez patiemment à l'écurie par l'habitude de rester tranquille en cet endroit, ce qui serait difficile à lui persuader en tout autre lieu.

63. — L'allure du pas est l'élément de ce degré d'entraînement, et, en fait, peu de chevaux sont bons pour autre chose avant d'avoir terminé leur première préparation. Une petite suée lente, ou peut-être

même deux ou trois, peuvent être désirables quand
il y a une grande quantité de graisse; mais dans la
plupart des cas, il sera mieux d'assujettir le cheval,
au moins pour le premier mois, presque uniquement à l'exercice du pas. Si les chevaux sont jeunes
ou tout à fait neufs, il faut les faire marcher à peu
près une demi-heure autour de la cour ou de quelque enclos de ce genre, de peur qu'ils ne s'emportent avec leurs gamins sur le dos; mais s'ils sont
âgés ou tout à fait tranquilles de caractère, on peut
les mener tout de suite au terrain d'entraînement.
Là, on les fait marcher sur un grand cercle ou ovale,
ou toute autre ligne convenable d'après le terrain,
pendant une, deux ou trois heures, quelques-uns
faisant un petit temps de galop de manége ou de
chasse, si l'entraîneur juge qu'ils peuvent supporter
cet exercice; mais il ne faut pas les laisser aller assez
vite pour souffler ou suer, mais seulement de manière
à varier la monotonie de l'allure et à leur conserver
leur facilité de locomotion en empêchant la fatigue
des jambes, que le pas non interrompu ne manque
pas de produire. Avec cette légère variante, l'allure
du pas peut être soutenue pendant trois heures en
moyenne. Chaque cheval qui se vide doit être arrêté,
et tous les autres à la fois avec lui. M. Darvill, qui
est le seul écrivain de quelque renom sur le cheval
de course, blâme l'exercice du pas dépassant l'ab-

solu du nécessaire, et il mesure cette quantité par le temps qu'il faut d'abord donner au cheval pour se vider, pour donner de la souplesse à son système musculaire et pour affermir les jambes; secondement, pour calmer les animaux trop chauds ou trop amateurs de gambades ; troisièmement, pour donner aux chevaux délicats et capricieux de l'appétit pour leur ration, tout en calmant leur ardeur. Mais, en opposition à son opinion, nous trouvons la pratique de la plupart de nos entraîneurs qui emploient l'exercice du pas avec le petit temps de galop dans la main par occasion, à un degré auquel M. Darvill n'avait jamais songé. Sans doute, on peut le porter jusqu'à excès comme toutes les choses utiles, et en surmenant le cheval on peut rendre les articulations raides et les muscles lents à agir et rigides au lieu d'être élastiques. Mais à un certain degré c'est le pivot de l'entraîneur, surtout avec les chevaux dont les jambes sont disposées à manquer, comme il n'arrive que trop fréquemment dans les races actuelles.

64. — La première suée ne devrait jamais se donner avant que le cheval ait été tenu à un travail lent pendant une quinzaine, et s'il n'est pas très en chair ou ne se nourrit pas bien, on fera fort bien de la différer encore. Quelques chevaux ne devraient jamais suer sous des couvertures, mais perdront

leur graisse superflue sans cet auxiliaire. Certes, avec des animaux irritables, à caractère susceptible, la difficulté est quelquefois de les empêcher de suer à tout propos ; ils perdent trop en galopant avec leurs couvertes ordinaires, et on est obligé de les faire travailler sans vêtements. La façon d'administrer la suée est la suivante. Nous en sommes à l'heure de la matinée où elle doit se donner, et c'est le moment de la décrire. Dans la pratique, l'on retient trois chevaux en outre de celui qui doit suer, pour que leurs garçons puissent prêter la main, car c'est une opération qui demande beaucoup d'aide, comme on va le comprendre. Quand la suée doit être générale et qu'aucune partie en particulier n'est surchargée, il est en usage de mettre d'abord une vieille couverte ou un drap appelé sweater[1], et un camail et pièce de poitrail en surplus, ensuite une pièce de croupe et par-dessus tout un vêtement complet de cheval avec la selle comme à l'ordinaire. Mais quand on veut réduire spécialement certaines parties, comme par exemple les épaules ou les parties voisines du brechet ou du poitrail, l'on plie une couverte en supplément et on la boucle sur le garrot avec les courroies de la pièce du poitrail, ou on l'engage sous la selle si l'on ne veut faire suer que

____

[1] Qui fait suer.

le brechet. Toutes ces particularités exerceront l'habileté de l'entraîneur, et suivant les circonstances,
il mettra un surcroît de vêtements sur les parties
qu'il voudra réduire et laissera sans charge celles
qu'il jugera assez amincies. Quand tout est bien fixé,
le cheval est monté sur le terrain, et après l'avoir
fait marcher fort peu de temps pour lui permettre
de se vider, on le fait partir pour parcourir sa distance, qui est généralement quatre milles, et on le
tient à un galop régulier pendant les trois quarts de
cet espace, après quoi on le fait aller un peu plus
vite, et à la fin on le pousse à fond de train s'il est
en plein entraînement, et à une allure presque rapide
s'il est à sa seconde préparation. En disant : fond de
train, nous n'entendons pas l'allure tout à fait extrème que l'on peut tirer du cheval, mais une course
qui en approche, sans faire perdre la vigueur de
l'impulsion, et qui ne surmène pas le cheval de façon
à briser sa structure musculaire ou tendineuse. Dans
sa première préparation, le cheval doit être rarement
allongé ; il est meilleur d'augmenter la distance que
d'accélérer l'allure au delà de la course régulière,
mais peu de chevaux se refusent à suer à ce train
dans cette phase de l'entraînement. Aussitôt que le
coursier a parcouru la distance, l'entraîneur examine
son état et décide s'il l'enverra au pas ou au trot au
lieu du pansage, qui doit être une box mise à part

pour cet usage, soit au terrain d'entraînement, soit aux écuries ordinaires. Le bénéfice de la suée ne se réalise pas à moins que le fluide ne soit enlevé avec le couteau de chaleur avant d'être réabsorbé par la peau, ce qui a lieu si la sueur reste sur la peau après que celle-ci a cessé d'en fournir. Alors le tissu cutané passe d'un extrème à l'autre et s'approprie la sueur par son pouvoir d'absorption, perdant ainsi le principal avantage que l'on attendait de la suée.

Quand la main de l'entraîneur, appliquée à l'épaule du cheval sous la couverte de poitrail, lui apprend que la sueur vient généreusement, le cheval peut être chargé de deux couvertes supplémentaires, et laissé en transpiration encore quelques minutes ; mais si la sueur ne coule pas librement, on doit mettre trois ou quatre couvertes et attendre un quart d'heure ou vingt minutes avant de commencer à râcler. Si elle vient librement, le garçon chargé de la tête peut frotter les oreilles et essuyer les yeux, de manière à rafraichir légèrement l'animal ; mais s'il y a quelque difficulté à produire la sueur, cela ne ferait que retarder l'opération, et il faut laisser le cheval tranquillement debout, et sans essayer aucunement de le rafraîchir par les petits soins déjà mentionnés, ni même en frottant les jambes ou essuyant les cuisses ou le poitrail. Au commandement de l'entraîneur, le camail s'enlève et la tête et le cou sont séchés rapidement ainsi que le poitrail dont la couverture est retirée, et les morceaux qui couvrent le corps et l'arrière-main rejetés de manière à ce que toute l'encolure et la pointe des épaules demeure à nu. Quatre garçons peuvent être employés à râcler et à sécher cette partie, sans compter celui qui tient la bride; mais, si le cheval est assez tranquille, on peut ôter la bride, et la tête n'en sera que plus efficacement essuyée. Très-peu de minutes suffisent pour sécher cette moitié du cheval. Alors on remet la bride, on enlève les couvertures de suée et la pièce de croupe, les quatre garçons se mettent à travailler avec leurs couteaux de chaleur et leurs *gants à friction*, deux aux flancs et deux aux jambes postérieures ; par ce moyen on est bientôt débarrassé de la dernière goutte de sueur, et la robe reste parfaitement sèche et unie. La période de l'entraînement influe beaucoup. Dans la première partie, la sueur est abondante, épaisse, savonneuse, plus difficile à sécher ; tandis que dans les derniers degrés, quand le cheval commence à devenir prêt, elle est aqueuse et rare ; le couteau de chaleur n'enlève presque rien, et l'on peut sécher le cheval sans la moindre difficulté. Ceci est un bon signe de condition d'entraînement, et la nécessité de répétition des suées se reconnaît généralement par l'apparence du fluide, qui, lorsqu'il est épais et mousseux, montre qu'il y a dans le système beaucoup de mauvaise graisse à retirer ; mais aussi cet indice apprend qu'il faut mettre beaucoup de soin dans le procédé, de peur que l'on n'arrive à mal en faisant trop rapidement appel à dame nature pendant que le cheval est dans cet état de graisse et sujet à toutes sortes d'inflammations. Après avoir séché la robe et l'avoir unie avec le gant de peau, l'on remet les couvertures ordinaires et l'on mène le cheval sur le terrain pour prendre ses exercices avec les autres chevaux comme de coutume, prenant toujours bien garde qu'il n'attrape point de froid si la température est basse. La raison pour faire encore sortir le cheval, c'est que, si on le laissait dans une écurie chaude, il continuerait à suer, et si l'écurie était froide, il ne manquerait pas de s'enrhumer. En conséquence, on a adopté la promenade au pas avec un court temps de galop, afin d'éviter ces fâcheuses alternatives ; mais ce travail ne doit être continué que le temps nécessaire pour rafraîchir l'animal et remettre ses nerfs et ses vaisseaux sanguins dans leur état usuel. La nature du terrain à parcourir et l'allure pour les suées varie avec l'âge, la condition et la distance de l'hippodrome pour laquelle le cheval est entraîné, le maximum étant de six milles et le minimum de deux ou trois avec une allure variable, selon chaque cas individuel et dépendant de l'âge, de la race, de l'action du cheval, aussi bien que de sa constitution, de ses jambes et de l'état de préparation auquel il est arrivé. Les suées sont données à des périodes qui varient depuis une par semaine jusqu'à une fois par quinzaine après la première préparation, mais rarement aussi souvent pendant cette période. Quand les suées sont données sans couvertes, elles se pratiquent sous tout autre rapport juste comme nous l'avons décrit plus haut, et les garçons d'écurie doivent sécher le cheval avec la même promptitude, d'une manière analogue. Toutefois, la quantité de sueur n'est pas à beaucoup près aussi grande, et deux enfants actifs suffiront généralement à la tâche. Dans presque tous les cas, même quand on ne se sert pas de couvertes dehors, on les entasse sur le cheval quand il vient à l'écurie de séchage, afin d'encourager la transpiration.

65. — En revenant du travail, on mène le cheval à l'eau, et ensuite on le couvre bien pour au moins trois quarts d'heure, prenant soin qu'il ait sous lui une litière suffisante ; car il sera disposé à piétiner pendant qu'on le soignera et ne fera pas de bien à ses pieds et à ses jambes, s'il s'amuse à frapper sur les briques nues. Cependant l'heure du repas de dix à onze heures arrivera sur ces entrefaites, et l'on peut donner à manger aux chevaux ; après quoi on les enferme, on rend à leur tête toute sa liberté et on les laisse sous clef sans les déranger jusqu'à

l'heure du nouveau repas, généralement vers trois ou quatre heures. On leur redonne à manger, on leur accorde quelques gorgées d'eau ; ensuite on les selle et on les exerce pendant une heure ou une heure et demie ; après quoi on les rentre, on les fait boire pour la dernière fois ; on les habille légèrement, on les laisse jusqu'à sept heures, où on leur donne l'avoine pour la dernière fois, en la mélangeant avec un peu de paille. A ce moment, le foin destiné à ce cheval est mis dans le râtelier, et l'on ferme les écuries à clef jusqu'au lendemain matin, à moins qu'il ne survienne quelque accident nécessitant la présence des garçons ou de l'entraîneur. La quantité de foin allouée au cheval en voie d'entraînement varie de six à huit livres par jour. Il doit être de la meilleure qualité, récolté dans les hauts terrains, bien sec et avoir au moins un an de récolte. Le foin vert, qui n'a jamais bien fermenté, ne convient nullement au cheval de course.

Le système que nous venons de décrire varie légèrement selon les écuries ; par exemple, les uns donnent à boire dans l'écurie, et les autres dans les auges, qui, autrefois, étaient le seul moyen d'abreuver le cheval. La facilité d'empoisonner les auges a en grande partie empêché qu'on s'en servît, et l'eau se donne dans l'écurie, souvent d'un réservoir fermé à clef. Ces précautions sont maintenant devenues

nécessaires à cause de la fréquence des empoisonne-
ments, qui s'effectuent si facilement au moyen de
l'eau, presque sans aucune chance raisonnable de
découverte ; toutefois, la présence du poisson vivant
est une assez bonne garantie de la pureté du liquide.

Fig. 5. — Plénipotentiary.

Si cette précaution avait été prise dans l'écurie de
M. Batson, avant la course du Saint-Léger en 1834,
le magnifique *Plénipotentiary* (Fig. 5), réputé invincible, ne se fût pas trouvé non-seulement incapable de fournir la course, mais à partir de ce jour
hors d'état de figurer avec éclat sur l'hippodrome.

Les heures varient aussi dans les différentes écuries, mais celles indiquées ci-dessus sont le plus ordinairement suivies ; elles conviennent aux habitudes du cheval et à la nature de son estomac, qui demande à être souvent rempli de petites quantités de nourriture, et non gorgé, comme dans la tribu des chiens et chats.

66. — La somme de suées et de galops pendant la première préparation peut être augmentée très-graduellement, si l'entraîneur trouve que les premiers essais sont suivis de progrès, c'est-à-dire si le cheval paraît léger et dispos après une suée ou une course, s'il se nourrit bien et si ses jambes restent fraîches. Quelquefois l'on remarque des résultats inverses : le cheval est tout à fait abattu et demande un barbotage au son ou une légère dose de médecine pour se remettre ; après quoi il faut lui accorder un temps considérable avant d'essayer encore d'améliorer sa condition. Tous ces différents points demandent le plus grand soin, et c'est ici que l'on éprouve l'expérience de l'entraîneur. Rien n'est plus facile que de produire au poteau un cheval toujours parfaitement sain et vigoureux ; mais amener à l'hippodrome en haute vigueur un cheval naturellement mou et de frêle charpente, voilà une tâche qui ne demande pas seulement de l'expérience, mais beaucoup de jugement et de réflexion, puisqu'il y a fort

peu de ces sortes d'animaux qui se ressemblent exactement, et constamment l'on voit survenir de nouvelles complications auxquelles il faut remédier sur-le-champ. Si, en effet, on leur laisse une fois prendre le dessus, elles nécessiteront des mesures si sévères que le cheval sera rejeté fort loin dans sa préparation.

67. — Une seconde ou troisième dose de médecine douce sera presque toujours nécessaire à la fin de cette première préparation, et le cheval devrait toujours être mis au barbotage avant d'administrer le remède, et ensuite livré au repos et à la promenade au pas, avec diminution d'avoine et un barbotage ou deux, jusqu'à conclusion d'une semaine, jours de médecine compris ; après quoi commence le degré suivant.

Seconde préparation. — 68. — A la fin du stage que nous venons de décrire, les muscles du cheval commencent à se durcir, ses fibres et jointures deviennent fermes et solides, et l'on peut avec sécurité lui faire courir à bonne allure une distance modérée. Sa ration d'avoine peut être augmentée d'un quarter (2 litres 90) en passant de un peck par jour (9 litres 08) à cinq quarters (11 l. 60), quantité qui continuera pendant toute cette période, en variant toutefois selon les circonstances. Les heures d'écurie continuent à être les mêmes et la longueur du travail

n'est pas augmentée ; mais la principale différence
consiste dans la rapidité du galop et la fréquence
ainsi que la durée des suées. Celles-ci sont généralement données tous les huit ou dix jours, et la distance de la course est presque toujours de 4 milles
(6436^m,25), excepté avec les très-jeunes poulains,
dont nous ne nous occupons pas en ce moment. Pendant la suée elle-même, l'allure doit être assez
allongée, surtout à la fin, et si le cheval est le moins
du monde disposé à la corpulence, on le lance ventre
à terre pendant le dernier mille, et vers la fin, on
l'éperonne et on le pousse jusqu'aux derniers efforts,
de façon à le faire souffler considérablement et à
ouvrir ses tuyaux respiratoires d'une bonne façon.
La suée, dans la première préparation, est seulement adoptée comme une manière de se débarrasser
de la graisse intérieure superflue ; mais maintenant,
bien qu'elle ait en partie le même objet, elle est
aussi destinée à améliorer la respiration. Le garçon
qui donne la suée devrait être un connaisseur en
fait d'allure, et il est rare que ceux que l'on emploie
ordinairement méritent confiance à cet égard. Presque toujours il faudra avoir recours à une tête plus
mûre, et l'on devrait faire dans l'écurie choix de
celui qui juge le mieux l'allure. Dans les galops
d'exercice, le garçon[1] de tête conduit ordinairement

______
[1] Head lad, chef de reprise.

et règle ainsi l'allure pour ceux qui le suivent ; mais dans une suée cela ne peut se passer ainsi, parce que le cheval qu'on y soumet va, avec son faix de couvertures, à une allure tellement différente de celle du cheval nu, qu'il est difficile de le régler et d'éviter de le forcer. Personne ne peut exactement dire comment on doit mener un cheval soumis à une suée, excepté le cavalier qu'il a sur le dos ; si on ne laisse pas l'allure à sa discrétion, il arrivera certainement malheur. En conséquence, à moins que les écuries ne soient assez garnies pour que l'on ait trois ou quatre chevaux à suer à la fois, il est plus expédient de laisser le garçon de tête donner toutes les suées ; mais s'il y a un nombre d'animaux suffisant, il peut aisément régler l'allure pour tous ceux que l'on fera suer à la fois. L'usage du couteau de chaleur et l'exercice qui suit est juste tel que nous l'avons décrit au § 64, si ce n'est que l'on peut terminer avec avantage par un léger temps de galop.

69. — *L'exercice au galop* peut maintenant être pratiqué, indépendamment des suées, en prenant bien soin que ni les membres ni la constitution ne souffrent par une augmentation trop rapide dans la longueur et la cadence du galop. Pendant la première préparation, surtout vers la fin, le cheval a été accoutumé à de petits temps de galop, et l'entraîneur a été mis à même d'en conclure, aussi bien que des

suées à courte allure, jusqu'à quel point il peut augmenter la vitesse et donner des suées plus longues et
plus pénibles. Pendant le cours des trois préparations, chaque degré successif doit être réglé par le
précédent, et les étages supérieurs doivent être cons-
truits selon l'effet que les étages inférieurs ont produit sur les fondements de l'édifice. Si, par exemple,
le travail d'une semaine a été supporté avec peine,
celui de la semaine suivante doit être plutôt moins
sévère ; tandis que, si l'entraînement marche et que
le cheval profite sous tous les rapports, les distances
et l'allure peuvent être graduellement augmentées ;
tout va comme sur des roulettes à la satisfaction de
l'entraîneur. Qu'il soit bien entendu que l'on ne peut
donner de règle plus précise que la suivante : tant
que le cheval est vif, a l'air brillant et gai, qu'il se
nourrit bien, il peut être considéré comme au-dessus de sa besogne et elle peut être augmentée, avec
précaution, jusqu'au degré le plus élevé auquel il
puisse atteindre, d'après l'opinion de l'entraîneur.
C'est le moment de faire la différence entre la suée
et le galop d'exercice ; la première est un procédé
de réduction pour se débarrasser de substances inu-
tiles et même nuisibles ; l'autre est un procédé
d'éducation pour établir une structure musculaire
puissante et pour montrer au cheval comment il doit
employer et économiser ses moyens. Cette différence

doit toujours être observée, et l'entraîneur doit toujours se rappeler que non-seulement il a de la graisse à détruire, mais encore à créer des matériaux solides et élastiques à la fois, et accoutumer le cheval à faire valoir ses moyens de la façon la plus rapide et la plus efficace. Telle est la théorie de ces deux procédés ; nous reviendrons plus loin aux moyens pratiques. A l'égard des suées, aussitôt que le fluide devient tout à fait aqueux et que toute la graisse superflue de la surface paraît enlevée, on ne doit plus les appliquer avec surcroît de couvertures, mais on doit faire suer l'animal avec une simple couverte ou nu, selon que l'entraîneur le jugera préférable d'après son apparence et sa race, ce qui est un guide important pour celui qui connaît les particularités des divers courants du sang.

70. — L'arrangement des galops préparatoires dépend en grande partie du nombre de chevaux que l'entraîneur a dans la main et de leur nature et dispositions. Quelques-uns conduisent mieux ; d'autres n'y mettent pas de bonne volonté, et, quand on les met en tête, sont toujours en suspens et se préparent à un écart hors de la piste. Ces animaux devraient être toujours maintenus seconds ou troisièmes dans une file, et doivent, dans tous les cas, avoir un cheval pour les conduire, afin de les étendre et de développer leurs moyens, qui souvent finissent par

être de premier ordre. De là la nécessité d'un cheval mis à part pour conduire les galops, parce qu'il y a des chances pour qu'aucun dans la file n'ait un assez bon caractère pour être mis en tête avec avantage pour lui-même, et en même temps suffisamment vite pour développer les moyens de ceux qui marchent après.

Si toutefois l'on tombe sur un cheval de cette disposition, l'on n'en a pas besoin d'autre, et l'on peut économiser cette acquisition. Mais il est bien rare qu'un cheval, même d'un bon caractère, mène une longue file sans perdre de vitesse ; cependant il y a des exceptions, et, dans quelques cas, le cheval ne pourra s'entraîner ailleurs et se débattra derrière un autre, en se tourmentant d'une telle façon qu'il ne fera aucun progrès. Néanmoins, un animal ainsi disposé réussira rarement sur l'hippodrome, parce qu'on ne pourra pas l'y mener exactement de la même façon que dans les galops préparatoires, et le jockey de son compétiteur, découvrant cette particularité, le tourmentera, l'excitera et lui fera montrer dans la course les mauvaises qualités que l'entraîneur avait neutralisées en le mettant en file. De sorte qu'après tout, le mauvais jour est seulement reculé jusqu'à une époque où sa venue est accompagnée des dépenses et de l'humiliation inséparables d'une défaite publique. Ces animaux sont souvent utiles à l'entraîneur ; mais souvent aussi ils sont indignes de l'affection de leur maître, auquel presque toujours ils ont fait croire à des moyens supérieurs par leur travail en particulier, idée qui ne se rectifie qu'après leur insuccès en public.

71. — La conclusion de la seconde préparation sera une suée sévère, puis un barbotage pour deux nuits consécutives, après quoi, si le crottin est assez mou, une dose de médecine, et pour le reste de la semaine, réduction d'avoine et seulement promenade au pas. Ceci nous mène au dernier stage de l'entraînement.

La préparation finale. — 72. — *Muselage.* — Excepté avec des animaux fort goulus, qui persistent à manger leur litière, la muselière n'est pas employée avant l'époque que nous allons considérer ; mais pour de tels animaux on peut être obligé de la mettre pour la seconde préparation ; cependant les exemples de cette nécessité sont assez rares. C'est pour empêcher le cheval de manger du foin ou de la litière que l'on met cette muselière ; car on a trouvé par l'expérience qu'une course rapide attaque la respiration quand l'estomac contient autre chose que du grain, et nuit à l'haleine plutôt que d'augmenter cette importante qualité. Suivant la constitution des divers chevaux, ils sont muselés en conséquence à certaines heures. Quelques-uns devront l'être pour la nuit après avoir eu leur foin ; d'autres sont assez frêles pour qu'il vaille mieux ne les museler que le matin de bonne heure ; quelques gros mangeurs doivent avoir la muselière immédiatement après leur dernier repas du soir, sans qu'on leur donne leur ration de foin, ou bien en ne donnant que demi-ration. Dans tous les cas, cette précaution n'a aucun rapport avec la ration d'avoine, qui reste la même.

Les suées, pendant·la troisième préparation, sont données à des intervalles et avec une charge de couvertures calculées d'après ce que l'entraîneur aura appris par l'expérience de la deuxième préparation. Tous ces détails varient selon chaque cas particulier, et il serait ridicule d'essayer de donner des règles fixes à cet égard. Déjà, dans le § 68, j'ai décrit l'augmentation d'importance dans les suées de la deuxième préparation ; je ne puis qu'ajouter que c'est d'après leurs résultats que l'entraîneur décidera ce qu'il y a maintenant à faire. Pendant la dernière préparation, la quantité d'exercice au pas peut être réduite en proportion exacte du degré de durée donnée aux galops et aux suées. Il est vrai, sans doute, que la répétition à la longue de l'exercice lent de la marche est à un certain degré contraire ·à une grande vélocité, et le cheval qui n'aurait jamais fait que de courtes distances au pas n'arriverait probablement qu'à être rapide pour une petite distance. Mais, comme en général on veut lui demander plus que cela, et que ses jambes lui permettront rarement de faire toute la besogne aux grandes allures, l'on a recours à un compromis, et l'entraînement consiste en mélange de pas et de galop variant en longueur suivant les particularités de chaque cas. Toutefois, comme nous l'avons déjà remarqué, les suées ont un objet différent : elles doivent suppléer au travail du galop, qui est inutile au delà de ce qu'il faut pour former les muscles et l'haleine. Par ces soins, les jambes ne souffrent que l'indispensable, et cependant le cheval est maintenu léger et dispos, le cœur et les organes intérieurs conservant toujours leur jeu. Il n'y a pas de doute, néanmoins, que si les jambes voulaient le permettre, et si l'animal n'avait qu'une graisse ordinaire, l'on pourrait se dispenser des suées, et l'exercice au galop pourrait remplir le but ; mais la pratique a fait reconnaître que la quantité de travail nécessaire pour cet objet ruinerait presque infailliblement les jambes, et l'on n'a trouvé d'autre expédient que de ralentir l'allure et de faire, à l'aide de couvertures, l'œuvre des courses rapides et répétées. L'on peut donc poser en règle que dans tous les cas, durant la préparation finale, un galop prolongé et modérément rapide, appelé une suée, avec ou sans couvertures, deviendra nécessaire tous les huit ou dix jours, pour faire tomber la chair et la graisse superflues, et cela sans nuire aux membres de l'animal.

74. — Les galops que l'on fait faire au cheval dans cette dernière préparation ont principalement pour but de l'accoutumer à s'étendre à la meilleure allure et d'une façon régulière, sans se dérober ou se défendre, et aussi pour acquérir la puissance de parcourir la distance pour laquelle il doit concourir. Les procédés à employer dépendront beaucoup de la distance que l'on doit tirer du cheval, ou, en langage ordinaire, qu'il doit parcourir, et aussi de son caractère, de son âge et de sa généalogie. Il y a des chevaux qui supportent mal l'entraînement, et ne peuvent jamais sans danger courir la distance pour laquelle ils sont engagés, au train auquel ils seront probablement mis sur l'hippodrome. En fait, il faut les dorloter et ne leur demander que ce qu'ils peuvent faire, et les animaux de cette nature sont difficiles à mettre sur l'hippodrome, et seront peut-être deux ou trois mois avant de pouvoir recommencer à courir, par suite de l'effet produit sur eux par un effort auquel ils sont nécessairement inaccoutumés. Cette difficulté peut provenir, soit d'un état extrême d'irritation nerveuse, ou de délicatesse de constitution, ou des deux à la fois. Dans beaucoup de cas, un cheval qui a été durement poussé, forcé ou autorisé à faire les

derniers efforts, est si excité qu'il refuse de manger
pendant plusieurs jours, ne prenant qu'une poignée
de foin ou quelques grains d'avoine, et perdant plus
de sa condition en peu de jours que l'on ne peut lui
en rendre en deux ou trois mois. Il est évident que
si l'on hasardait souvent ce degré d'excitation pendant l'entraînement, toute chance de succès serait
entièrement détruite, et l'on a en conséquence adopté
le plan de toujours tenir le cheval en dedans de ses
moyens dans les galops d'exercice, et, quoi qu'il
arrive, on ne lui permet pas d'allonger assez pour
arriver aux tristes résultats que nous venons de décrire. Tout cela ne peut se découvrir que par l'expérience, et ce n'est que quand le mal est fait qu'il
est possible de découvrir qu'un cheval doit éprouver ces regrettables effets. Dans tous les cas, c'est
un terrible échec, et ce n'est que pour des chevaux
très-supérieurs sous d'autres rapports qu'il y a lieu
de persévérer avec un semblable tempérament. Cette
disposition du cheval de course n'a aucun rapport
avec le défaut de n'avoir tous ses moyens qu'en particulier, bien que l'on trouve souvent les deux réunis.
Souvent un cheval paraissant de premier ordre quand
on l'essaie en particulier, ne peut souffrir la foule.
On le trouve disposé à faire une dure besogne quand
il n'y a ni bruit ni tumulte; mais qu'il entende les
cris de la multitude même loin devant lui, son éner-

gie semble l'abandonner, au point même qu'il cesse de lutter, *ne se livre plus*, comme on dit, vers le poteau de distance ou même plus près, quand il avait *gagné en main* selon toute apparence. Il n'y a d'autre remède à cette faiblesse de nerfs que des épreuves répétées en public, puisque naturellement on ne peut réunir ni imiter des foules en particulier. Il faut ainsi persévérer jusqu'à ce que le cheval s'accoutume à cette excitation, ce qui du reste ne réussira pas toujours. C'est presque un défaut de constitution, mais il peut provenir aussi chez les jeunes poulains du manque d'habitude des foules et du bruit. Quand on dresse de jeunes chevaux de grande valeur, souvent on les dorlote et on les tient à l'écart par crainte des accidents; il en résulte qu'ils s'alarment aisément quand on leur fait voir du monde et deviennent impropres à l'objet pour lequel on les a si soigneusement conservés. Ici les soins ont tourné contre leur but, et c'est une des applications du proverbe: «Le mieux est l'ennemi du bien.» Quelquefois on a adopté avec succès l'expédient de tromper le cheval en le faisant courir avec couverture et camail, mais ce moyen est surtout employé quand dans une occasion préalable on a fort maltraité le cheval à la fin de la course, ce qui l'a rendu nerveux et peut-être vicieux en même temps.

Alors il faut avoir soin aussi d'ôter les éperons et

de faire courir sans réminiscence de la sévérité employée précédemment ; mais pour neutraliser les effets de la foule, un semblable expédient est de peu de valeur.

75. — La longueur des temps de galop est généralement en proportion de la course projetée, et l'on ne parcourt pas constamment la distance entière, mais seulement une, deux ou trois fois par semaine, suivant le caractère et la force du cheval. Ces longs temps de galop dépassent en général d'une bagatelle la distance à parcourir, à moins qu'elle ne soit très-longue et que le cheval n'ait pas beaucoup de fonds, comme pour la distance des prix de la Reine[1], cas où l'on doit compter sur les suées pour préparer l'animal et ne lui faire faire au plus que des galops de deux milles (3218^m). Si cependant il paraît fort, il est toujours préférable de l'envoyer à la distance entière et quelque chose de plus, au moins une ou deux fois par semaine. On adoptera aussi souvent que l'entraîneur le jugera à propos des petits parcours de trois quarts de mille ou d'un mille et un quart, et on donnera tous les jours un ou deux galops de ce genre avec vitesse variant avec les circonstances, excepté le jour qui suivra une suée, où l'on ne devra guère travailler qu'au pas. A la fin du galop, les der-

---

[1] *Quen's plate*, plats de la Reine. Les distances sont à Goodwood de 3 milles 5 furlongs 97 yards.

niers chevaux de la file auront permission d'atteindre et même de dépasser le cheval de tète, mais cela par occasion et nullement chaque fois. L'entraîneur donne ses ordres à l'avance au garçon qui conduit et qui généralement a été mis là parce qu'il est connaisseur en allure et que l'on peut compter sur lui. Il donne aussi des instructions aux autres, soit de garder leurs places ou d'arriver jusqu'à hauteur des sangles du cheval de tète vers un certain point de la course, ou même de se porter tout à fait à sa hauteur à la fin..., le tout conformément aux désirs de l'entraîneur, qui indiquera aussi si l'on se portera à hauteur du garçon de tète en lui faisant retenir son cheval ou autrement. La nécessité de tous ces soins est claire et évidente pour les moins expérimentés et ne demande pas d'autres explications.

76. — *La décadence*[1] est l'effet produit sur la constitution du cheval aussi bien que sur les membres, par l'excès de travail et de nourriture. Sous ce point de vue, le cheval peut être comparé à un arc, qui peut être tendu jusqu'à un certain point, mais au delà il cesse d'avoir toute sa portée, et en fait finira par se briser si on le tend outre mesure, ou, s'il ne se rompt pas complétement, il perdra pour toujours sa puissance et son élasticité. Il en est de

---

[1] *Over-marking*, l'action de dépasser le but.

même du cheval, jusqu'à un certain degré qui varie dans chaque cas particulier. On peut le faire galoper, suer et le pousser de nourriture ; mais dans tous les cas il y a un point de rebroussement qui doit être observé avec soin, et que l'on peut éviter en diminuant au lieu d'augmenter la nourriture et le travail de manière à éviter l'écueil redouté. Le cheval en décadence se reconnaît à son œil triste et pesant, à son poil piqué, à ses jambes délabrées et à son air inquiet. En même temps il faut savoir qu'un cheval de fonds ne doit pas arriver au poteau plein de vivacité, mais, quoique florissant et bien musclé, être tranquille et plutôt triste qu'en l'air. Telle est l'apparence d'un cheval de race résistante bien entraîné ; mais, d'un autre côté, le même degré de travail qui produirait cet état de quiétude sur le cheval de fonds détruirait toutes les chances d'un animal plus faible de cœur et de complexion ; aussi est-il fréquent de voir même dans la même écurie deux chevaux dont l'un paraît triste et endormi et l'autre plein de vie et d'irritabilité, et cependant tous les deux ont été justement traités, entraînés avec le plus grand soin, quoique avec une somme de travail très-différente.

77. — *Le pansage à la main* sur les jambes doit être pratiqué pendant tout le cours de l'entraînement, mais il est maintenant plus nécessaire que jamais,

et chaque jambe doit être frottée au moins un quart d'heure tous les jours. Il est étonnant de voir quelle différence produit ce procédé pour la durée des membres, car l'on trouve par expérience qu'ils supportent bien mieux les chocs sur les terrains durs en les frottant avec soin à la main que si on s'abstient ou si on ne le fait qu'imparfaitement. Nous donnerons à l'article *des soins de l'écurie*, auquel il faut se reporter pour plusieurs renseignements utiles, les soins à donner à chaque espèce de cheval ; ceux qui sont particuliers pour le cheval de course sont donnés ici, pour éviter des répétitions sans fin.

L'épreuve. — 78. — *Une épreuve* sera nécessaire dans la plupart des cas avant la course réelle, et on l'entreprend généralement une quinzaine à l'avance et même beaucoup plus tôt pour des courses très-importantes, comme le Derby et le Saint-Léger. Il est d'usage d'essayer les chevaux à peu près deux jours avant leur suée ordinaire, de façon à ne pas déranger la progression régulière de l'entraînement ; mais si le cheval n'est pas très en chair et que l'épreuve doive être courue très-sérieusement, souvent l'on peut dispenser l'animal de la suée et l'épreuve en tient lieu. L'on ne peut compter sur aucune épreuve particulière si les chevaux ne sont pas montés par des cavaliers aussi bons que ceux qui auront à monter en dernier lieu. Si l'on met un jockey de premier ordre sur le cheval à essayer et un gamin employé à l'entraînement sur le cheval connu, comme on le fait souvent, c'est une dérision et un piége qui ne mène qu'à une déconvenue. Un système beaucoup meilleur est de mettre des gamins ordinaires sur les deux; mais quelquefois on peut obtenir deux jockeys de profession, et alors, si les chevaux sont également en état, l'on peut jusqu'à un certain point se baser sur le résultat. Après tout, l'épreuve particulière ne peut donner confiance entière, pour la raison que j'ai donnée dans le § 74, surtout dans les chevaux qui n'ont jamais vu un hippodrome, et tels sont ceux que l'on éprouve généralement de la sorte, puisque ceux qui ont paru en public sont bien essayés par cela même, et que moins on les bouscule, mieux cela vaut. Rien ne diffère plus d'une course véritable que ce galop soigneusement ménagé de l'entraînement pendant lequel les chevaux vont pendant une certaine distance à une bonne et régulière allure, et puis font un seul effort et finissent sans une lutte prolongée. Mais dans une course sur l'hippodrome il arrive souvent que d'abord un cheval se porte à hauteur du concurrent redouté et le fait allonger, puis un second vient essayer ses moyens, peut-être même un troisième; rien de tout cela ne se fait dans une épreuve particulière. Il est rare que deux courses se fassent de la même façon en raison de ces circonstances variables ; ainsi l'on ne doit pas s'étonner si le propriétaire ou l'entraîneur s'y trompent et s'attendent à des résultats bien différents de ce qui a lieu réellement. Il est vrai que si la course se menait comme l'épreuve, le cheval se montrerait peut-être aussi bien que la première fois. Dans tous les cas d'épreuves particulières, l'on place sur le cheval type un poids qui (dans le principe du handicap) le rend l'égal des chevaux contre lesquels on aura à lutter en public. Le cheval type ne peut donc servir que si ses moyens sont bien connus de l'entraîneur, et il doit avoir couru très-récemment, de façon à avoir donné par des résultats actuels la mesure de ce qu'il peut faire dans sa forme et condition du jour ; mais, sans ce criterium, autant vaut le laisser à l'écurie. Si cependant on a observé tous ces points et que la victoire du débutant ait été satisfaisante et complète, il est raisonnable d'espérer que la chose peut se renouveler, sauf toutes les vicissitudes auxquelles nous avons déjà fait allusion.

Travail de la dernière semaine. — 79. — Une suée, avec ou sans couverte, commence ordinairement la dernière semaine avant la course, et l'intensité qu'on lui donnera sera toujours en rapport avec l'embonpoint et l'état général du cheval. Si l'entraîneur est d'avis que son élève doit être réduit aux plus fines proportions, il donnera le dernier coup de pinceau en administrant une suée sévère ; mais s'il pense qu'une condition plus pleine convienne mieux, il adopte le plan de la suée très-légère, peut-être sans couvertures. Dans tous les cas, le long temps de galop régulier qui produit la suée a son utilité dans ce moment, et devrait rarement être pratiqué plus tard que sept jours avant la course ; il est vrai que pour les chevaux extrêmement portés à s'engraisser et qui ne mettent que peu de temps à se rétablir d'une suée, on peut en pratiquer une aussi rapprochée que le quatrième jour avant de paraître sur l'hippodrome. Après la suée, l'on donne les galops comme à l'ordinaire, et tous les jours jusqu'à la veille de la course. Ce jour-là, le galop sera léger ou prolongé, suivant la nature, l'âge et le tempérament du cheval. Toutefois, habituellement, on donne un bon galop rapide deux jours avant la course, et la veille seulement un galop modéré quant à la durée et à la vitesse, seulement pour ouvrir les tuyaux respiratoires et rien de plus. Ce sont d'ailleurs des détails où l'auteur ne peut entrer au delà des prescriptions les plus fréquentes et des principes qui servent à les déterminer.

La nourriture. — 80. — La nourriture pendant toute la troisième préparation est calculée sur l'échelle la plus libérale, allant depuis quatre quarterons d'avoine par jour dans la première préparation jusqu'à cinq dans la seconde, et jusqu'à six dans la troisième, quelquefois en **y** ajoutant un demi-quarteron de fèves fendues à répartir entre les quatre repas. Les pois étaient autrefois fort en vogue pendant l'entraînement, mais on s'en sert rarement maintenant. L'on a découvert qu'ils convenaient moins au cheval que les fèves et qu'ils nuisaient aux rognons, tandis que les fèves sont entièrement à l'abri de cette objection et ne nuisent qu'à la condition de l'animal, en ce sens qu'elles échauffent, prédisposent à la fièvre et à l'inflammation des membres. Il vaut donc mieux restreindre la plupart des chevaux à l'avoine et au foin. Avec de bonne avoine anglaise ayant tout son poids, et du bon foin de prairies hautes, la condition peut généralement être obtenue aussitôt et gardée beaucoup plus longtemps qu'avec toute autre espèce de nourriture. Quelques chevaux néanmoins sont fort difficiles pour la nourriture, et sans fèves mangeront à peine le nécessaire d'avoine. Dans des cas pareils, il faut bien avoir recours à cette dernière denrée ; mais il faut s'en servir plutôt pour exciter les chevaux à manger l'avoine que comme lest solide et principal. Dans la troisième préparation, il faut, s'il est possible, s'abstenir de donner de la paille.

Résumé de l'entraînement. — 81. — Des remarques précédentes il peut être recueilli que l'entraînement et la production sur l'hippodrome d'un cheval sont un procédé beaucoup plus simple que l'œuvre correspondante appliquée au lévrier. En même temps il y a occasion de déployer plus de talent, parce qu'il y a moins d'incertitude, et le réellement bon entraîneur a plus de chances de recueillir le fruit de ses peines qu'avec un pupille de la race canine. Dans le cheval, l'entraîneur doit certainement prendre en considération que quelques-uns des animaux à lui confiés, quoique en état de courir avec avantage, ne feront pas tout ce qu'ils pourraient; mais pour l'entraîneur de lévriers c'est une source continuelle d'inquiétude, et continuellement ses opérations sont paralysées par la crainte que tous ses chiens ne montrent la même mauvaise volonté. Avec un cheval de bonne race et de bon caractère, l'entraîneur peut également calculer, avec certitude, que l'animal fera demain comme il a fait aujourd'hui, et se trouve par là guidé dans ses opérations ; mais il n'en est pas de même avec le lévrier, dix fois plus incertain, et qui bouleversera tous les calculs de son entraîneur, et cela même quand il est pour le mieux en condition et en énergie générale. La grande chose à éviter par l'entraîneur du cheval est la tendance à le lancer trop souvent à fond de train, car il a été reconnu que peu de chevaux peuvent le supporter sans perdre de leur vitesse, et quant on les tient à lutter les uns contre les autres, ils perdront courage, à moins qu'ils ne soient résistants comme l'acier. Par suite, le bon entraîneur, quand il connaît les particularités de son cheval, le tient en deçà de ses moyens et lui donnera de la vitesse par des poussées occasionnelles, courtes et vives, sans rien exiger qui puisse faire perdre de l'allure ou détruire son goût pour la course, que presque tous les chevaux généreux aiment passionnément. Il étudiera le tempérament particulier de chaque animal de son lot, et dans le cours de l'entraînement découvrira non-seulement comment l'animal aime à être traité dans son travail, mais aussi quel genre de course convient à chaque individu : si on peut le faire courir du commencement à la fin ou s'il ne peut durer que pendant une courte lutte finale. D'après les vues qu'il se sera formées, il donnera ses instructions au jockey le jour où il paraîtra en public. Ces réflexions peuvent être considérées comme renfermant tout ce qui est nécessaire pour un entraînement ordinaire, en commençant avec un cheval acheté d'un stud où on a voulu le réformer. On ne peut pas s'attendre à ce que beaucoup de gens réussissent comme M. Parr, avec un Weathergage ou un Mortimer; mais si l'on opère dans ces vues, tout amateur pourra comprendre les principes qui guident son entraîneur et peut-être faire la différence des essais grossiers d'un *ignoramus* avec les efforts heureux d'un véritable artiste.

CHAPITRE VII.

L'ÉLEVAGE.

La Ferme. — 82. — *La nécessité d'avoir une ferme spéciale* avec tous les bâtiments accessoires pour l'élevage des chevaux de course est de toute évidence, quand on songe à la valeur des poulinières et de leurs produits. Ce sont d'ailleurs des animaux trop difficiles à manier pour que les installations ordinaires puissent suffire. Il leur faut encore des herbages particuliers, pleins de beau trèfle et cependant sans herbes grossières, le fonds du pré bien drainé, et le sous-sol sablonneux ou calcaire. La réunion de ces avantages a mis le Yorkshire dans sa position proéminente comme lieu d'élevage. Ses purs-sang et ses races de rang inférieur ont toujours été en grande réputation. D'un autre côté, les endroits bas et marécageux sont défavorables au développement du cheval et le rendent lourd, maladroit et taré. Dans le choix de la ferme d'élevage, le point à considérer tout d'abord comme absolument essentiel, c'est la nature du sol, et, par suite, l'herbage. La surface doit être ondulée, mais pas très-montueuse, justement assez accidentée pour montrer aux poulains la différence de la montée et de la descente, et les mettre à même d'apprendre à se tirer d'affaire dans les deux variétés de pentes. La dimension des enclos peut être facilement modifiée si elle se trouve trop grande ou trop petite ; mais il serait avantageux et économique de trouver une ferme divisée en petits enclos par des talus surmontés de fortes haies d'épines, sans fossés profonds, qui sont toujours une source de dangers pour le poulain et sa mère. Les murs sont de bonnes clôtures, s'ils sont assez élevés et la terre relevée à leur pied ; mais rien ne vaut un bon talus surmonté d'une haie d'épines.

83. — *Un certain nombre de cabanes* proportionné à celui des juments doivent être élevées, si on ne les a pas trouvées déjà établies, et la manière la plus économique de les bâtir consiste à en placer quatre au point central de quatre enclos (paddocks). Si les pâturages sont très-vastes, l'on peut bâtir au milieu et partager le pré en quatre promenades séparées pour les juments et poulains. Mais, bien que ce plan soit souvent adopté par économie, il n'est pas bon, parce que deux des cabanes doivent s'ouvrir sur le nord et sur l'est. Ces expositions sont froides et nuisibles aux jeunes produits, étant en outre trop à l'ombre au commencement du printemps. L'on doit encore remarquer qu'au printemps les besoins de la jument sont plus grands, et elle épuisera d'autant plus vite l'herbage mis à sa disposition ; il

n'est donc pas sage de lui donner un espace trop
restreint, mais au contraire il faut en donner un
second autour de chaque cabane, pour qu'aussitôt
que la jument aura tondu la première portion, on
puisse la lâcher dans la seconde. Le plan ci-contre,
représentant une paire de cabanes avec leurs cours
et leurs enclos (paddocks), donnera une idée des
meilleures dispositions à prendre. L'on peut bâtir
les cabanes en briques, en pierres, en bois ou en
joncs, suivant le goût et les moyens du propriétaire,
et cela coûtera de 50 livres sterling (1250 fr.) à 10 liv.
sterling (250 fr.) par cabane, si on les construit simplement ; mais si on veut les orner, il faudra payer
selon le mode de décor. Dans tous les cas, les
dimensions doivent être de 15 pieds sur 12, tant
pour les baraques que pour les cours, et l'entrée
doit être invariablement tournée vers le sud, soit
directement, soit à un ou deux quarts à l'est ou à
l'ouest. La porte ne devrait jamais ouvrir dans une
autre direction, parce qu'il arrive souvent, au commencement du printemps, que le temps est trop froid
et trop humide pour laisser sortir la jument et son
poulain. L'on peut cependant donner passage aux
rayons du soleil en ouvrant la moitié supérieure de
la porte, ce qui sera très-profitable au poulain, qui
a autant besoin du soleil que du lait de sa mère.
Quand les matériaux sont d'un prix très-élevé et

que l'on veut limiter sa dépense, une cabane de douze pieds carrés peut suffire à la rigueur, mais on trouvera bien l'emploi de trois pieds de plus en longueur ; cela est toujours désirable sans être indispensable. Quant à la hauteur, je dirai que huit pieds suffisent, parce que, ces baraques n'étant jamais hermétiquement fermées, il n'est pas important de leur donner une grande élévation ; si on les fait trop hautes, elles deviennent très-froides dans les longues nuits d'hiver, tandis qu'en les limitant à huit pieds, la chaleur du corps de la jument élève assez la température pour préserver le poulain pendant les gelées. Dans tous les cas, la toiture doit être en chaume : c'est frais en été et chaud en hiver, et comme ces cabanes sont toujours éloignées de l'habitation, l'inconvénient d'être sujet à l'incendie disparaît. Après le chaume, les tuiles donnent la température la plus égale ; mais, quoique très-supérieures aux ardoises, elles ne soutiennent pas la comparaison avec le chaume. Les murs peuvent être en briques ou en pierres, qui sont les matériaux les meilleurs et les plus désirables, également bons sous tous les rapports ; le choix doit dépendre du prix de la matière dans chaque localité. Les planches font de mauvais murs ; il est bien difficile de tenir une habitation ainsi fermée à l'abri du froid et des courants d'air qui arrivent par des fentes très-fines sur la jument et son produit, ce qui est pire que de les laisser en plein air. Parmi les matériaux peu dispendieux, le meilleur est l'ajonc ou genêt épineux, lorsque l'on en a sous la main. Il fournit un excellent abri contre le froid et l'humidité, et n'a d'autres défauts que de tenir beaucoup de place et de ne pas durer longtemps. Il durera toutefois dix ou douze ans, et quand l'élevage n'est qu'une expérience, il est possible et même probable que les cabanes en ajonc dureront aussi longtemps que le caprice du propriétaire pour l'élevage des poulains de pur sang. Dans tous les cas, les portes doivent être larges et hautes, savoir : sept pieds et demi sur quatre pieds et demi, et tous les angles arrondis ; des bourrelets autour des montants de la porte sont un surcroît de précaution fort utile. La cour doit être entourée de planches ou par une barrière d'ajoncs jusqu'à une hauteur de sept pieds. La porte doit être en orme ou en chêne et faite en deux portions, de façon que la partie inférieure puisse se fermer indépendamment de la partie supérieure, pour pouvoir donner de l'air quand le temps ne permet pas à la jument et à son poulain de quitter la baraque ; l'on doit percer dans la muraille une petite fenêtre, et les mangeoires construites ainsi qu'il suit : Dans un coin, l'on placera pour la jument une mangeoire de bonne hauteur, surmontée d'un anneau pour l'attacher ; dans l'autre coin, une plus petite pour le poulain. Par cet arrangement, la mère, une fois attachée, ne peut manger l'avoine de son poulain. Le râtelier est mieux établi sur l'extérieur du mur, de sorte que le groom puisse le remplir de foin sans entrer dans la cabane. On obtient ce résultat en faisant saillir à l'extérieur la partie du râtelier fermée par un couvercle, de peur d'humidité, et en posant les rayons à l'extérieur. Cette disposition prévient les chances d'accident résultant des gambades du poulain qui le mènent à mal, si tout n'a pas été calculé pour en détruire les occasions. Dans le troisième coin, celui qui n'est pas occupé par la porte, se trouve un réservoir d'eau qui peut être en fer et devrait toujours être rempli d'eau fraîche et douce provenant d'une rivière, d'un étang ou de la pluie du ciel. Le sol doit être pavé en silex, en pierre ordinaire ou en briques très-dures ; au centre il doit y avoir un égouttoir bien grillé. La cour doit être pavée de la même façon, bien que ce ne soit pas essentiel. Quelquefois, on la tient remplie d'argile brûlée, qui remplit le double objet d'absorber l'urine et de l'empêcher de se corrompre, propriété particulière à l'argile. On la change toutes les fois qu'elle est saturée et on la transporte loin des juments et poulains. La séparation entre les deux cours doit être ouverte en partie, afin de permettre aux poulains de faire connaissance avant de les mettre dehors ensemble, ce que l'on fait ordinairement en les sevrant ; s'ils sont étrangers l'un à l'autre, ils se tourmentent de l'absence de leurs mères beaucoup plus que quand ils ont eu l'avantage de se fréquenter antérieurement. Quand on emploie l'ajonc, voici la méthode à suivre : l'on commence à fixer les montants verticaux, soit en chêne, soit en bon pin de Memel, bien solide. Ils doivent être équarris de six pouces sur quatre, espacés de six pieds et enfoncés en terre de trois pieds.

L'on établit ensuite le cadre, la sablière et les chevrons ; l'on tire parti de toute la surface intérieure en clouant des lattes de mélèze ou autre bois les unes contre les autres, en travers des pieds-droits, en ayant bien soin d'arrondir les extrémités qui dépassent le montant. De cette façon, l'intérieur est passablement uni et il ne peut arriver d'accidents par suite de l'introduction de la jambe du poulain dans quelque fente entre les traverses, si on a eu soin de bien clouer et de ne pas laisser d'intervalles. Quand ce cadre intérieur est terminé, l'on applique les ajoncs à l'extérieur comme il suit : D'abord, on les coupe en petites branches ayant un pied ou quinze pouces de tige, puis on les couche entre les montants, les tiges tournées en haut et en dedans, et les bouts piquants en bas et en dehors. Quand, par une suite de couches de ces plantes en brosse, l'on a atteint

une hauteur de dix-huit pouces, l'on prend une
perche de six pieds forte et dure, à peu près de la
grosseur d'un manche à balai, on l'étend sur le
milieu des ajoncs, de manière à l'assujettir contre
les traverses entre les montants ; les ouvriers s'age-
nouillent sur cette perche et, avec son aide, com-
priment les brins d'ajoncs dans le plus petit volume
possible. Pendant qu'il est ainsi comprimé, on le fixe
au châssis intérieur au moyen de cinq ou six tenons
de fil de fer. Quand cela se fait convenablement, les
ajoncs sont si bien fixés et tellement serrés que ni
le vent ni la pluie ne peuvent y pénétrer, et toute
la malice destructive du poulain ne peut en retirer
un seul brin. Après avoir fixé la première couche,
on en établit une seconde par le même procédé.
Quand cela est fait avec soin, l'extérieur est uni
comme un mur de briques ; mais s'il y a quelques
branches très-saillantes, on peut les tondre avec les
ciseaux *ad hoc* ou les couper avec la faucille employée ordinairement à niveler les haies. Quand on
veut que l'extérieur soit bien uni, on emploie le couteau en usage pour mettre le foin en bottes ; mais les
bouts naturels, quoique moins réguliers, protégent
mieux et durent plus longtemps que les ajoncs coupés. Quelquefois les tiges projettent à l'intérieur
et, dans ce cas, doivent être égalisées avec soin. Les
fermetures des portes ne doivent point faire saillie,

et rien ne répond mieux au but que le verrou ordinaire, qu'aucun poulain ne réussira à ouvrir. Toutes les pièces de bois doivent être peintes avec de la peinture commune, ou mieux encore goudronnées ; cette dernière méthode est la meilleure pour empêcher

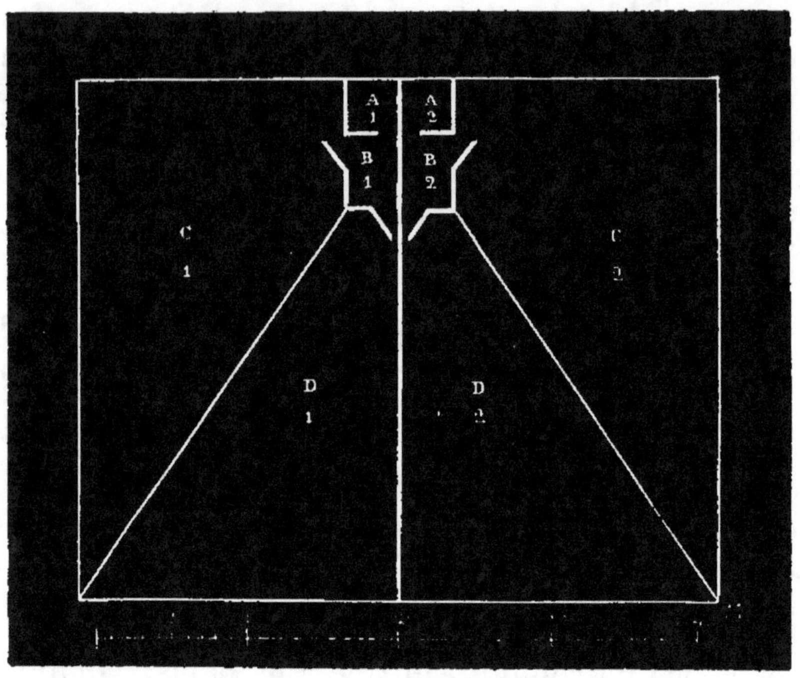

Fig. 6. — Disposition des Cabanes et Paddocks.

le jeune poulain de lécher et de mordre les parties saillantes ; cette mauvaise habitude engendre souvent le tic en l'air ou sur la mangeoire. Les cours devraient avoir deux barrières, chacune ouvrant dans l'un des enclos (ou *paddocks*) (Fig. 6) séparés,

de sorte que l'on puisse fermer un paddock et les laisser
paître dans l'autre ; cela permet à l'herbe de pousser
et diversifie le pâturage. Dans le plan ci-contre, A 1
et A 2 représentent les cabanes, B 1 et B 2 les deux
cours, C 1 et C 2 les deux pâturages d'en haut, D 1
et D 2 ceux qui servent à alterner. En fermant l'une
des deux barrières de la cour, l'autre donnera accès
dans le paddock choisi pour la jument et le poulain.
Dans toutes les barrières en bois on doit, entre les
barreaux, mettre beaucoup d'ajoncs ou d'épines,
afin qu'un poulain qui aura glissé contre la barrière
ne se blesse pas, ou même ne s'engage sous les barreaux. Cet accident en a perdu plus d'un, et la seule
manière certaine de s'en garantir est de faire toutes
les barrières avec ces matériaux, dont l'un ou l'autre
sera toujours sous la main.

84. — Une certaine quantité de terre labourable
devra toujours se trouver à côté des prairies, afin de
produire de la luzerne, du seigle, des carottes,
pour la nourriture des premiers temps du printemps.
L'on doit se rappeler que l'on cherche à faire pouliner la jument de pur sang aussi près que possible
du commencement de l'année, parce que son produit
compte son âge du 1er janvier, et avec des poulains
de deux ans, un ou deux mois de plus ont une grande
importance. Il y a peu de situations où l'on trouve
beaucoup d'herbe pour la jument avant le 1er mai ; il

faut donc donner quelque chose de haché avec des carottes ou des navets de Suède. Cela ne peut s'obtenir économiquement que dans la ferme d'élevage elle-même, et il faut en faire provision pour en fournir dès le commencement de l'année. Le *ray-grass* italien donne généralement la récolte la plus précoce, et si le sol lui est propice, il ne faut pas manquer d'en planter. Les navets de Suède sont profitables, mais pas autant que le ray-grass italien. Les carottes aussi sont utiles; mais, dans tous les cas, les navets et les carottes doivent se couper en petits morceaux pour ne pas étouffer le poulain ou même la jument, car cet accident est arrivé plusieurs fois à l'un ou à l'autre. La luzerne vient bientôt après le ray-grass, et c'est une admirable nourriture pour la jument qui allaite. Les vesces viennent trop tard, sont trop échauffantes, et n'approchent pas de la luzerne.

Soins à donner à la poulinière. — 85. — Ici, d'après l'ordre naturel des choses, l'on doit s'attendre à des conseils sur le choix de la poulinière, sur le meilleur croisement à opérer; mais, pour plus de simplicité, il vaudra mieux décrire les arrangements du haras d'élevage, le dressage et l'entraînement des jeunes animaux, et finalement considérer quelles sont les meilleures sources pour produire des chevaux de course, après avoir examiné à fond les divers éléments de succès sur le turf, aussi bien que le steeple-chase, la course des haies, etc. C'est, jusqu'à un certain point, mettre la charrette avant les chevaux ; mais, comme cela rendra plus intelligible ce sujet mystérieux, je préfère ce plan à celui plus régulier en apparence que je n'ai pas jugé à propos d'adopter.

86. — La durée de la gestation pour la jument est de onze mois, et, en conséquence, elle ne devrait jamais être présentée à l'étalon avant la fin de la première semaine de février. Assurément l'on courra de grands risques en l'envoyant avant le milieu et même la fin du mois, puisque bien des poulinières mettent bas quinze jours avant le terme prévu. Si cela arrive à une jument qui a conçu le 8 ou le 9 février, le poulain naîtra dans la dernière semaine de décembre ; voilà son âge augmenté d'un an, il est hors d'état de prendre part aux luttes avec le poids pour l'âge, et, en fait, n'a plus de chances pour gagner une course. La jument devrait être laissée en liberté dans le pré pendant le jour, vu que l'exercice est fort utile à sa santé, et, en outre, il faut tenir loin de sa vue tout ce qui peut l'épouvanter ou l'attrister, comme un porc que l'on égorge, ou la vue, ou seulement l'odeur du sang. Quelquefois une sorte d'épizootie cause une série d'avortements ou naissances prématurées, et presque toutes les juments de la ferme sont successivement victimes de ces

accidents, sans que l'on connaisse aucun moyen de les prévenir. Quand la jument approche de son terme, on le reconnaît au gonflement des mamelles et à la dépression des muscles de chaque côté de la croupe, ce que les maréchaux appellent l'enfoncement des os. Quand ces signes apparaissent, l'on doit avoir constamment les yeux sur la jument pour pouvoir lui porter secours dans le cas où le fœtus ne se présenterait pas bien. La manière de venir au monde pour les poulains, c'est par les jambes de devant, et si, après qu'elles ont fait apparition, le nez ne tarde pas à se montrer, tout peut être considéré comme en règle, et il n'y a point d'alarmes à concevoir. Quelquefois, avec un gros poulain et un pelvis peu développé, il y aura avantage à donner un peu en tirant doucement sur les jambes quand la tête est bien sortie ; mais le cas est peu commun, et quand le fœtus se montre naturellement, et il est rare qu'il y ait à s'en mêler. Si cependant l'animal ne naît pas régulièrement et que la tête se présente sans les jambes, ou les jambes de derrière les premières, ou si la tête est repliée sur le corps, il faut avoir recours au vétérinaire, à moins que le palefrenier présent ne se trouve d'une dextérité au-dessus de l'ordinaire. L'opérateur de profession cherche ordinairement à retourner le poulain, mais cela demande beaucoup de soin et d'adresse pour y réussir sans danger pour le jeune animal. Aussitôt qu'il est né, la mère doit avoir facilité pour le nettoyer, et le palefrenier retire les secondines. Il faut ensuite donner à la jument un peu de gruau chaud, et si elle est très-épuisée, une pinte environ d'ale forte (plus ou moins, selon les circonstances). Souvent, à la naissance de son premier poulain, la jument le refuse ; non-seulement elle ne le nettoie pas, mais elle ne veut pas le laisser téter. Dans ce cas, le palefrenier doit la traire et la calmer. Quand le pis commence à se vider, alors elle éprouve du soulagement et laisse ordinairement téter son petit. Il ne faut jamais les laisser seuls avant que cela n'ait eu lieu, sans quoi l'on court le danger de voir la jument blesser mortellement son produit. Avant que le poulain ne soit sec, il faut lui peigner la crinière et la faire tomber d'un côté ; avec cette précaution, l'on évite ce vilain aspect hérissé que prend le jeune animal, si la moitié des crins pend à droite et le reste à gauche. Pour les premières vingt-quatre heures, rien que du gruau chaud avec fort peu de foin suffisent à la jument ; mais quand la sécrétion du lait est pleinement établie, il faut de l'avoine, des barbotages au son et à la drèche, des carottes, de la luzerne ou un vert quelconque, suivant la saison où l'on se trouve.

87. — Le meilleur moment pour ramener la jument à l'étalon est le dixième jour après qu'elle

a pouliné, laissant neuf jours pleins entre les deux faits. Un éleveur d'une grande expérience m'a assuré que c'était meilleur que la monte faite le neuvième jour. Souvent il arrive toutefois que ce terme serait trop rapproché, comme quand la naissance a eu lieu au commencement de janvier ; si vous rameniez la jument à l'étalon, elle pourrait la fois suivante pouliner en décembre, ce qui est soigneusement à éviter. Il faut donc, pour cette raison, différer l'accouplement, et c'est une des causes de la fréquence des stérilités chez les juments de pur sang, dont un tiers environ chaque année se trouvent stériles et ne rapportent aucun profit à l'éleveur. Une autre cause de stérilité est l'abus de l'avoine, qui les tient dans un état d'excitation contre nature, tout l'opposé de cette fraîcheur de tout le système nécessaire pour que les organes de la génération soient à leur plus haut degré de perfection. Souvent une jument qui travaille beaucoup refuse l'étalon ; ce n'est pas qu'elle ne soit apte à concevoir, mais c'est qu'elle est trop *engrainée*, et l'on ne peut la remettre en état qu'en la mettant longtemps au vert ; cela rafraîchit le sang et cela permet à toutes les fonctions de s'opérer sans inflammation. Ce dernier état est l'antidote de la fécondation. Il est d'usage, après avoir conduit la jument à l'étalon, d'y revenir tous les neuf jours, jusqu'à ce qu'elle le refuse, alors elle est considérée comme pleine ; mais bien des juments continueront à accepter le mâle longtemps après avoir été fécondées, et quoique cette règle ne soit pas mauvaise, elle est loin d'être invariable. Si la jument éprouvait de la constipation, ce qui est rare avec le régime qu'elle doit suivre, il faut lui donner une dose d'huile de castor. La boule d'aloës, employée ordinairement, ne convient pas à la jument pendant la période de l'allaitement.

Soins à donner au poulain. — 88. — L'on doit commencer à manier le poulain aussitôt qu'il est né, parce que c'est à ce moment qu'il est plus facile de le rendre doux et indifférent à la présence du palefrenier. Celui-ci doit se faire une habitude de lui frotter la tête et de lui éplucher les pieds, longtemps avant qu'il y ait lieu de s'occuper de ces parties. Mais si l'on diffère ces pratiques jusqu'au moment où elles deviennent réellement nécessaires, le poulain est sauvage et intraitable, et l'on ne peut le médicamenter ou lui administrer toute autre chose sans un degré de violence dangereux pour son avenir. Les poulains sont très-sujets à la diarrhée, et on doit l'arrêter tout de suite par un breuvage composé d'eau de riz avec une ou deux drachmes de laudanum, qui réussira presque toujours si on l'administre de nouveau après chaque défécation irrégulière. Dans tous les cas, en hiver

comme en été, il faut laisser pénétrer le soleil dans
la cabane, car sans cela aucun jeune animal ne pourrait conserver la santé. Si le temps est très-mauvais,
par suite d'humidité ou de froid, l'on n'ouvrira que
la partie supérieure de la porte pendant que le soleil
donne. Si, au contraire, le temps est sec, la mère et
le poulain doivent être lâchés dans la cour; si le
temps n'est pas très au froid et à la gelée, on peut
les laisser au paddock, mais peu de temps. Au bout
d'un mois le poulain commencera à manger de l'avoine
concassée, qu'on peut lui mettre dans sa mangeoire
basse, la jument restant attachée vis-à-vis de la
sienne. Plus le poulain en mangera, plus il profitera, car je n'ai jamais ouï dire qu'un poulain eût
voulu manger jusqu'à se faire mal de ce genre de
nourriture, qui est fondamental pour le jeune cheval de course. Beaucoup de succès dépendent de
l'accroissement prématuré que leur donne l'avoine,
et pour la prospérité du jeune animal, ni lui ni sa
mère n'en peuvent guère trop manger; mais par les
raisons exposées dans le § 87, il faut user de ména-
gement à cet égard vis-à-vis de la jument, jusqu'à
ce qu'elle soit décidément fécondée. Quand la jument
est attachée, la longe ne doit pas être trop longue ni
attachée à un anneau placé trop bas, car il est souvent arrivé qu'un poulain s'est enchevêtré dans une
longe trop basse et s'est perdu par ses propres efforts

ou ceux de sa mère. A six mois, il est d'usage de
sevrer le poulain, mais auparavant il faut l'habituer
a un licou léger et bien ajusté avec lequel on le conduit à l'aide d'une longe en tissu fixée par une boucle.
C'est plus facile à faire avant le sevrage, parce que
la mère sert à attirer le poulain, et en s'y prenant
avec adresse, il se trouve moitié séduit, moitié mené ;
si, au contraire, le petit animal est tout à fait seul,
il fera résistance pour tâcher de s'échapper, et l'on
n'en viendra pas si facilement à bout. Deux quarts
d'avoine concassée doivent maintenant être donnés
pendant le jour au poulain avec l'herbe de la belle
saison, il sera en embonpoint et doit déjà être un
animal d'une certaine taille. C'est par ce régime que
l'on rend les poulains forts et vigoureux avant l'hiver,
saison pendant laquelle leurs progrès sont loin d'être
aussi rapides que dans l'été, d'autant plus qu'en dépit de toutes les précautions, il y a toujours quelque
mécompte, tels que rhumes, dyssenteries, etc. C'est
dans ce mode de nourriture que réside le grand secret de l'élevage du cheval de course, et bien que le
lait de vache, les navets cuits à la vapeur, puissent
rendre le cheval d'un an gras et charnu, vous ne verrez jamais cette apparence de race et de condition
que donne l'avoine, et puis, quand on met un poulain ainsi engraissé en entraînement, il ne supporte
pas l'épreuve comme le font ordinairement les pou-

lains et pouliches qui ont mangé beaucoup de grain.
A cet âge et nourris de la sorte, les poulains sont
malins comme des singes, et il faut avoir grand soin
de ne laisser sur leur passage rien qui puisse leur
faire mal : les balais, les pelles, les fourches, les
seaux doivent être mis hors de leur portée ; toutes
les fermetures et haies d'enclos doivent être tenues
dans un état parfait ; malgré toutes les précautions,
ils se donneront des efforts en jouant ; mais si l'on
néglige celles que nous venons d'indiquer, il en résultera des conséquences fatales pour les membres
ou pour la vie du jeune animal. En temps d'hiver,
les produits de pur sang devraient être soigneusement mis à l'abri pendant la nuit, et leur ration
d'avoine peut être augmentée jusqu'à trois *quarts* par
jour ; dès que l'herbe vient à manquer, il faut y
joindre beaucoup de bon vieux foin, et par occasion
quelques carottes ou navets de Suède soigneusement
coupés en tranches. Pendant ce temps, il faut encore
constamment les manier et les conduire en main.
Pour passer d'un pâturage à un autre, il ne faut pas
manquer d'attraper son poulain et de l'y conduire à
la longe ; l'absence de cette précaution est une source
perpétuelle d'accidents, et en l'adoptant l'on ne fait
que suivre une fois de plus le précepte de toujours
manier les jeunes animaux, même quand il n'y a
point de déplacements à opérer. Ces remarques nous

ont mené jusqu'à l'époque où il faut dresser et entraîner le poulain d'un an. A cette époque, c'est-à-dire au second été, et dès qu'il y a abondance d'herbe, le poulain d'un an doit prendre l'apparence du cheval, avec des bras et des cuisses bien développés et une bonne quantité de graisse qui, bien qu'inutile pour la course, est toujours un indice de belle santé et se montrera toujours sur les côtes d'un poulain sain et vigoureux, en dépit de tout l'exercice que son ardeur lui fait prendre sous forme de gambades et temps de galop. Dans les premiers mois du printemps l'on ne peut, en raison de la nourriture, espérer beaucoup d'embonpoint; mais après le mois de mai, la chair doit être plutôt pleine et ronde que sèche et nerveuse, condition qui présage une délicatesse de constitution contraire à ce que l'on attend d'un cheval de course.

89. — Il est quelquefois nécessaire de médicamenter le poulain quand il refuse sa nourriture, qu'il éprouve de la constipation, que ses yeux s'enflamment ou que tout autre symptôme indique excès d'avoine. Ces dérangements sont fort communs, et le remède est la boule usuelle d'aloès. Le quart de la boule ordinaire est la plus petite dose qui puisse faire effet sur le poulain.

CHAPITRE VIII.

LE DRESSAGE.

Écuries nécessaires pour les poulains de course. — 90. — Les écuries, telles que nous les avons décrites au § 58, suffisantes pour les chevaux de course dans les conditions ordinaires, ne vaudraient rien pour le premier établissement des poulains et pouliches, qui ont besoin de plus d'air et d'espace que les vieux chevaux, et il faut un temps considérable avant qu'ils s'accoutument aux écuries plus chaudes et plus sombres qui conviennent aux chevaux qui font de la besogne un peu dure. Non-seulement il faut pour chaque poulain une vaste box, mais encore une cour ou petit paddock où ils puissent prendre naturellement en détail l'exercice que l'on ne peut pas leur donner artificiellement à assez forte dose pour maintenir leur santé. En général, le dressage commence pendant la saison d'été, et il n'y a aucun danger à laisser le poulain dehors, en liberté, aux heures qui ne sont pas employées aux leçons de l'écuyer. Il est donc nécessaire d'avoir une suite de boxes bien aérées, séparées l'une de l'autre de la même façon que celles que nous avons déjà décrites, mais de plus grande dimension, ayant au moins

dix-huit pieds sur douze et avec une très-libre circulation d'air. Il vaut mieux les faire ouvertes jusqu'au
toit, puisque, dans les saisons froides, on ne s'en
sert jamais pour les chevaux. Elles peuvent alors être
réservées en cas de nécessité pour tout autre bétail.
A tout événement, dans les circonstances actuelles,
il faut les aérer autant que possible. Beaucoup de
gens ne sont pas d'avis de donner de la litière en ce
moment ; elle diffère trop du gazon frais auquel le
poulain a été accoutumé, et on recommande le tan
comme un meilleur sol à donner à une box. Je crois
qu'ils sont dans le vrai, et que ce sol est celui qui
prête le moins à ces contractions du pied qui arrivent si souvent au cheval soumis à l'entraînement.
L'on devrait se procurer un paddock ombragé, avec
un gazon aussi doux que possible. L'on peut commencer la journée en y lâchant le poulain pour une
heure ou deux, et en faire autant le soir, laissant le
milieu de la journée au travail du dressage. Ce système pourvoit en même temps au changement gra-
duel de nourriture, puisque le poulain mangera
toujours un peu d'herbe quand il sera dehors ; pendant toute la nuit, il n'aura que son foin. Il y a longtemps qu'il est accoutumé à l'avoine, et il continuera
à la considérer comme un régal.

La longe. — 91. — Le travail avec un caveçon doit
précéder tous les autres, et il faut le continuer pendant

deux ou trois semaines, sans donner aucune autre
leçon, si l'on a du temps et que l'on veuille donner
au poulain une éducation parfaite. On lui met un surfaix, une croupière avec de longues courroies pendant
sur les hanches, qui doivent l'accoutumer à une couverture flottante ou tout autre dérangement dans son
accoutrement qui pourra survenir plus tard. Dans cet
équipage, et de longues guêtres-genouillères aux
jambes de devant pour les garder des coups, l'on
conduit le poulain à travers le pays, soit en marchant
devant lui, soit en montant un hack bien calme. La
première semaine, il faut ordinairement rester sur
le gazon le plus doux, ce qui dispensera de le faire
ferrer. Même sur un pareil terrain, il s'accoutumera
graduellement aux charrettes, aux wagons, aux
troupeaux de moutons, aux bœufs, etc., et tous les
jours acquerra de la confiance en lui-même et en
son conducteur. On ne lui met pas encore de mors
dans la bouche ; l'usage prématuré de cet aide pendant que le poulain est encore sournois et disposé à
résister ne fait que le rendre plus timide et moins
maniable qu'avec le simple caveçon.

Le ferrage. — 92. — Le ferrage doit commencer
aussitôt que le poulain est en état d'être mené sur les
routes. Il arrivera souvent qu'il aura envie de sauter
et de gambader à la vue d'objets nouveaux pour lui.
Si les pieds ne sont pas ferrés, il cassera la croûte et

se fera mal pour plusieurs semaines. Il vaut mieux, en conséquence, lui mettre des fers courts aux pieds de devant ; mais ceux de derrière peuvent peut-être rester encore quelque temps dans leur état naturel. Quant à moi, je ne vois pas grand avantage à ce délai, mais il est fort en usage pour les poulains de pur sang ; avec les poulains très-sauvages ou qui ont été maltraités, cette précaution est souvent nécessaire, en ce qu'ils résistent beaucoup plus au maréchal pour les pieds de derrière que pour ceux de devant. Les fers doivent être soigneusement cloués, bien élégants et légers. Il faut régulièrement examiner la ferrure et changer les fers toutes les trois semaines. Les maréchaux ont la manie bien fréquente d'abattre les talons de ces poulains ; mais, à mon avis, en ne mettant que des sortes de demifers, les talons peuvent être laissés dans l'état de nature et ne demanderont guère à être rognés jusqu'à ce que le cheval soit ferré en entier et qu'il faille protéger les talons et la fourchette du contact du sol.

L'attache à l'écurie. — 93. — Nous arrivons au point où il faut *attacher dans une stalle*. Les poulains ont à en contracter l'habitude ; bien qu'ils connaissent déjà la puissance de la longe dans leurs efforts pour éviter les objets qui les effrayaient en passant, ceci diminuera beaucoup leur résistance à rester tranquilles à l'écurie. La·têtière doit être bien ajustée, et la sous-gorge assez serrée pour que le poulain ne puisse s'en débarrasser, car s'il y réussit une fois, il essaiera longtemps de recommencer. Quelquefois le poulain est très-remuant; dans ce cas, il faut le forcer à se tenir tranquille au moyen de boules de bois attachées au paturon par des courroies. Il prendra vite l'habitude de rester en repos pour éviter les coups qu'il ressentira toutes les fois qu'il se démènera ou qu'il se jettera de côté et d'autre. On peut lui mettre un poitrail comme préliminaire de la couverte de poitrine. En outre, ce poitrail retiendra le surfaix qui tend à couler en arrière vers le flanc, ce qui irriterait le jeune animal. C'est le moment de l'accoutumer aux pratiques ordinaires de l'écurie, telles que le lavage des pieds, le pansage, le frottement sur les jambes avec la main, etc. Le poulain doit apprendre à tourner de côté et d'autre dans la stalle à la parole de son palefrenier. Tout cela peut être enseigné par le groom sans le secours d'aucun écuyer de profession, à moins que le caractère du poulain ne soit assez mauvais pour exiger un talent et une adresse particuliers. Encore dans ce cas, le groom accoutumé aux chevaux de pur sang est souvent plus adroit que l'écuyer qui est occupé à dresser toutes sortes d'animaux et n'a pas assez de temps à consacrer à ces précieux poulains. Ce n'est qu'à force de temps que l'on soumet ces jeunes animaux ; si on les brusque, ils deviennent vicieux et ne peuvent plus remplir le but pour lequel ils étaient d'ailleurs très-bien organisés. Leur nourriture est si excitante qu'ils sont pleins d'ardeur et se défendront jusqu'à la mort si on provoque la résistance par les mauvais traitements ou trop de précipitation dans le dressage. C'est donc principalement par les caresses et l'éducation graduelle que l'on vient à bout de l'animal et qu'on l'amène pas à pas à abdiquer toutes ses volontés en faveur d'un enfant de douze ans et même moins.

Dressage. — 94. — Le travail à la longe doit maintenant commencer, et il faudra une seconde personne pour forcer le poulain à marcher en cercle, en le menaçant de la chambrière. On fait revêtir les caveçons, les guêtres, le surfaix, la croupière, etc., et une longe en tissu s'attache à l'anneau de chanfrein du caveçon, précisément comme pour faire faire au poulain sa promenade ordinaire. Mais, au lieu de le mener en main sur la ligne droite, on le fait marcher en cercle sur un gazon doux, et quand il le fait volontiers, on commence à le faire galoper doucement en cercle (à l'allure cadencée ou canter), l'aide suivant par derrière, jusqu'à ce qu'il sache aller tout seul ; ce qu'il apprendra promptement à faire. Aussi-

tôt qu'il a fait une douzaine de tours dans une direction, on doit le remettre sur la voie inverse : cela
prévient les étourdissements et la fatigue d'un des
membres plutôt que de l'autre. Pendant le dressage,
l'on continue à suivre cette méthode, qui est excellente pour calmer le poulain en lui donnant la dose
d'exercice nécessaire au pas et au galop ; mais on
n'applique pas ce système de la même façon que
pour le dressage ordinaire des hacks et des carrossiers. Il sert à mettre sur les hanches les chevaux
de cette sorte, mais c'est une modification des allures
naturelles nullement à désirer chez les chevaux de
course ; il est, au contraire, souvent nécessaire de le
faire allonger plus qu'il ne serait porté à le faire ;
moins il est sur les hanches, meilleure est son allure. C'est pourquoi l'on ne fait jamais servir le
mors à l'asseoir sur les jambes de derrière ; au contraire, on lui apprend à s'étendre en jouant avec le
mors et en résistant à la tendance qu'il a de restreindre la tête.

95. — Maintenant l'on peut mettre le mors. Sa
construction et sa forme sont d'une extrême importance pour obtenir plus tard la finesse de bouche
qui est si essentielle pour l'allure du coursier. Pour
aucun cheval, le bridon n'est plus avantageux que
pour le cheval de course, chez lequel le mors de
bride tend à raccourcir l'allure. Cependant, quand

il tire très-fort, il vaut encore mieux en subir l'inconvénient que de lui voir emporter son cavalier, puis se dérober ou perdre toutes ses chances en s'étouffant par l'accès de sa rapidité au commencement de la course. Il est donc doublement nécessaire d'éviter de rendre douloureux les coins de la bouche; car, s'ils tombent une fois dans cet état, il est à peu près certain qu'ils deviendront après plus ou moins calleux ou insensibles. Or si, durant le dressage, on se sert d'un bridon, n'importe de quelle sorte ou de quelle dimension, on est presque sûr d'arriver à ce résultat, soit par la résistance du cheval au mors, soit quand on le lui mettra dans l'écurie. Pour remédier à tout cela, il faut substituer au bridon le mors sans articulation, en forme de segment de cercle, avec des clefs attachées au centre, suivant l'usage. La forme du segment est meilleure que celle du mors droit, sur lequel le poulain est porté à tirer d'un côté, ce qui lui rendra la bouche inégale, tandis que, debout à l'écurie, avec les rênes bouclées au surfaix, il ne peut faire autrement que de tirer également sur toutes les parties de sa bouche, soit qu'il rapproche ses lèvres d'un côté ou de l'autre du mors. C'est un point important pour le dressage de tous les poulains et doublement pour ceux de course, qui doivent conserver assez de finesse de sensation pour pouvoir être tournés avec justesse dans les coins, sans perdre du terrain, et par conséquent s'éloigner du but. Mais, avec ce mors, la bouche se fait graduellement sans produire de douleur dans les parties qui plus tard doivent goûter le mors. Le trait essentiel de ce mors est là ; car, comme la langue et les gencives supportent principalement sa pression, les coins de la bouche ne le touchent qu'à la volonté du poulain ; c'est en jouant que le contact a lieu, et alors seulement assez doucement pour éviter toute douleur (Fig. 7). L'on peut donc se servir sans crainte de ce mors dans toute occasion, jusqu'à ce que le poulain soit en état de prendre les galops d'entraînement. Alors il faut lui mettre un fort bridon, que l'on diminue graduellement jusqu'à ce que l'on arrive à cette façon fine et élégante que l'on appelle le bridon de course. Toutefois, ce bridon n'a pas besoin d'être à beaucoup près aussi petit pour le cheval dressé avec le mors segmentaire que pour celui qui a été embouché à la manière ordinaire. Le mors doit être posé sans

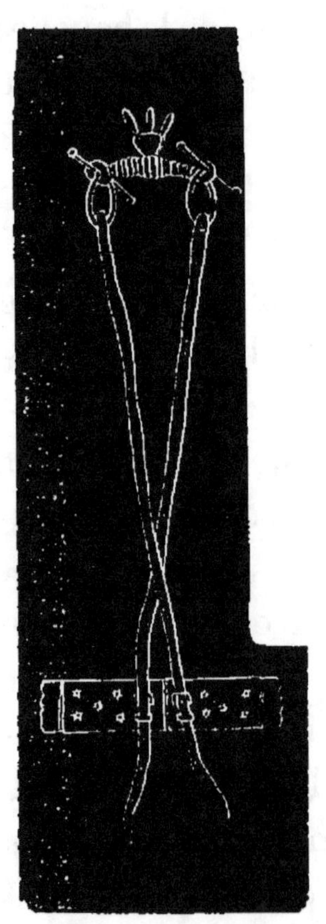

Fig. 7. — Mors.

essayer en aucune façon d'apprendre au poulain à jouer avec; mais on peut le laisser dans la bouche pendant qu'on mène le cheval au caveçon et sans attacher les rênes. Quand cela a été fait pendant un ou deux jours, l'on met les rênes et on les attache aux boucles de surfaix croisées par-dessus le garrot. D'abord elles doivent être ajustées très-modérément, juste assez pour que le cheval n'ait pas la tête tout à fait dans sa position habituelle. Ainsi accoutré, on peut le laisser une heure dans sa box, sans compter la promenade au caveçon avec le bridon dans la bouche. Tous les jours on peut raccourcir de un ou deux trous, et cela plutôt dans la box que dehors, où il faut aller par graduations insensibles. Il y a des poulains qui commencent très-tôt à goûter le mors et à jouer avec; d'autres sont boudeurs pendant un ou deux jours et pendent constamment dessus dans l'espoir de s'en débarrasser. Tous à la fin finissent par goûter le mors, et quand ils le font avec facilité, l'écuyer doit montrer au poulain la signification du mors en le faisant arrêter et reculer par ses effets pendant le travail du dehors. Il faut prendre avec justesse de chaque main les anneaux latéraux, et, par une pression continue, fait arrêter et reculer le poulain, mais sans l'alarmer. Encouragé par la douceur et les bons traitements, il s'accoutumera bien vite à l'usage du mors, et il ne faut que dix ou quinze jours pour arriver au résultat que nous appelons *se faire une bouche*, qui n'est autre chose que donner un surcroît de délicatesse au sens du toucher dans la région des lèvres. Quand on en est à ce degré et que l'on a obtenu l'obéissance au mors, c'est-à-dire que le poulain se porte en avant ou en arrière, suivant que l'on amène sa tête dans l'une ou l'autre direction en tenant le mors à deux mains, le poulain peut apprendre à reculer. Pendant toute la période du dressage, un travail lent et quotidien à la longe et de la promenade au pas empêchent le poulain d'avoir une exubérance de force, de sorte que tous les jours il éprouve plus ou moins de fatigue.

96. — Avant d'enseigner à reculer méthodiquement, l'on doit mettre la selle et en choisir d'abord une grande, bien rembourrée et bien ajustée, de manière à éviter toute pression douloureuse. Une attention doit se porter sur le garrot. S'il est mince et saillant, le pommeau de la selle doit être proportionnellement relevé. Jusqu'à présent la poitrine n'a éprouvé d'autre pression que celle du surfaix ; mais on a dû le resserrer graduellement, de façon à préparer le poulain à l'usage des sangles qui maintiennent la selle. Celle-ci doit d'abord être posée avec les sangles tout à fait lâches et l'addition d'une croupière. Le poulain la connaît déjà, et la queue

qui la retient sert souvent à empêcher la selle de peser sur le garrot, partie sensible et facile à blesser. Le poulain doit être promené et mis à la longe, avec la selle sur le dos, environ deux jours avant d'être monté, de façon à ce que toutes les parties s'habituent à la pression. L'on fait même très-bien d'accroître le poids de la selle en y mettant quelque objet d'un poids modéré, tel que deux ou trois stones (de 12^{kil},65 à 19 kil.). On peut y mettre graduellement des sacs de plomb ou objets semblables, mais sans excéder en poids mort le chiffre que nous venons d'indiquer. Quand le poulain a acquis de l'habitude, on peut le sortir et faire travailler à la longe jusqu'à ce qu'il soit fatigué, toujours conservant la selle sur le dos. Pendant cet exercice, l'écuyer doit souvent peser considérablement sur l'un et l'autre étrier, faire claquer les étrivières sur les panneaux de la selle, de façon à accoutumer le jeune animal à ce bruit. Il est fort bon de faire ajuster au-dessus de la selle un surfaix en cuir et d'y fixer les boucles pour les rênes de côté, au lieu de les coudre à la selle elle-même. Quand tout est prêt et que le poulain est fatigué du travail à la longe, il peut être conduit à la maison de pansage qui est attenante au terrain d'exercice. Là, l'écuyer lui-même ou l'un des gamins d'écurie se met en selle, usant de la plus grande douceur, comme il le faut en tout à l'égard des jeunes chevaux, et l'encourageant de la voix et du geste. Il est plus facile d'habituer au montoir dans l'écurie que dehors : cela alarme moins le poulain, parce qu'il est plus habitué à être manié dans cet endroit, et, par conséquent, il sera moins enclin à la résistance. Le garçon ou la personne chargée du dressage devrait monter et descendre plusieurs fois, et si le poulain a un bon caractère, il laissera généralement faire tout cela sans opposer la moindre résistance. Il faut se donner peu d'élan pour monter ; mais le petit garçon peut se pendre après le cheval comme pour le caresser, et faire peser son poids sur la selle, puis il met un pied à l'étrier et appuie dessus. Quand le cheval le souffre sans difficulté, l'on cesse de peser pendant une ou deux minutes, et puis doucement et insensiblement l'enfant s'élève à hauteur de la selle, tourne la jambe par-dessus et se trouve en selle. Quand le garçon s'est tenu tranquillement pendant quelques minutes sur le dos du poulain, les rênes latérales bouclées au surfaix en cuir, l'on peut ajouter deux rênes supplémentaires pour son usage, quoique au commencement il faille compter principalement sur l'écuyer qui conduit le poulain en main, comme par le passé, avec la longe et le caveçon. De la sorte, l'on mène le poulain au dehors et on le promène au pas une heure ou même plus, puis on rentre à l'écurie, et l'enfant descend de cheval. Sous aucun prétexte, cela ne doit se faire dehors dans les premiers temps, parce qu'il arrive qu'en descendant il y a bataille pour remonter et victoire pour le cheval. Dans l'écurie, on peut toujours descendre et remonter sans inconvénient, et avec le pur sang on a rarement occasion de le faire ailleurs, jusqu'à ce que le cheval en ait pris l'habitude. Si la porte de l'écurie était trop petite et trop basse pour en agir ainsi, le poulain peut être monté dans le paddock, le dresseur ayant soin de s'emparer de son attention, et un troisième individu se tenant à droite pour maintenir l'animal droit et empêcher la selle de tourner quand on pèse sur l'étrier. La plupart des poulains cèdent au commencement à cette pression d'un seul côté, mais ils apprennent bientôt à y résister et finissent par ne témoigner aucun déplaisir. Mais l'on reconnaîtra que tous les poulains peuvent plus facilement être maniés par deux personnes dans une écurie spacieuse que par trois au dehors où ils ont toujours l'œil ouvert sur ce qui peut les effrayer et sont toujours disposés à résister. La seule difficulté est d'avoir une porte suffisamment haute et large; mais si malheureusement elle est dans de petites dimensions, l'on se trouve obligé de renoncer au système que nous venons de décrire.

L'enfant mis en selle doit d'abord rester tranquillement et patiemment immobile et ne doit jamais chercher à se servir des rênes. L'on pourrait bien se dispenser d'en mettre, s'il n'était pas si rare de trouver des cavaliers sachant conserver leur assiette sans avoir quelque chose dans la main. Je me suis toujours bien trouvé de boucler les rênes au caveçon plutôt qu'au mors, toutes les fois que les mains du cavalier n'étaient pas très-légères. En quittant l'écurie, le poulain fait le gros dos, quelquefois le saut de mouton. Cela arrive rarement dans l'écurie et moins souvent en la quittant que si l'on monte tout à coup en plein champ. Dans ce cas, l'éleveur doit lui parler sévèrement et lui tenir la tête élevée ou abaissée, suivant qu'il veut ruer ou se cabrer. C'est principalement contre la ruade que le cavalier a besoin d'avoir les rênes fixées au mors, parce qu'elles peuvent servir à maintenir le poulain tranquille, en relevant promptement la tête au moment où il la baisse pour lancer la ruade. Mais si le cheval se cabre, le gamin risque fort de causer du mal en se servant des rênes, et, en définitive, il me paraît meilleur de ne pas courir les chances de produire un accident par de faux effets de rênes, toutes les fois que l'on ne mettra pas sur le poulain un cavalier très-prudent et très-habile à dresser les chevaux. Quand le poulain est tout à fait soumis et tranquille, on peut permettre au jeune garçon de tenir les rênes ; mais l'écuyer doit toujours garder la longe attachée au caveçon et se tenir prêt à aider l'enfant. Celui-ci, néanmoins, doit commencer dès à présent à essayer de tourner le poulain et à l'arrêter à volonté, tenant pour cela une rêne dans chaque main, bien séparée, et s'aidant de la voix et du talon. Dès qu'il paraît probable que l'enfant pourra être maître, on peut ôter le caveçon et mettre le poulain dans une file de chevaux assez sages pour ne pas lui donner de mauvais exemples et l'engager à faire des bonds. Pendant le dressage, il est assez prudent de diminuer la ration d'avoine, et on ne commencera guère à l'augmenter avant les exercices au galop. Le tempérament de l'animal doit d'ailleurs être pris en considération : quelquefois l'animal est disposé à s'attrister, à maigrir ; alors il sera bon d'augmenter la ration plutôt que de la diminuer. Néanmoins, les animaux d'un mauvais caractère devront toujours être nourris légèrement pendant le dressage, et il faut leur donner plus de soins et leur consacrer plus de temps. Aujourd'hui l'on comprend beaucoup mieux cette partie qu'autrefois, et l'on gâte beaucoup moins de chevaux en les dressant. Cependant il y a encore bien des progrès à faire, et le nombre de chevaux pris de travers par l'écuyer ne laisse pas que d'être considérable. En général, les chevaux de pur sang ne supportent pas les mauvais traitements ;

il y en a toutefois d'un caractère si sauvage qu'il faut les dompter par la rigueur, mais c'est l'exception, et la grande majorité se dressera sans difficulté en les maniant de bonne heure, les harnachant et les montant avec prudence et précaution. S'ils se sentent gênés par le mors ou par la selle, si la croupière les blesse, ils témoignent leur souffrance en résistant, croupionnant et refusant de marcher tranquillement. Mais, à moins que quelque chose n'aille de travers, ils se laisseront monter et équiper bien plus facilement que les poulains d'espèces communes, qui rarement ont eu une têtière près des oreilles, presque jusqu'au moment d'être montés. Plus d'une fois il m'est arrivé de monter avec assez de facilité des poulains de pur sang huit ou dix jours après qu'on leur avait mis pour la première fois un mors dans la bouche. Ce n'est toutefois pas un bon système : plus on leur laissera de temps pour s'accoutumer au mors, plus ils deviendront maniables par la suite. L'on sera encore plusieurs mois avant de pouvoir compter sur eux en aucune circonstance, et quand on augmente la ration d'avoine, ils ne manquent pas d'essayer quelque tour de leur façon ; mais les garçons peuvent très-bien résister à ces sauts de gaîté, qui sont toute autre chose que les efforts d'un poulain décidé à se débarrasser de son cavalier.

Quand toutes ces difficultés sont aplanies, l'on peut dire que le dressage est terminé et que l'entraînement du cheval de deux ans commence. Il ne reste plus qu'à connaître l'emploi de l'éperon et du fouet, dont on ne doit se servir que comme instrument de châtiment ; c'est-à-dire que ce n'est pas une leçon de tous les jours. Tous les poulains doivent apprendre à connaître ces châtiments, et il sera bien rare que les occasions manquent de les trouver en faute.

CHAPITRE IX.

ENTRAINEMENT DU POULAIN DE DEUX ANS.

Remarques préliminaires. — 97. — Une dose de médecine sera ordinairement nécessaire à la fin du dressage, et souvent dans le cours de cet exercice. Mais en donnant de temps en temps un barbotage au son et un peu de vert mêlé avec du foin, l'on pourra s'en dispenser ordinairement pendant le cours du dressage, lorsque surtout l'on réduira intentionnellement la ration d'avoine. Aussitôt que la personne chargée du poulain croit pouvoir risquer une augmentation d'avoine, on revient à la ration première, et alors une dose purgative, précédée de deux barbotages, préviendra cet état fiévreux qui vient si souvent après le dressage, quand la contrainte de l'écurie succède à la liberté des champs. Naturellement l'entraîneur réglera la force et la quantité de sa médecine sur ce qu'il sait de la constitution et de l'état de santé du poulain, et aura soin de n'en faire usage que quand cela sera nécessaire. Mais il faut qu'il se persuade bien que chez ces animaux, auxquels on prodigue une nourriture échauffante, il y a toujours tendance à l'inflammation, surtout des yeux. C'est ce qui justifie principalement ces purgations d'occasion.

Sans doute on pourrait éviter ces inconvénients en diminuant la ration d'avoine ; mais les jeunes chevaux seraient moins propres aux courses, et c'est avec pleine connaissance des inconvénients que l'on persévère à les pousser d'avoine. La tâche qui incombe ensuite à l'entraîneur est d'enseigner à l'animal novice la plus belle allure de galop et la plus avantageuse, avant d'essayer de produire chez lui cet état d'entraînement qui lui permette de durer aussi longtemps et plus longtemps dans une course que ses compétiteurs.

98. — C'est une longue affaire que l'éducation du cheval de un ou deux ans, elle demande au moins six ou huit mois, y compris le dressage. Il y a peu de poulains qui seront en état d'être essayés avant un an de travail, et à moins qu'il ne soient reconnus lents comme des tortues et en même temps avec des formes de cheval, il ne faut jamais en désespérer avant que l'année d'éducation ne soit écoulée. L'usage habituel est d'employer trois mois de belle saison à les débourrer et à leur donner les premières notions du canter, avec la connaissance de l'éperon, etc. ; ensuite on les laisse reposer un peu de temps et on leur administre une ou deux médecines. Vient ensuite l'entraîneur qui forme leurs allures pour deux ou trois mois encore, jusqu'à ce qu'il commence à geler un peu fort. A ce moment, un entraîneur expé-

rimenté commence à avoir quelque idée de leur façon de courir et à prévoir quelle sera leur forme définitive. Quand le froid rend le terrain trop dur pour
un exercice violent, généralement on laisse reposer
les poulains ; on administre encore des médecines ;
on diminue l'avoine, et l'on donne quelques carrottes
coupées en tranches, et par occasion un barbotage
au son. Cet état d'oisiveté dure plus ou moins longtemps, suivant l'intention du propriétaire de produire
les poulains sur l'hippodrome au commencement ou
à la fin de la saison des courses. Il se guide à cet
égard sur leur apparence. La franchise et la beauté
de leur allure, qui doit être légère, élastique et
adroite, c'est ce qu'il faut pour les lancer de bonne
heure. Mais s'ils sont gauches, décousus, lourds,
alors il faut attendre longtemps avant de les risquer
sur l'hippodrome. Ainsi, c'est au mois de janvier
que l'entraîneur décidera s'il continuera la préparation du poulain pour le faire concourir pour les prix
du printemps, ou bien s'il le réservera pour l'automne, ou bien enfin s'il le mettra de côté jusqu'à
trois ans, comme on le fait pour des animaux grands
et gauches. Quant à ceux que l'on prévoit devoir
être absolument impropres aux courses, il n'y a qu'à
les vendre.

Couvertures, pansage et arrangement d'écurie. —
99. — L'éducation générale des jeunes chevaux de

course est, comme nous l'avons dit, basée pour tous sur les mêmes principes, et on s'en occupe à la fois dans tous les haras de poulains, d'août en novembre, pour les dresser ou plutôt les débourrer; de novembre à janvier inclus, on leur montre à se servir de leurs jambes, à ne pas craindre la foule, le bruit et tout ce qui est de nature à effrayer sur le terrain des courses. Maintenant l'objet que l'on a en vue est de les faire galoper dans la main sans s'occuper de leur *condition*, tout en les tenant dans un haut degré de santé, pour favoriser leur croissance, le développement de leurs muscles, et, dans ce but, il faudra avoir recours aux arrangements suivants :

100. — L'on fait usage de couvertures d'espèce légère aussitôt que le dressage est assez avancé pour permettre de les mettre, et que la chaleur de l'été est tombée; on doit s'en servir d'abord dans les grandes boxes biens aérées avant de placer les poulains dans les écuries d'entraînement. A mesure que les nuits deviennent fraîches, ces boxes doivent graduellement se clore le plus possible, pour empêcher les poulains de souffrir du froid et pour que leur poil ne devienne pas long, de façon à les gêner pour le travail qu'ils vont avoir à faire. A la fin d'octobre, ils pourront généralement supporter un système complet de couvertes d'hiver dans leurs boxes aérées, et quelquefois, dans les hivers très-froids, une épaisse

couverture de bure sur la croupe. L'on n'ajoute
guère le camail et la couverte de poitrail que quand
l'entraînement a commencé; mais quand le temps
devient froid, ces accessoires sont nécessaires pour
la promenade au pas, en raison de la grande différence de température entre leurs écuries chaudes et
l'air froid qui règne sur les plateaux.

101. — Le pansage commence maintenant active-
ment, et le poulain reçoit les soins exclusifs d'un
petit garçon, exactement comme nous l'avons décrit
pour l'entraînement du cheval de course. Le pansage
sur le corps, le frottement des jambes à la main,
tout est identique. Il faut toutefois le plus grand
soin dans l'emploi du peigne et de la brosse. Ils occasionnent toujours quelque résistance de la part des
purs sang, et si on s'en sert rudement avec le poulain d'un an, il se livrera à une terrible fureur. Le
pansage à la main devient maintenant particulièrement nécessaire, à cause de l'épreuve à laquelle sont
soumis les membres, parce que, quelque léger que
soit l'enfant d'écurie, son poids est encore supérieur
à la force que la nature donne à un poulain de cet
âge.

102. — Les écuries doivent devenir graduellement
de plus en plus chaudes et closes, mais il faut y
mettre une prudence et un soin extrêmes. Bien des
yeux se perdent faute d'attention à cet égard ; mais,

d'un autre côté, si l'écurie n'est pas passablement chaude, il est impossible de conserver pendant l'hiver la santé et la croissance. Dans cette première saison, il faut tenir la température à plusieurs degrés au-dessous de l'écurie d'entraînement; il suffira qu'elle soit assez chaude pour être confortable, sans attacher trop de soin à produire une excessive finesse de la robe. Il en est de même de l'habillement : il ne doit pas être porté au même degré que pour les vieux chevaux; mais toutes ces pratiques d'écurie doivent marcher graduellement, et, en ce moment, une seule couverture est suffisante dans une écurie modérément chaude.

Galops et suées. — 103. — Il faut maintenant montrer à *galoper*. Au commencement, il n'y a autre chose à faire que de mettre le poulain à un galop modéré, dont il s'acquittera comme il l'entendra. Il ne faut pas s'en mêler, mais le laisser suivre le hack de l'entraîneur à un galop ordinaire et sans qu'il y ait d'autres chevaux. Un demi-mille à la fois suffit pour cet objet. Le meilleur terrain est celui qui monte légèrement, et l'on trouvera toujours que le poulain apprend mieux en montant que sur un terrain horizontal. Au commencement, la bouche présentera toujours quelque difficulté; l'entraîneur devra permettre au gamin de se porter à la hauteur. Il reconnaîtra si le mors convient au caractère du cheval, s'il est suffisant pour le retenir, et le changera s'il y a lieu. Dans tous les cas, il est à désirer que les chevaux de course prennent un point d'appui régulier sur le mors, sans quoi il est rare qu'ils veuillent se développer; mais moins ils tirent, tout en conservant un point d'appui régulier, mieux ils courent. Il est, en conséquence, de grande importance de les bien emboucher, et que les mors ne soient ni trop tranchants ni trop grands. Ce n'est qu'à force d'attentions sur ces objets et en évitant de presser le poulain dans ses galops d'excercice qu'on peut le faire tourner à bien et acquérir la forme nécessaire pour réussir. L'entraîneur doit donc tenir son cheval à côté de l'enfant, et lui enseigner, selon les circonstances, à rendre ou à donner plus d'appui. Quand le cheval trouve le point d'appui, il développe davantage; quand on lui rend, il s'enlève plus et galope plus court. Ceci ne doit se pratiquer qu'avec des chevaux décousus et qui embrassent beaucoup de terrain. Bientôt ces galops se donnent en file; le poulain d'un an est mis derrière des animaux de son âge ou derrière des chevaux plus âgés, mais alors avec le soin de l'arrêter à une certaine distance fixée par l'entraîneur et avant que ces chevaux n'aient pris leur grande vitesse. Ce système réussit très-bien et vaut mieux en commençant que de mettre en file de jeunes chevaux à moitié dressés, qui sont disposés à lever la croupe l'un après l'autre et à se donner de si mauvais exemples qu'ils deviennent surexcités et ingouvernables. Toutefois, quand ils sont devenus un peu malléables dans leurs galops et ne se livrent plus à une ardeur sans frein, on les entraîne et on les fait galoper mieux tous ensemble, en les faisant seulement précéder d'un vieux cheval conducteur de reprise, rôle qui convient rarement à un cheval de un ou deux ans. Ces courts temps de galop ont lieu tous les jours, dépassant rarement un demi-mille. Pendant les deux ou trois premiers mois de cette période d'entraînement et de dressage, il ne faut donner au plus que deux de ces temps de galop dans un jour. Vers les derniers temps, les poulains peuvent être mis chacun à leur tour en tête de reprise, sans vieux cheval ou au moins à hauteur de ce dernier. Jusqu'à ce que leur caractère soit au-dessus de cette épreuve, l'on ne peut pas dire que leur éducation soit complète, indépendamment de l'entraînement à venir pour mettre le poulain en *condition*. Ces courses faites ensemble occasionneront des écarts et des bonds ; il ne faut donc les entreprendre que quand les poulains ont déjà travaillé et qu'un temps de galop préliminaire leur a ôté un peu de leur feu. D'abord on doit en essayer deux de front, et s'ils s'y soumettent tranquillement, on en ajoute un ou deux autres qui ont suivi la même progession. On leur enseigne ainsi à faire en particulier ce qu'ils auront à répéter en public, et l'on imite en surcroît les cris et les bruits de l'hippodrome. Si, en présence de cette foule factice, l'un d'eux vient à se dérober, il faut, la fois suivante, lui donner un enfant plus habile, et s'il est nécessaire, un homme léger. Il vaut encore mieux risquer de tarer les membres du poulain que de perdre toute chance de succès à l'avenir en lui permettant de prendre le dessus sur son cavalier. L'on doit soigneusement éviter de les faire lutter réellement de vitesse l'un contre l'autre, la condition et le caractère sont encore trop imparfaits; il faudra pour le moins trois mois encore pour les amener là. Somme toute, il n'est jamais avantageux de lancer le poulain à son extrême vitesse jusqu'à ce qu'il doive être éprouvé. Si l'on pouvait remettre cette épreuve à la troisième année, il y aurait sans doute tout avantage ; mais la mode est venue de courir avec des chevaux de deux ans pour des prix d'une grande valeur; c'est une tentation à laquelle peu d'éleveurs résisteront.

104. — Les suées seront rarement nécessaires avant le printemps ; mais quelquefois le poulain d'un an est de nature obèse, tellement gras et lourd qu'il ne peut faire de galop d'aucune espèce. Il n'y a pas de promenades au pas ni de purgations qui réduiront certains poulains naturellement gros, et si on ne les fait pas suer sous les couvertures, on peut

être certain que les membres souffriront du poids qu'ils auront à porter. Dans ce cas, la suée doit être courue très-doucement, et si l'on a à sa disposition une longue pente très-douce de deux milles, il est inutile de forcer l'allure au delà du canter, et le trot suffira même dans la plupart des cas, si l'on charge bien le poulain de couvertures, dans la maison de pansage. Si ces suées douces sont répétées une fois par semaine ou même tous les dix jours, sans augmenter l'allure au delà de ce que nous venons de recommander, l'on réussira de faire tomber un peu de viande, et le poulain sera en état de tirer plus librement parti de ses membres avec moins de chance pour les endommager. Quand une fois la graisse a été mise en mouvement par ces moyens, il est étonnant combien elle fond rapidement. Le grand point est d'empêcher le poulain d'attraper froid dans ses premières suées ; c'est ce qui occasionne trop souvent les toux chroniques, l'inflammation des yeux, l'enflure des membres, etc., etc. Il y a donc tout avantage à éviter les suées si on le peut ; mais il vaut mieux les adopter que de laisser subsister un mal encore plus fâcheux, savoir : deux pouces de graisse sur les côtes et une quantité proportionnelle à l'intérieur.

La ferrure. — 105. — Avant de faire galoper de n'importe quelle façon, il faut toujours faire ferrer complétement ; les demi-fers seraient loin de suffire maintenant à cause des chocs que les talons pourraient recevoir en passant au galop sur quelque portion de terrain qui se trouverait un peu dure. Les fers de devant devraient être courts et légers, de façon à avoir peu de chances d'être arrachés ; ceux de derrière doivent être faits avec ou sans de légers crans, suivant l'état du terrain. La forme dite concave est la meilleure pour l'entraînement de la plupart des chevaux. Dans tous les cas, le fer devrait être ôté et le pied paré toutes les trois semaines.

Entraînement du poulain précoce ou plutôt forcé en maturité. — 106. — A Noël ou dans la première semaine de janvier, j'ai déjà dit que l'on devait exercer les poulains à côté l'un de l'autre, et bien des gens, à cette époque, se décident à faire une épreuve d'un demi-mille à poids légers, pour pouvoir faire la différence des bons et des mauvais. L'on ne peut guère s'en rapporter à cet essai, mais cependant on y a souvent recours, et il n'y a pas besoin de grandes préparations pour cela. La distance n'est pas assez grande pour nuire à leurs organes respiratoires, et comme ils sont en même condition d'entraînement, ils sont également propres à parcourir la distance. Mais, outre cette course, souvent on réclame avec instance une épreuve contre un cheval de trois ans ; mais c'est sans utilité comme mesure du mérite du poulain. Le seul guide est un œil expérimenté ; c'est à son aide que le connaisseur pourra prédire quel est le poulain qui promet le plus d'arriver à une bonne conformation et à quelle époque il y arrivera. Souvent, dans le moment actuel, le plus mauvais poulain aura l'air d'être le meilleur et les novices croiront à sa perfection, tandis que l'animal qui a une valeur réelle ne se montrera dans sa forme véritable qu'au printemps ou à l'automne suivant. En général, ce n'est pas le poulain ramassé, vigoureux, à forme de poney, qui tournera le mieux par la suite, mais celui plus grand, plus cheval de course, qui tient plus de place, quoiqu'il paraisse n'avoir que des jambes et des rayons musculaires lorsqu'on le compare à son petit camarade bien établi. Mais six mois suffisent pour retourner les chances, les jambes et les rayons se remplissent, se couvrent de muscles, et le poulain paraît et se trouve être en réalité tout à fait supérieur à son compagnon d'écurie qui avait d'abord plus de succès. Si néanmoins l'on veut faire une épreuve, c'est bien le moment, le froid s'y opposerait plus tard, soit par la dureté du terrain, soit en gênant les exercices préliminaires. Aussitôt que l'épreuve a eu lieu, les poulains sont répartis suivant l'avenir qu'on leur prépare. Les uns sont purgés, exercés sur des pistes en paille, etc., de manière à avancer le plus possible leur condition, tandis que

d'autres sont tout à fait mis de côté et réservés pour
le prochain automne ou même pour le printemps de
l'an prochain. Nous n'avons maintenant à considérer
que ceux d'une seule espèce, savoir ceux que l'on
veut présenter au printemps comme étant les plus
précoces et les mieux développés. Dès que l'effet de
la médecine sera terminé, il faut les faire sortir
tous les jours et les tenir au moins trois heures par
jour sur la piste en paille, et souvent on doit y garder quatre heures les poulains s'ils sont corpulents
et de bonne constitution.

107. — Les sexes sont souvent mis à part, lorsque les animaux sont nombreux et les écuries bien
disposées à cet effet. Il y a toutefois dans ce système
des avantages et des inconvénients ; car, comme les
pouliches de deux ans courent souvent avec les poulains, ils sont souvent disposés à faire voir les résultats d'une séparation trop rigide. Somme toute, je
crois que le meilleur est de les tenir à part, surtout
en raison des pouliches, que leur nourriture échauffante met continuellement en chaleur, et qui sont
alors tristes, languissantes, impropres au travail. Il
faut toujours, à ce moment, leur accorder du repos,
car elles n'ont ni la force ni la volonté de se livrer
au travail. Mais une fois entreprise, la séparation
doit être absolue, les écuries absolument distinctes
et les terrains d'exercice à assez grande distance

pour que le vent n'amène pas les émanations des poulains du côté des pouliches et *vice versa*. Si l'on n'observe pas ces précautions, on peut aussi bien les laisser ensemble, car l'odorat a plus d'influence sur eux que la vue et autant que les organes de l'ouïe. Quand on fait galoper des pouliches en chaleur, il est bien difficile de les faire développer, et si on les met à hauteur d'un poulain ou même d'une pouliche, elles penchent de son côté et n'essaient pas de dépasser. De là proviennent les variations si fréquentes dans leurs courses en public et la difficulté de s'assurer des véritables moyens d'une pouliche, et surtout pendant le printemps, époques où elles cèdent constamment à ces influences sexuelles, par suite de l'état d'échauffement contre nature dans lequel on les tient.

108. — Les animaux vicieux doivent être surveillés de très-près, et les premiers symptômes de malice doivent être réprimés par des menaces ou des actes de correction. Chaque enfant d'écurie porte à cheval un bâton léger, mais capable de donner un coup assez sévère; il doit en menacer sa monture et même s'en servir le long de l'épaule ou sur le flanc, si l'occasion le demande. L'entraîneur aussi saisit le poulain par la bride et lui parle rudement, ou occasionnellement lui donne un coup de poing sur le museau, mode de correction dont

les chevaux ont une frayeur mortelle. Ce moyen est surtout utile avec les rueurs que le bâton de l'enfant ne corrige pas; si l'entraîneur les tient ferme et leur administre le coup en question, ils restent immédiatement tranquilles. L'habitude de se cabrer doit être contrôlée par la martingale, ou guérie en administrant un coup sévère entre les oreilles avec un gros bâton, ou par le vieux système de casser une bouteille à Soda pleine d'eau entre les oreilles. Mais le meilleur remède préventif est l'exercice prolongé au pas; si on le néglige, les poulains sont toujours turbulents et disposés à devenir vicieux; mais en le pratiquant constamment, ils sont ordinairement tranquilles et maniables. Un autre point essentiel est la surveillance constante de l'entraîneur ou de son premier aide, afin d'empêcher les tours que les gamins d'écurie sont portés à jouer, tout comme les autres enfants de leur âge. La malice n'est pas particulière au poulain, mais elle est commune à tous les jeunes animaux. Si on n'y tient pas la main, l'enfant emploiera la sienne envers le poulain dont il est chargé, ce qui augmentera les inclinations vicieuses du jeune animal par le déplaisir que lui causeront les farces du gamin et son désir d'y résister. Pour plus de développement à ce sujet et sur les vices d'écurie en général, voir le chapitre « *Soins à donner au cheval en général.* »

109. — Comme ces poulains sont destinés à paraître de bonne heure en public, on devrait les monter sur un terrain destiné au steeple-chase ou à la course plate aussi souvent que possible. Si l'on n'a pas de ces terrains à sa disposition, il faut aller sur les foires et marchés et autres lieux de rassemblement. Les foires surtout sont commodes pour faire voir du monde aux jeunes animaux. Comme on les tient souvent sur des terrains communaux, il est facile d'y mener les poulains, tout en les tenant à l'écart des chances d'accident. L'un des grands avantages de Newmarket comme terrain d'entraînement, c'est qu'il y a là continuellement des courses et que l'on peut montrer la foule au poulain, sans grands risques pour le bipède ou le quadrupède[1].

110. — Vers février, l'entraîneur aura des données sur la constitution et le tempérament de ses poulains et pouliches, et les fera travailler en conséquence. Les uns ont besoin de beaucoup travailler avec beaucoup d'exercice au pas, et à l'occasion des purgations. D'autres demandent de tout cela à

[1] Rien n'est plus utile que de former de bonne heure le caractère du coursier qui doit être doux et franc. Le bonheur d'un Jockey, homme frêle, est de ne pas se sentir arracher les bras et de ne pas s'encombrer de rênes et martingales. Zinganee, le meilleur cheval en 1829, ne paraissait jamais qu'en bridon, et obéissait comme un tonton de manége. Les Anglais qui aiment à tout évaluer en chiffres, fixent, pour les distances d'hippodrome, à 4 livres l'avantage d'un caractère éprouvé sur une nature ordinaire. *(Nimrod*, p. 259.)

moindre dose, et ceux qui sont très-légèrement charpentés tout juste de l'exercice au pas, avec assez de
galop pour leur former les allures sans aucune fatigue. Ceux-là n'ont besoin de purgations que s'ils
sont malades. En général, les gelées peuvent être
considérées comme terminées à la fin de février, ou
au plus tard vers le milieu de mars, et pendant
qu'elles durent, les poulains qui doivent courir au
printemps ont été exercés sur les pistes en paille
toutes les fois qu'ils n'avaient pas pris médecine. On
les a nourris assez légèrement, et ils sont par conséquent gaillards, en état d'être poussés pendant
quelques semaines et de passer par ce traitement
stimulant en tous genres qui accompagne l'entraînement ou plutôt qui en constitue la véritable essence.
L'on trouve que neuf semaines suffisent pour préparer ces êtres encore jeunes, et l'on risque de les
jeter de côté en leur imposant une plus grande
somme de travail. Le temps de l'entraînement se di-
vise en deux préparations, séparées par une dose
légère de médecine, qui occupe (avec le temps nécessaire pour se remettre et les barbotages) une semaine. Les poulains très-vigoureux peuvent supporter ce travail en deux reprises égales; mais ceux qui
ont moins de force devraient avoir cinq semaines
d'entraînement après leur médecine, et, par conséquent, l'on ne laisse guère que trois semaines à la

première préparation. Mais si on a dix semaines à leur donner, on peut en consacrer quatre à la première préparation, tout comme pour les poulains plus forts.

111. — La première préparation se borne à du petit galop avec beaucoup de promenade au pas et, s'il est nécessaire, une ou deux suées. Il faut toujours une extrême prudence avec ces jeunes animaux, mais surtout dans ce moment où le travail succède au dressage. Sous aucun prétexte, l'on ne doit rien entreprendre avant que l'entraineur n'ait reconnu à l'avance que le poulain est plein de santé et d'ardeur; chaque galop doit être surveillé avec soin, en prenant note de ses résultats, afin d'avoir des données pour déterminer l'augmentation ou la diminution du travail. A moins que les poulains ne soient très en chair, il sera inutile de leur donner des suées avant la fin de cette préparation; mais s'ils engraissent avant les dix premiers jours, par suite de l'augmentation de la ration d'avoine, on peut leur donner une suée au milieu et une autre à la fin de cette première partie de l'entraînement. Mais il faut toujours se souvenir que les jeunes poulains ne supportent pas d'être trop amaigris. La distance qu'ils doivent parcourir étant courte, ils se trouveront facilement assez d'haleine. D'ailleurs, en les dépouillant de leur chair, on arrête leur croissance et l'on

gène la marche de la nature qui fournit au développement des muscles. Ce n'est donc que dans les cas extrêmes que les suées sous les couvertures deviennent nécessaires; mais il y a de gros poulains assez gaillards pour pouvoir prendre deux fois, dans la première préparation, une suée de deux milles assez complète pour que la sueur se râcle assez facilement. L'allure n'a pas besoin d'être bien vite; la distance suffira presque toujours à faire sortir le liquide, surtout si on leur met une ou deux couvertures en entrant dans la maison de pansage. Un terrain d'entraînement avec une longue pente peu inclinée est chose essentielle pour administrer les suées aux chevaux de deux ans. Quand un entraîneur a de tels avantages sous la main, il n'a rien à craindre pour les membres, à moins qu'il ne charge le cheval de lourdes couvertures dont les membres de derrière sentiraient l'effet dans la montée, aussi bien que les membres antérieurs dans la descente. C'est là l'inconvénient qui doit empêcher de s'en servir sur ce genre de terrain. La courbe, l'éparvin, les inflammations du boulet viennent gêner l'entraînement tout aussi souvent que les tares des jambes de devant, et il faut les éviter avec le même soin. La pente doit donc, comme je l'ai déjà dit, être trèsfaible et, quand on s'en sert, il faut chercher à alléger autant que possible le poids des couvertures et du garçon qui montera pour la suée. Si l'on ne juge pas à propos de donner des suées, il faut presque toujours avoir recours à des galops modérés d'un demi-mille à trois quarts de mille à une allure régulière. Ces galops auront lieu en moyenne trois fois par semaine, et on les entremêlera pour les autres jours de temps de galop beaucoup plus courts, qui auront pour but de perfectionner l'allure et de donner aux battues de galop de la vitesse et de la vivacité. La durée de la promenade au pas variera, à cette époque, de deux heures et demie à quatre heures et demie. On divisera un exercice en deux portions, qui varieront de longueur, selon l'état de l'atmosphère, auquel il faut bien laisser régler bien des choses dans ce climat variable. C'est ainsi que l'on occupe les trois ou quatre semaines de la première préparation, et à la fin on administre, comme nous l'avons déjà dit, la dose de médecine.

112. — La seconde préparation commence aussitôt que le cheval est remis des effets de la médecine qui a été donnée entre les deux. J'ai déjà dit qu'un petit nombre de poulains n'en avaient pas besoin, mais dans tous les cas ils ont besoin d'une semaine de repos et deux ou trois barbotages, qui, pour quelques constitutions relâchées, équivalent à une médecine. Bien des personnes supposeront que des poulains légèrement charpentés et de race peu résistante pour-

ront être produits sur l'hippodrome avec une préparation finale plus courte que le poulain vigoureux et
bâti en force; mais ce n'est point le cas : parce que
ces animaux légers ne supportent pas la même
somme de travail dans la semaine, il faut le répartir
sur un plus grand laps de temps et ne l'augmenter
qu'avec beaucoup de précautions. C'est pour cela
que j'ai conseillé de donner à ces animaux quatre
semaines d'entraînement après leur médecine, et
l'on reconnaîtra qu'avec eux l'on fera dans ce temps
encore moins de progrès qu'avec ceux qui peuvent
supporter un exercice plus violent. Il est vrai que
l'on trouve encore des cas extraordinaires de plénitude pour lesquels ce temps sera encore trop court;
mais, en moyenne, les poulains sains et d'un sang
qui a de la résistance peuvent être préparés dans
les quatre semaines, s'ils ont traversé l'épreuve de
la première préparation sans donner des preuves de
défaillance dans les membres ou dans leur constitution. Aussitôt que le travail commence, la totalité
des poulains et pouliches sont préparés à recevoir
une suée en leur donnant tous les deux jours un
galop un peu vif d'un demi-mille ou de trois quarts
de mille, et de temps en temps une petite poussée
pour entretenir leur vitesse. L'on continue à donner
beaucoup d'exercice au pas, et le pansage et frottement à la main. Quelques-uns des poulains les plus

avancés demanderont beaucoup de travail, plus même que celui que nous avons fixé ci-dessus, afin de rester eux-mêmes et de développer tous leurs moyens. D'autres encore demanderont moins de travail que la moyenne; mais, ainsi que je l'ai déjà fait remarquer, il faut l'œil d'un maître de l'art pour régler le travail suivant une foule de conditions flottantes. A la fin d'une semaine ou de dix jours, le plus ordinairement après huit jours, ils peuvent tous prendre une suée, qui se trouve souvent être la première, dans le cas, par exemple, où on a pu s'en dipenser dans la première préparation; mais maintenant elle sera nécessaire dans presque tous les cas. Cependant la suée sous les couvertures n'est nullement indispensable, même a cette époque, car, dans bien des cas, le travail préliminaire réduira assez le poulain pour qu'il n'en ait évidemment pas besoin. Mais une suée dans une forme quelconque, comme un temps de galop de deux milles à une allure régulière, doit presque invariablement avoir lieu maintenant, et d'après ses effets l'on se décide à la répéter dans l'avenir ou à s'en tenir là.

113. — La nourriture du cheval de deux ans est maintenant dirigée presque sur les mêmes bases que celles du vieux cheval. En effet, il a été habitué à deux ou trois repas d'avoine; il en supportera généralement six impunément, *à l'aide du travail.*

La même quantité prodiguée à un cheval non accoutumé à ce genre de nourriture produirait certainement l'inflammation des yeux, l'enflure des jambes, etc. Mais pendant les six ou sept mois qui se sont écoulés depuis le commencement du dressage jusqu'à présent, le poulain a été nourri graduellement avec une libéralité toujours croissante, et maintenant il supportera généralement cinq quarterons d'avoine par jour avec sept livres de foin. L'on ne devrait jamais donner des fèves ou des pois à des chevaux de deux ans, à moins qu'ils ne soient très-relâchés et qu'ils ne se dévoient souvent. Encore ce sera-t-il rarement bon comme nourriture permanente, et l'on ne peut les recommander que dans des occasions particulières, comme, par exemple, quand un poulain se dérange un jour ou deux avant une course dans laquelle il doit paraître en public; alors l'on peut donner quelques fèves ; mais si l'on en fait une habitude, elles ne peuvent que déranger les organes digestifs.

114. — La continuation des galops et des suées après la quantité de chaque épreuve de ce genre, voilà l'étude constante de l'entraîneur, et dans chaque cas particulier il sera guidé par les essais qu'il a déjà tentés, se souvenant toujours qu'un cheval *surentraîné* non-seulement souffre un dommage actuel, mais qu'il en ressentira toujours plus ou moins les

effets suivant son âge, sa constitution et son caractère. La faute est donc encore du bon côté quand on fait courir de jeunes poulains avec trop d'embonpoint, et ils se feront rarement mal en raison de la courte distance qu'ils auront à franchir; ils sont loin de courir les mêmes dangers, sous ce rapport, qu'un cheval lancé sans préparation suffisante dans des luttes de deux et trois milles. Somme toute, les courses des chevaux de deux ans ne sont guère que des sortes d'essais, et peu de propriétaires voudraient sacrifier l'avenir de leur poulain, même avec la certitude que la forme acquise par l'entrainement complet leur assurerait la victoire. Il vaut donc mieux, dans tous les cas, éviter de les surcharger de travail préparatoire et les faire paraître en course un peu trop gros, quoiqu'ils puissent bien ainsi ne pas se trouver dans l'état complet de préparation et d'aptitude que l'on obtiendrait en les réduisant à des proportions plus fines. Tout cela d'ailleurs dépend des intentions futures du propriétaire et de son entraineur, car à cette époque ils ont souvent décidé que certains poulains ne vaudront rien passé l'âge de deux ans. Par suite, on peut courir de grands risques pour leur santé dans le but de dépasser les autres chevaux en course publique, ou même de gagner ce qu'ils pourront, tels qu'ils sont, puisque l'on désespère de leurs chances de supporter d'autres entraînements à l'avenir. Beaucoup d'animaux, d'ailleurs sans avenir, paraissent chaque année au poteau et sont employés de la sorte. Toutefois, s'ils ne gagnent rien par la suite sur la forme qu'ils avaient à deux ans, on doit, sans doute, plus souvent l'attribuer à la résolution qu'a prise l'éleveur de leur faire donner prématurément un entraînement complet, qu'à un sacrifice de leur avenir prémédité à l'avance. La méthode la plus ordinaire consiste à mettre à part les animaux de la file dont on a la meilleure opinion, et de faire courir ceux qui ont moins de valeur pour les courses publiques; mais il arrive fréquemment que ceux que l'on a réservés pour les perfectionner à force de soins tournent moins bien que leurs camarades d'écurie sacrifiés comme inférieurs.

Essai du cheval de deux ans. — 115. — Une quinzaine de jours avant la course, l'on peut essayer le poulain et pour cela s'arranger de façon qu'il y ait une semaine écoulée depuis la dernière suée et un jour de repos relatif la veille de l'épreuve. J'entends par là une courte galopade juste suffisante pour faire *renifler le cheval*. Dans tous les cas, pendant la nuit qui précède l'épreuve, le poulain doit être musclé comme s'il s'agissait d'une course, à moins toutefois qu'il ne soit très-relâché et de charpente légère. Dans ce cas, et si l'épreuve a lieu tard dans la journée, on peut le laisser sans muselière jusqu'au point du jour ; mais si l'épreuve a lieu de bonne heure, il faut toujours museler pendant la nuit. Les épreuves se font généralement pour un demi-mille [1] ou cinq furlongs, et avec 8 st. 7 l. Si l'on choisit un animal de trois ans pour cheval d'épreuve, on supposera généralement qu'il doit d'abord porter ce poids et rendre ensuite aux poulains 2 stones et aux pouliches 2 stones et 7 livres. Mais il est bien rare qu'un cheval de course de première classe soit employé comme cheval d'épreuve, et alors, si l'on veut pouvoir fonder quelques présomptions sur le résultat, il est imprudent de rendre plus de la moitié de ce poids. Si, toutefois, l'on s'est récemment assuré que le cheval d'épreuve a tous ses moyens, l'on peut risquer avec quelque avantage de lui faire rendre deux stones. En premier lieu, il faut que la course ait lieu honnêtement et sincèrement, et en second lieu que le cheval d'épreuve soit franchement battu s'il est possible. Il vaut beaucoup mieux qu'il soit vaincu en déployant tous ses moyens que par tolérance. Malgré toutes les instructions que l'on donne aux garçons, et même à des jockeys de profession, malgré toutes les informations qu'ils

---

[1] Un demi-mille $=$ 804^m,65.
5 furlongs. . . $=$ 1,005^m,82.
8 st. 7 l. . . . $=$ 35 kil. 914.
2 stones . . . . $=$ 12 kil. 695.
2 st. 7 l. . . . $=$ 15 kil. 868.

peuvent donner, l'on ne peut faire aucun fonds sur le résultat, à moins de leur prescrire bien positivement que chacun tire le meilleur parti possible de son cheval. Celui qui monte le cheval d'épreuve a un faible pour ce cheval, parce que c'est lui qui le monte, ou bien encore pour son adversaire, parce qu'il espère avoir à le monter par la suite pour quelque course victorieuse. En conséquence de ses désirs, il se trompera lui-même et trompera son maître par la même occasion. Cependant les conséquences des surcharges sont bien connues et l'on est encouragé à fonder des espérances, si les jeunes chevaux recevant 2 stones ont été victorieux; mais si, d'un autre côté, les poulains ont été battus par le cheval de trois ans leur donnant 2 stones (ou, si c'est un cheval éprouvant des pouliches, 2 stones 7 livres), il n'y a pas à supposer qu'ils aient acquis une forme promettant des victoires. Peu de poulains supportent d'être fréquemment essayés, et la meilleure méthode consiste à les éprouver tous à la fois, en mettant dessus des hommes et des enfants aussi habiles qu'on pourra les trouver, et s'en rapportant entièrement pour le présent au résultat de cette course. Le cheval d'épreuve de trois ans a indiqué quelle pouvait être la valeur des poulains pour les courses publiques, et le classement des poulains a fait voir leur mérite réciproque, si l'entraîneur a bien surveillé le départ et

l'arrivée, ainsi que l'allure pendant la course. Cela
est facile à faire pour une lutte d'un demi-mille, soit
en se montant bien, soit en se mettant sur une position élevée pour voir la fin de la course. Après
cette course en miniature, quelques-uns des poulains refuseront certainement leur nourriture; mais
avec un peu de soin ils accepteront généralement
leur avoine quelques heures après, si on ne l'a pas
laissée dans la mangeoire, et si en même temps
on leur donne leur eau comme à l'ordinaire. Les
poulains et pouliches doivent être conduits immédiatement à leur terrain ordinaire d'exercice, et là,
habillés et promenés comme à l'ordinaire, de manière à faire aussi peu d'embarras et de changement
que possible. Toute espèce d'esbrouffe serait une
source d'irritation pour les poulains. Il ne faut pas
non plus souffrir que les gamins se disputent un seul
instant à haute voix sur leurs prouesses et celles de
leurs chevaux. Dans ce moment, ce serait pire que
jamais, parce que les jeunes animaux ont déjà les
nerfs assez excités par leur première lutte réelle.
Jusqu'à présent, tous leurs galops et leurs suées ont
été conduits sur des principes différents, et jamais
on ne leur avait donné à connaître réellement leurs
moyens ou leur impuissance.

Fin de la préparation. — 116. — Avant la course, le
poulain est traité comme pour l'épreuve préliminaire

et muselé un peu plus tôt ou plus tard, selon sa constitution. La dernière suée se donne souvent une semaine avant de courir ; mais pour les poulains de
forme légère et spécialement pour les pouliches on peut
faire suer dix jours d'avance. Les galops et les petites
poussées, etc., seront encore nécessaires et seront
ordonnés selon la constitution de l'animal. Il faudra
un peu moins de promenade au pas, mais pas assez
sensiblement pour rendre le poulain rétif par surcroît
de forces. La vitesse est essentielle pour la course
peu étendue qu'ils auront à fournir, et il est hors de
doute que trop d'exercice au pas nuit à cette qualité.
Si toutefois les jambes ne sont pas capables de supporter une quantité convenable de galop, il faut y
suppléer par un peu plus de promenade au pas que
l'on n'en voudrait donner d'après d'autres considérations.

Conseils pour la course. — 117. — Dans tous
les cas, l'entraîneur et le propriétaire doivent décider ce que l'on doit faire du poulain dans la
course ; savoir, si on doit en tirer parti, ou si on
ne l'envoie que pour recueillir quelques appré-
ciations sur des compétiteurs, sans le fatiguer ou
l'essouffler. Mais, le plus souvent, l'ordre est donné
de gagner, si cela peut se faire sans surmener le
poulain et sans faire aucun usage du fouet et de
l'éperon. Si, en conséquence, le jockey voit que son

allure est inférieure, il a généralement l'ordre d'arrêter ou au moins de ne pas continuer à lutter ; mais s'il a une chance de gagner, si le prix en vaut la peine, si aussi son cheval n'est pas engagé dans une course subséquente de plus d'importance, le jockey peut être autorisé à gagner s'il le peut et même après une lutte et l'emploi de l'éperon. Tout ceci dépend encore tellement des circonstances variables de chaque cas particulier que nous ne pouvons poser de règle générale.

Nous ferons remarquer en même temps qu'il est tout à fait notoire que la plupart de ces courses sont des essais ; il n'y a par conséquent point d'indélicatesse à prescrire à son jockey de retenir son cheval, d'autant plus que par leur nature ces courses ne prêtent pas à de forts paris. L'on voit qu'il y a une grande différence entre cette façon d'agir et l'engagement d'un cheval dans le seul but de le faire battre dans l'intérêt de son book ou d'un handicap à venir.

Soins à donner après la course. — 118. — Après la course, le poulain ou la pouliche sont généralement plus ou moins bouleversés par l'excitation de la lutte, le changement de localité, la présence et le bruit de la foule. Le procédé le plus sage sera généralement de le mettre de côté pour un temps assez court, en donnant une dose de médecine

peu de jours après, puis une nourriture plus légère
avec un peu de luzerne ou de seigle italien, ou, s'il
est possible, de l'herbe ordinaire. Quelques poignées
de l'un ou de l'autre rafraîchiront merveilleusement
le poulain et lui feront beaucoup de bien pour la santé
générale. Mais, pendant que l'on donne du vert, il ne
faut faire aucun travail, laissant seulement le poulain dans une boxe vaste et spacieuse où il puisse se
mouvoir à son gré, avec deux ou trois heures de promenade au pas, sans aucune espèce de galop. L'on
décidera, suivant la manière dont il aura couru,
quelle doit être sa carrière future ; mais, dans tous
les cas, il faut le laisser de côté pour une couple de
mois, pendant lesquels il grandira et se garnira de
muscles mieux développés.

Quelquefois, avec des animaux de second ordre, on
se résout à les faire courir et recourir ; mais on est
bien certain de sacrifier la forme à venir du cheval
aux succès présents. De la sorte, pendant la saison
de 1855, Ellermire et Jack Sheppard ont couru
chacun quinze fois, Cimicina a couru dix-neuf fois,
et, dans ce nombre, sept fois première et sept fois
seconde, en commençant le 7 mars et courant dans
tous les autres mois suivants, hors juin, juillet et
novembre. Lord Alfred a été même au delà, courant
vingt-quatre fois dans la saison et gagnant neuf fois
dans ce nombre. Mais ces exemples ne sont pas com-

muns, et peu de poulains ou pouliches de cet âge
supporteraient un travail aussi constant, même pour
une saison. Si le poulain doit paraître en automne,
il aura à suivre la même progression qu'auparavant,
commençant toujours trois mois avant la course.
Mais si on veut le réserver pour les courses de trois
ans, il vaut mieux le laisser reposer jusqu'à la fin
d'août, et pendant ce temps on devrait lui retirer graduellement ses couvertures et lui donner une boxe
spacieuse et ouverte avec un paddock pour courir,
en lui donnant trois ou quatre repas d'avoine par
jour pendant tout ce temps. De la sorte on rafraîchit
sa constitution et on le prépare à supporter sa tâche
la plus pénible, savoir l'entraînement de l'an prochain comme cheval de trois ans. Il convient de faire
ici une recommandation particulière. Le propriétaire
doit se souvenir que toutes les fois qu'un poulain a
été mis de côté pour se reposer, il faut le reprendre
une ou deux fois à la longe et au caveçon avant de
le remonter. L'oisiveté engendre toutes sortes de ca-
prices et fantaisies, et si après un repos, même assez
court, l'on remettait l'enfant sur le dos du poulain,
cela le mènerait souvent à être désarçonné, et ce
serait le prélude d'autres mauvais tours qu'il vaut
mieux prévenir que d'avoir à guérir.

CHAPITRE X.

ENTRAINEMENT DU CHEVAL DE TROIS ANS.

Observations générales. — 119. — Nous entendons par entraînement du cheval de trois ans la préparation du poulain ayant accompli cet âge et se trouvant dans sa quatrième. Tous les chevaux de course comptent leur âge du 1er janvier, et, par conséquent, tous ceux inscrits comme ayant trois ans sont dans la quatrième année, et ceux de deux ans se trouvent dans la troisième. Si le poulain n'a pas été dressé et entraîné pour les courses de deux ans, c'est-à-dire s'il a passé sa deuxième année dans l'oisiveté, on l'entreprend toujours de bonne heure dans sa troisième année, c'est-à-dire un peu avant qu'il perde son poil d'hiver, ce que l'on peut espérer pour mai et juin au plus tard. Si on le laisse au pâturage jusqu'à ce que l'herbe d'été soit poussée, il devient si gras et si empâté qu'il faut des soins extraordinaires pour le mettre en état. Puis, dans le dressage, le poids de son corps use ses membres de la façon la plus fâcheuse. Pour toute sorte de raisons, il faut donc que le dressage commence en mai, et il doit être dirigé sur les principes que nous avons exposés pour le cheval entrant dans sa seconde année et se préparant pour les courses de deux ans. Dans bien des cas, un poulain dressé au printemps peut arriver à être prêt pour une épreuve en public ou en particulier au mois d'octobre; c'est ce dont on profite souvent quand le poulain se montre maniable, a pris de bonnes allures et *la condition* du cheval de course. On le traite sous tous les rapports selon les principes exposés au chapitre IX, et il faut tout autant de précautions pour le mettre à l'écurie et pour l'habituer à son travail. La seule différence admise est dans le nombre et la longueur des galops d'exercice que l'on peut donner *vers la fin* de la préparation, car au commencement la progression doit être tout aussi graduelle. Les suées du cheval de deux ans pendant l'automne peuvent être plus longues d'un-demi mille que dans le printemps; on peut lui donner un peu plus de vitesse dans ses galops, quoique la distance ne doive pas souvent dépasser trois quarts de mille et même doive être ordinairement au-dessous. Les épreuves se font de la même façon; mais le cheval d'épreuve de trois ans pourra maintenant rarement donner plus de 21 livres aux poulains et 2 stones aux pouliches, car la supériorité de force du cheval de trois ans sur nos poulains est bien plus grande au commencement de l'année qu'en automne. En tenant compte de ces observations, l'on peut considérer comme achevée toute cette partie de l'éducation du poulain. Nous supposons qu'après avoir été essayé, il a été trouvé assez bon pour être destiné à une des premières courses de l'année où il aura atteint trois ans, comme, par exemple, au mois de mars de sa quatrième année. Pour être en état de concourir, il lui faut une préparation d'au moins neuf semaines de travail régulier, divisée, comme pour les animaux plus jeunes (qui font l'objet du chapitre IX), en deux préparations, avec médecines comme on les prescrit dans ce chapitre.

Piste en paille et en tan. — 120. — Comme nous sommes dans la saison des gelées, il est impossible d'entraîner les chevaux sans pistes dont le fond soit la paille ou le tan, si l'on veut les faire paraître de bonne heure sur l'hippodrome. Même pour la fin de mai, date des courses d'Epsom, il est généralement bon d'avoir recours à ces terrains factices. Pour l'allure extrême avec laquelle on court le Derby et les Oaks, il est rare qu'il faille moins de trois mois d'un travail constant préparatoire, et comme les gelées ne sont pas souvent passées en février, l'on ne peut rien espérer du gazon naturel avant le mois de mars. Souvent même tout le mois s'écoule sans que l'on puisse exercer les chevaux ailleurs que sur le terrain artificiel, comme cela est arrivé dans le printemps de 1855. La piste en paille se fait généralement en étendant la longue li-

tière d'écurie autour d'un grand paddock; mais, bien
que cela fasse un fond bien supérieur à la terre dure,
il n'est pas assez élastique pour permettre un galop
rapide, et les chevaux doivent être tenus à trois
quarts de vitesse, et encore souvent s'en dédom-
magent-ils en glissant ou en tournant sur des angles
trop aigus, si l'enclos n'est pas très-grand. Toutefois, une piste en tan, établie en permanence sur un
terrain de trois quarts de mille en circonférence, per-
mettra de donner toutes les vitesses, hormis la lutte
suprème d'une fin de course, et un cheval peut s'y
développer suffisamment pour le travail d'entraînement, en exceptant la préparation finale. C'est le
plus grand perfectionnement de l'entraînement dans
les temps modernes, et quand lord George Bentinck
(Fig. 8) en fit usage le premier, cela lui donna, au
commencement de la saison, un avantage considérable
sur les autres écuries. L'on peut cependant mettre
en question si ces pistes n'ont pas l'inconvénient de
raccourcir la trace du cheval et de nuire à son galop;
pour ma part, je suis assez porté à le croire, et aussi
que, tout en améliorant la forme précoce du cheval,
ce système nuit jusqu'à un certain point au mouvement élastique et uni qui est la perfection pour le
cheval de course. Il n'y a pas de couche de tan assez
épaisse pour détruire l'effet du *substratum* endurci
de terre gelée. Jamais cette substance ne vaudra la

motte de gazon élastique pour recevoir et résister au choc des jambes de derrière. Si cette remarque est vraie, il devient douteux que ces pistes soient utiles dans l'ensemble. Mon avis est qu'aucun cheval né devrait être développé à sa plus grande allure sur le

Fig. 8. — Lord George Bentinck et sa jument Crucifix,
préparée en plein hiver.

tan si la gelée dure encore, mais qu'on peut l'y faire suer et galoper presque à toute vitesse, pourvu que l'on n'arrive pas jusqu'à l'allure extrême.

Première préparation. — 121. — Supposons que le poulain se prépare à paraître pour le Derby; il aura été essayé en octobre ou novembre, en-

suite laissé un mois en repos, après avoir eu à
la suite de l'épreuve une purgation, puis quelques
carottes et des barbotages. Vers le 1er de janvier,
on peut le remettre à un travail doux, en prenant
d'abord la précaution de le promener au caveçon
sur la piste en paille si le temps est à la gelée.
Dans tous les cas, s'il montre de la gaîté, il faut
toujours un peu de travail à la longe avant de
remettre l'enfant dessus. Dans les froids secs, les
chevaux sont toujours plus disposés à jeter la croupe
en l'air, et comme c'est le moment où ils peuvent
faire le plus de mal à leurs cavaliers ou à eux-mêmes,
il y a nécessité de redoubler de précaution. Maintenant il aura deux mois pour se préparer à paraître
une fois sur l'hippodrome en mars, et cette période
peut être partagée avec avantage en deux préparations, réservant la troisième et dernière pour l'époque
de l'épreuve particulière ou de la course. Quel que
soit le moment précis de la course de mars, les deux
préparations peuvent être arrangées de façon que la
seconde occupe quatre ou cinq semaines. Le travail
devra être, à cette époque, assez soutenu, et l'allure
assez rapide pour que l'haleine devienne libre et la
charpente dégagée de sa graisse. Cette disposition
laisse généralement pour la préparation les quatre
semaines de janvier et peut-être la première semaine
de février. Comme à l'ordinaire, cette première pré-

paration est suivie d'une dose de médecine et d'une semaine de repos. Pendant cette préparation, si le temps le permet, et si le poulain est assez avancé, l'on doit profiter de l'état favorable du terrain pour envoyer le poulain recevoir une ou deux bonnes poussées de trois quarts de mille, et aussi pour le faire suer quand il y aura lieu ; mais, comme les suées peuvent très-bien se donner sur les pistes factices, il n'y a pas lieu de changer le jour qui a été calculé comme devant être le plus avantageux pour les administrer. C'est tout différent pour les galops : si le poulain est assez avancé, il faut profiter de l'état du terrain dès qu'on le trouve favorable. Il faut bien se souvenir que quand une fois une longue gelée vient à s'établir, elle dure souvent six ou sept semaines, et c'est bien longtemps pour qu'un poulain vigoureux puisse se passer d'une poussée capable d'ouvrir ses tuyaux respiratoires. Il faut pour cela un temps de galop vif et soutenu. Si donc, à la veille d'une gelée, on laisse échapper une occasion, elle est à jamais perdue et le poulain est en arrière d'autant dans sa préparation. Sous tous les autres rapports, à part une légère augmentation de la quantité de travail, cette préparation est analogue à celle du poulain de deux ans, expliquée au chapitre précédent.

Seconde préparation. — 122. — La médecine ayant été donnée comme à l'ordinaire, et le poulain se trouvant bien rétabli des suites, il peut maintenant, si le temps le permet, être soumis à un travail aussi rude qu'il peut le supporter au jugement de son entraîneur. Au commencement, ses galops doivent être de trois quarts de mille, dans lesquels il aura son tour pour être en tête de reprise, à moins qu'il ne fasse des difficultés pour garder cette position. Tous les poulains, quel que soit leur usage, devraient être mis en tête à l'occasion, car sans cela ils ne seront jamais capables de gagner une course, puisqu'ils ne voudront pas quitter les autres chevaux quand on leur fera appel pour passer le poteau final. Il faut donc y bien faire attention, et l'un après l'autre ils doivent prendre la première place. L'on rencontre beaucoup d'exemples de chevaux qui ont une grande préférence pour cette place ; en thèse générale, il faut en faire concession dès que la reprise marche bien dans toutes les positions. Quelquefois aussi un cheval est si mal à son aise avec les autres, qu'on ne peut lui faire employer ses moyens qu'en le tenant à l'écart et lui faisant faire tout le travail, de promenade, galop et suée, dans la solitude. Il est vrai qu'un animal ainsi exercé éprouve une double excitation lorsqu'on le présente au poteau, et si cet état irritable pouvait être combattu par une patience ordinaire et une habitude graduelle de la présence des autres, le mieux serait de l'accoutumer par ces moyens. Mais souvent, en dépit de tous les soins et à chaque tentative de guérison, l'irritabilité redouble, et le seul remède est l'entraînement solitaire, et on ne peut plus compter que sur les soins que l'on donnera après la course, pour faire disparaître les mauvais effets qu'elle ne peut manquer de produire. Ce n'est pas tant une irritation d'un seul jour qui bouleverse un poulain que la tracasserie et la sueur journalière que produit sur certains d'entre eux l'entraînement en file, et c'est ce qui oblige à le faire travailler isolément s'il se trouve avoir ce tempérament difficile. C'est un malheur et une source de mécomptes; peu de chevaux de cette nature peuvent réussir sur le turf; mais si l'origine est distinguée et si les formes sont belles, l'entraîneur aimera à persévérer jusqu'à ce que le cheval ait essayé ses moyens.

123. — La suite du travail dans cette préparation doit se baser en grande partie sur les principes exposés dans le chapitre précédent, en ajoutant à peu près un quart de mille aux galops et un mille aux suées, qui peuvent être maintenant de trois milles et ne doivent pas être données le matin de trop bonne heure, à cause du froid. Les mêmes différences de caractère, constitution et santé, se rencontreront aujourd'hui comme chez le cheval de deux ans et demanderont des modifications continuelles dans le

régime. Mais, somme toute, ce sont les méthodes décrites au chapitre précédent, basées sur les mêmes principes et ne différant que par le degré d'application. Avant d'atteindre l'âge actuel, le poulain a eu peu d'occasions de s'exercer ailleurs que sur des surfaces parfaitement horizontales ou légèrement ascendantes, comme le sont presque tous les hippodromes d'un demi-mille. Maintenant, il devient essentiel de donner aux poulains des deux sexes quelque habitude de courir sur de légères descentes aussi bien que sur des montées, parce que dans plusieurs hippodromes, celui d'Epsom, par exemple, il y a beaucoup d'accidents de terrain de ce genre, et, à moins que le poulain n'ait galopé dans ces conditions, il sera certainement alarmé et se ralentira au moment où pareille circonstance amènera infailliblement une défaite. Les galops doivent en conséquence se donner sur un terrain d'exercice posé de la même façon en partie horizontale, plus loin descendant en pente et finissant par une éminence peu sensible; mais, en raison du poids des couvertures, ce n'est pas là qu'il faut donner les suées. On doit prendre de grandes précautions pour n'avoir ni trous ni ornières, etc., sources continuelles de distensions de muscles et de chutes. Il y a même des entraîneurs expérimentés qui disent qu'un cheval ne s'abat jamais que sur un terrain inégal. Il est, du reste, difficile

de prouver la vérité ou la fausseté de cette assertion, puisqu'aucun terrain n'est parfaitement uni, et
quand l'accident arrive, on peut toujours, sans risquer d'être contredit, l'attribuer aux inégalités du
terrain. Mais, comme j'ai souvent vu des chevaux
s'abattre sur des portions d'hippodrome où l'on ne
pouvait distinguer aucune inégalité particulière, je
me trouve fondé à supposer qu'il y a des chutes qui
proviennent d'autres causes, et je pense que c'est en
raison de la surcharge que les muscles finissent par
perdre leur énergie. La dernière suée se donne ordinairement une semaine avant de courir, et il est
d'usage de la donner assez rude; mais ici comme en
bien d'autres cas, c'est au discernement de l'entraîneur à fixer la quantité. Toutefois, en général, l'âge
que le poulain vient d'acquérir donne un peu plus
de latitude, et il n'y a pas lieu d'observer les précautions extrêmes qui sont de rigueur à l'égard de
l'animal de deux ans mûri d'une façon précoce. Les
galops doivent être vigoureux durant la dernière semaine, et, le deuxième jour avant la course, il faut
en donner un à fond de train, de façon à ouvrir les
conduits respiratoires du poulain et à le faire bien
souffler, mais sans le mettre en détresse. Si en quelques minutes il est bien remis et se trouve ensuite
gai, l'œil brillant et sans apparence de fatigue, l'on
peut conjecturer, d'accord avec les autres symptômes

de *condition*, que tout va bien [1]. La course pourra être fournie impunément et disputée avec toute la vigueur et le fonds que peut posséder un poulain avant d'avoir subi une plus longue préparation vers la fin du printemps.

Les épreuves. — 124. — Une quinzaine de jours ou même seulement dix jours avant la course, ordinairement le jour avant la dernière suée, l'on peut faire en particulier un essai de tous les chevaux de trois ans suffisamment préparés. Parmi eux se trouve ordinairement un cheval qui a couru en automne et peut devenir cheval d'épreuve. Il doit avoir donné la mesure de un ou plusieurs compétiteurs redoutés ou de quelque autre coursier dont la valeur relativement à ce rival futur est déjà connue. Tous les poulains préparés au même degré s'essaient sur une course d'un mille ou au plus un mille et un quart ; c'est tout ce que leur degré d'entraînement permet maintenant, et l'on base sur les résultats l'estimation de leurs qualités. Cette épreuve pourra probablement avoir lieu au commencement de mars, si le temps n'est pas trop mauvais ; mais, comme il y a peu de courses d'importance pour les chevaux de trois ans avant le mois d'avril, ce n'est que dans des poules d'essai ou dans des handicaps de mars que l'on peut

---

1 Plusieurs auteurs indiquent comme marque de parfaite condition d'entraînement complet, la rétraction des testicules vers le corps.

1.   14

tirer parti de ces poulains précoces. A cet effet, il faut se procurer un cheval d'épreuve bien connu ayant couru sous un certain poids dans un ou plusieurs handicaps, et, pour essayer un poulain, il faut faire porter au cheval-type la charge qui lui serait imposée s'il était engagé dans la course à laquelle les poulains sont destinés. Il faut même qu'il rende un peu plus de poids aux jeunes animaux, parce qu'en raison de l'entraînement encore imparfait il faudra les essayer sur une moindre distance que celle de l'hippodrome. Or l'on sait qu'il faut plus de surcharge pour amener des chevaux ensemble dans une petite course que dans une longue ; il devient donc nécessaire de donner au cheval-type un peu plus de poids qu'on ne lui en imposerait sur le terrain de courses. Nous allons en rester sur ces observations, parce que la préparation finale pour les autres courses de chevaux de trois ans ne diffère en rien de celle décrite au chapitre VI. Seulement, les suées sont ordinairement limitées à trois milles ou trois milles et demi, et les galops à un peu plus de la distance de l'hippodrome, qui varie de un mille à un mille et demi, et dans quelques handicaps jusqu'à deux milles et au delà.

Accidents. — 125. — Dans le cours de ces préparations il arrivera des accidents sans fin, des distensions, des chutes, des courbes, des coups, etc., etc., des tares dans les membres, comme les éparvins, des maladies de tout l'organisme, comme les refroidissements, les gourmes, etc. Nous en parlerons dans le chapitre *Maladies générales du cheval*, et on peut les traiter d'après les méthodes que nous y exposerons. Voyez le même article pour les observations plus détaillées sur le boire et le manger.

CHAPITRE XI.

LES ENFANTS D'ÉCURIE, LES CHEFS GROOMS ET LES JOCKEYS. [1]

Les garçons d'écurie. — 126. — Pour diriger ces petits bipèdes, il faut presque autant d'expérience que pour l'animal dont je viens de décrire si longuement l'éducation. Il faut aussi un certain discernement pour les choisir; car, s'il y a des enfants que la nature a formés pour cette carrière, il y en a tout autant qui n'apprendront jamais assez leur métier pour diriger leur cheval dans un *galop* ordinaire (Fig. 9). Les points principaux qu'il faut exiger sont d'abord une charpente régulière et compacte avec une petite tête, des os légers et une taille bien au-dessous de la moyenne des enfants du même âge ; puis, en second lieu, une certaine dose d'intelligence, mais de cette espèce solide à l'ancienne mode que l'on rencontre aujourd'hui si rarement, et qui concentre sur un seul objet les forces du corps et de l'esprit. En d'autres termes, il faut trouver une vieille tête sur de jeunes épaules. Il est impossible d'avoir l'œil ouvert sur tous les mauvais tours, et, en dépit de toutes les précautions, un enfant

---

[1] En anglais : Boys, Lads, Headgrooms, Jockeys.

complétement méchant est à même de gâter le cheval qu'on lui a confié, et, ce qu'il y a de pis, c'est que son exemple peut corrompre ses camarades. Il faut donc une grande prudence dans le choix, et c'est pour cela que l'on prend les fils de gens du

Fig. 9. — Garçons d'écurie.

métier, profondément attachés à leur état et pénétrés de son importance. Sans ce dernier sentiment, le garçon ne prendra jamais goût au métier ; mais s'il l'éprouve sérieusement, il aura bientôt appris à se rendre utile. L'âge où ces enfants offrent le plus de chances de bon service est de onze à quatorze ans. Plus tòt, ils sont rarement assez hardis ou assez forts pour remplir les devoirs véritablement rudes de garçon d'écurie ou de promenade. Il est vrai qu'on peut les employer à frotter les jambes et autres petits services d'écurie à un âge plus tendre ; mais ces premières leçons se donnent mieux dans l'écurie du hack ou toute autre que celle du cheval de course. Dans presque tous les cas, les garçons de cet âge élevés avec les chevaux sont tout à fait adroits avec eux, montent assez bien et font tous les travaux d'écurie de la façon ordinaire. Quand on sait qu'il en est ainsi, que le garçon est de la taille convenable, intelligent, actif, industrieux et capable de monter un cheval ordinaire, on fera bien de l'envoyer sans tarder à son entraîneur. Il faudra maintenant lui enseigner toutes les pratiques de l'écurie d'entraînement, le frottement à la main, le pansage minutieux et soigné, etc. Puis on le met sur un cheval facile, et on lui enseigne graduellement et soigneusement la manière de le tenir sans le faire tirer, etc., etc. On devrait le mettre au milieu d'une file de chevaux, lui montrer à tenir sa place dans le galop et à ne jamais avancer vers son chef de file plus près qu'en partant. L'entraîneur ou le chef groom entreprendra cette tâche et veillera à ce que le garçon se tienne bien en selle, avec les étrivières de la longueur voulue, les pieds bien enfoncés, les genoux bien tournés et suffisamment avancés sur les quartiers de la selle. Il aura à l'avertir de tenir les mains basses, car, par instinct, tous les commençants sont portés à les lever, tandis que le terrain d'entraînement est celui où il faut les tenir les plus basses, avec une rène de chaque main, de chaque côté du garrot. Il faut, en outre, que la rène de droite soit tenue dans la main gauche, afin de les ajuster toutes les deux en passant sur le garrot. Il faudra aussi lui montrer à se servir de ses genoux, agents essentiels pour rester en selle, lui recommander les pieds en dedans et les talons bas. Il lui expliquera ensuite qu'il ne doit pas chercher à trop retenir son cheval en tirant invariablement comme un poids mort, mais qu'il doit rendre quelque chose à la bouche et n'employer que juste ce qu'il faut de force pour tenir son cheval à sa place dans la file. Ceci s'obtient beaucoup mieux en lui cédant un peu et retenant par occasion, qu'en se pendant aux rènes, ce qui irrite la plupart des chevaux et les porte beaucoup plus à tirer sur la main qu'à céder. Il faut donc éviter cette tenue lourde et fixe des rènes, rendre un peu et arrêter ensuite, de façon que la bouche ne s'égare pas, et que l'enfant léger et débile puisse rester maître de son puissant coursier. Après quelque temps, quand le gamin est tout à fait à son aise avec son cheval tranquille et facile, on peut le lui changer pour un autre plus vif, et s'il a appris tous les soins et détails d'écurie avec le cheval fait, on peut lui désigner un poulain en permanence, tant à l'écurie que dehors. Avec le temps, l'enfant apprendra à suivre les ordres avec précision et saura monter son cheval de façon à le développer sur la distance exacte et juste au degré recommandé. Tout cela est l'œuvre du temps et provient de l'imitation transmise de génération en génération, ou plutôt d'un âge à l'autre, les enfants les plus âgés instruisant leurs cadets par l'exemple. Il se passe ordinairement quelque temps avant que le petit garçon soit en état de conduire une reprise de galop, et jusquelà, on ne lui demande que de garder la distance de son chef de file et d'éviter d'être désarçonné par les gambades ou les résistances du jeune animal. Mais avec le temps, l'enfant apprendra à conduire la reprise et à courir une épreuve. Comme il y a des gamins qui apprennent plus vite que les autres, le chef groom ou l'entraîneur les emploie en conséquence et les met sur des animaux dont ils puissent rester maîtres. Outre leurs occupations au dehors, ces garçons ont à remplir tous les devoirs de pansage, frottement à la main, etc., que nous décrirons en détail.

127. — Le pansage du cheval de course ne diffère pas en principe du pansage ordinaire de tout autre cheval de race, mais on le pousse plus loin et

plus longtemps que pour tout autre cheval, excepté pour le hunter de premier ordre. Le premier pansage imparfait, avant l'exercice du matin, mérite à peine d'être mentionné et consiste seulement à débarrasser le cheval de la crotte ou de l'humidité provenant de la litière où il est couché, et qu'il a inévitablement souillée pendant la nuit. Il faut ensuite unir toute la robe avec un bouchon de foin et puis avec les sortes de gants appelés *rubbers*. Mais après la promenade la tâche est longue et fastidieuse, afin de parvenir à un double but; le premier est de se débarrasser de toute crasse provenant de l'extérieur ou de la suée séchée sur le poil et obstruant les pores de la peau ; le second objet en vue est d'augmenter par la friction l'activité de la circulation, de sorte qu'elle ne soit pas arrêtée pendant l'exercice violent auquel on soumet ce genre de cheval. Rentrant donc de la promenade, l'enfant arrive à cheval dans l'écurie, tourne le dos de son cheval à la mangeoire. Puis il met pied à terre, ôte les guêtres, le camail, la bride, etc., par le fait tout, excepté la couverture de croupe et la selle. Celle-ci ne doit pas être enlevée de quelque temps, mais seulement soulevée pour un moment et remise en place. La couverture de poitrail et le devant de celle de croupe sont rejetés sur la selle, découvrant ainsi toute l'avant-main, qui doit être bien pansée. A cet effet, l'on commence par bien brosser la tête, puis bouchonner avec une poignée de foin tressée à cet effet, et enfin on la sèche avec le rubber. Mais, avant de terminer ainsi, il faut que le cou et l'avant-main soient successivement brossés et bouchonnés. L'on peigne ensuite la crinière et le toupet et on les rabat avec une brosse humide. Quand tout cela est fait, l'on retourne le cheval vers sa mangeoire, on lui met le licol, on l'attache au râtelier et on lui met la muselière par précaution. Presque tous ces animaux à peau fine aiment à mordre, même sans être vicieux, quand on leur brosse les flancs ou même quand on les bouchonne. L'on passe ensuite aux pieds, qu'il faut nettoyer et laver, ainsi que les jambes. A cet effet, le garçon prend son seau et sa brosse, épluche l'intérieur des pieds, les brosse, puis lave les jambes en se tenant pendant toute cette besogne sur le côté du cheval. Puis il met une bande de flanelle à chaque jambe et la laisse pendant tout le pansage, pour empêcher l'animal d'avoir froid et pour amortir les coups que le cheval se donnera en ruant et résistant, ce qu'il fait constamment et vigoureusement pendant cette partie de l'opération. Quand cela est fini, l'on ôte la selle. Le dos, les flancs, la croupe sont soigneusement brossés, puis bien bouchonnés et enfin unis avec le rubber. La brosse ne doit jamais s'employer pendant que le poil d'hiver tombe, et l'étrille rarement ou jamais avec les chevaux de pur sang. Le poil gros et épais pour lequel sert cet instrument ne se voit à peu près jamais chez les chevaux de course et si l'on en trouve par hasard, on le rase bien vite avec les ciseaux ou avec la lampe à esprit de vin. Puis l'on remet la pièce de poitrail et la couverture de devant, en prenant soin de toujours les bien jeter par-dessus le garrot et enfin on tire la couverture doucement sur les reins, de façon à coucher le poil, qui, sans cette précaution, se hérisserait dans tous les sens. Ensuite l'on met le surfaix en doublant la partie longue sur celle qui est rembourrée, et puis, quand celle-ci est sur le dos, on jette doucement l'extrémité par-dessus, de manière à éviter de faire un pli. Puis on le boucle bien serré, et l'on étend le camail sur les reins pour éviter le froid après le travail; mais on ne le laisse pas quand on ferme les écuries. Ensuite l'on peigne la queue, l'on retire les bandes une à une, car elles doivent rester en place jusqu'à ce que le garçon soit prêt à frotter à son tour la jambe encore couverte. Pour cette partie du pansage, le gamin s'agenouille sous le cheval, qui, dans cette circonstance, ne fait jamais de difficulté. L'enfant sèche avec un linge la jambe du cheval avec le plus grand soin, puis il commence à la frotter avec les deux mains, descendant chacune de son côté en passant les doigts dans les creux compris entre le ligament et le tendon. Dès que cette jambe est parfaitement sèche, l'on en dépouille une autre pour la frotter de la même façon, jusqu'à ce qu'elles soient arrangées toutes les quatre. Alors le pansage est fini, on remue la litière et on l'égalise avec la fourche, puis l'on donne à manger et l'on ferme l'écurie quant à présent. Il y a des chevaux qui résistent beaucoup au pansage et sont dangereux, si le gamin n'est pas très-prudent et très-alerte. Mais s'il est doux et ferme, ne montre ni peur ni impatience, mais attend tranquillement que le cheval le laisse faire, presque toujours il se tire d'embarras et le cheval lui permet de terminer sa besogne. Mais quand une fois le cheval a été rendu vicieux par la peur ou la méchanceté du gamin, il devient fort embarrassant, et peu d'enfants peuvent manier un tel animal, s'il est réellement méchant. Alors le chef groom doit se tenir à côté, soit pour le panser lui-même ou pour le tenir en respect pendant l'opération. Mais quelquefois même un homme fait ne peut réussir à faire tout ce qu'il voudrait de l'arrière-main de quelques chevaux irrités par les mauvais traitements. Dans la plupart des cas encore, ces animaux laisseront leur petit surveillant faire plus que tout autre, et l'on a des preuves fondées du mérite de l'enfant, si l'on trouve qu'il peut manier sans difficulté un cheval à la peau délicate et au naturel irritable. Quand il est à hauteur de cette tâche et peut monter son cheval suivant les instructions données, c'est une bonne acquisition pour n'importe quelle écurie d'entraînement, surtout s'il a bouche close et se trouve disposé à garder pour lui les secrets qu'il devinera bientôt.

Le Chef Groom. — 128. — L'ambition du gamin d'écurie est généralement de devenir chef groom, puis peut-être entraîneur à son propre compte, ou bien, d'un autre côté, jockey de profession. Si ces adolescents sont habiles et industrieux, et que les bonnes chances se présentent, ils peuvent arriver à n'importe laquelle de ces positions, et quelquefois successivement à toutes les trois. Les garçons qui deviennent promptement lourds et osseux se trouvent impropres à tout autre emploi que celui de chef groom. Mais comme il n'y a ordinairement qu'un ou deux hommes employés de la sorte dans chaque établissement d'entraînement, et qu'il y a autant de jeunes garçons que de chevaux, le surplus est obligé de chercher des places ordinaires de groom quand ils ne peuvent plus monter à un poids convenable, qui doit rarement dépasser 6 stones ou 6 st. 7 lb[1]. Toutefois, si le garçon a une bonne tête, s'il se montre toujours

---

[1] 6 stones = 38 kil. 079.
6 stones 7 lb. = 41 kil. 252.

digne de la confiance de son maître, il a la chance
d'être nommé chef groom de l'établissement, et il a
la surveillance de toutes les écuries, aussi bien que
la direction des galops et des suées, en l'absence de
l'entraîneur ou sous ses ordres immédiats. Il ouvre
le coffre à avoine, ordinairement donne lui-même
à manger à chaque cheval, fait distribuer le foin,
ordinairement en le pesant ou l'estimant à vue pour
chaque ration que les gamins auront à porter au râtelier. Outre ces devoirs, il a, dans un grand établissement, plein les mains d'autres occupations,
préparant et distribuant les barbotages, les boules
médicinales, les breuvages, etc., mettant les com-
presses et ligatures aux jambes, les caustiques[1],
les lotions et autres choses continuellement en ré-
quisition. Il doit surveiller le ferrage quand l'entraîneur ne voit pas lui-même une partie si essentielle
et qui entraîne tant de responsabilité. Dans les très-
grands établissements, ces devoirs se répartissent
entre deux ou trois individus; dans plusieurs, il y a
un commis constamment employé à inscrire chaque
galop, chaque suée, chaque sortie de l'écurie, chaque ferrage. C'est ce commis qui distribue les médecines et tient note de chaque dose. Sans toutes ces
précautions, il régnerait une confusion sans fin
dans des établissements où l'on entraîne à la fois

[1] Blisters, nous les appelons feux anglais.

trente ou quarante chevaux de différents âges. Car, lorsqu'on s'aperçoit qu'une dose de trois drachmes d'aloès ne suffit pas, il faut l'augmenter la fois suivante, et quelquefois la porter à cinq ou six drachmes. Or, si cette forte dose arrivait par méprise à un animal de tempérament délicat, la purgation pourrait entraîner des conséquences fatales ou pour le moins déranger pour longtemps la santé du cheval. Il faut aussi que le chef groom soit un cavalier habile, vigoureux, résolu, et, si son poids est passablement léger, il doit entreprendre le dressage des chevaux qui deviennent trop difficiles à monter pour les gamins. Dans les petits établissements, on lui confie aussi le dressage; mais dans les grands, il y a ordinairement un homme dont la seule occupation est le dressage des poulains et pouliches. Il en a toujours trois ou quatre entre les mains; ce nombre suffit pour prendre tout le temps dont un homme peut disposer, si l'on passe d'une façon complète et efficace par tous les degrés de leur éducation.

Les Jockeys. — 129. — La gradation des rangs est très-variée dans cette classe, dans laquelle on trouve des hommes qui ont une fortune considérable, et d'autres sont des gamins d'écurie temporairement promus aux fonctions de jockey. Mille livres, le double et même le triple de cette somme sont assez fréquemment promis et donnés

pour avoir réussi dans l'accomplissement des
ordres donnés sur l'hippodrome d'Epsom ou celui
de Doncaster. Cependant le prix réglementaire est
de trois livres pour un vainqueur. Ces prix sont

Fig. 10. — F. Challoner.

d'ailleurs réglés pour un jockey trouvé sans emploi
sur les lieux. Mais, quand on le prend régulièrement et à l'avance, l'on fait généralement un arrangement spécial, dont les termes varient selon le
rang que le jockey occupe dans l'opinion publique.

Au premier coup d'œil, il semble que les sommes que nous venons de citer sont une rémunération très-ample pour un travail de quelques minutes, et elles suffisent, en effet, quand le jockey est souvent employé et que ses habitudes le portent à l'économie. Mais trop souvent c'est l'inverse qui a lieu, et le gamin qui tout récemment était nourri de pain et de fromage avec un bon repas de bœuf aux pommes de terre, exige maintenant du vin de Champagne et des plats à la française, dépensant des milliers de livres aussi vite qu'il les gagne. Les exemples de fortunes amassées dans cette profession ne sont pas nombreux, mais on en a vu, et souvent les possesseurs ont pu fonder des établissements d'entraînement demandant une mise de fonds considérable. Tout bien considéré, et en tenant compte des tentations auxquelles sont exposés les hommes de cette classe, il ne faut pas se hâter de les trouver trop payés, d'autant que ce n'est que dans des cas particuliers qu'ils peuvent espérer de fortes récompenses.

Il faut d'ailleurs songer aux dangers de leur profession, dans laquelle on peut à tout moment perdre un membre ou la vie. Les exemples n'en sont que trop nombreux, et d'ailleurs le temps pendant lequel ils trouvent à s'employer n'est généralement pas grand. L'énergie nécessaire pour courir à cheval dure rarement longtemps, et la mode ou le caractère inconstant du maître les fait mettre à l'écart peut-être plus tôt qu'ils ne le méritent. En les prenant en corps, les jockeys sont au-dessus de la moyenne des affiliés du turf, car ils sont plus honnêtes que beaucoup de leurs maîtres, et il est rare d'apprendre qu'ils aient accepté les pots de vin que l'on s'empresse de leur offrir dès qu'ils y consentent. Leurs motifs ne sont peut-être pas d'une grande élévation, puisque leur emploi dépend de leur réputation d'honnêteté et qu'ils n'osent se laisser corrompre; mais en corps ils sont au-dessus du soupçon. Malheureusement, depuis quelques années, les ordres de rester en arrière sont devenus si fréquents, qu'il est difficile à un jockey de s'y refuser, et, presque toujours, on s'attend à les voir recevoir les ordres tels qu'on veut les donner, mais il y en a encore qui refuseraient de monter autrement que pour chercher franchement à gagner la course. Dans des courses importantes comme les deux mille guinées, les mille guinées, le Derby, les Oaks, etc., le jockey monte le cheval pendant plusieurs galops avant la course; mais le plus souvent il n'a jamais enfourché l'animal avant que la cloche de l'hippodrome n'ait sonné pour faire seller. Il est extraordinaire, en conséquence, qu'ils puissent s'en acquitter comme on le voit dans les courses; mais l'entraîneur leur donne avis des dispositions particulières du coursier, de la meilleure manière de faire valoir ses moyens ; de sorte que le coureur n'arrive pas les yeux fermés et généralement montera en perfection dès la première occasion, s'il est artiste accompli dans sa partie. Mais pour un jeune cheval, il y a toujours avantage à l'avoir eu déjà sous soi, et l'on devrait rarement le donner au jockey sans prendre cette précaution. Dans les courses importantes que nous venons de citer, il n'y a qu'un motif qui puisse la faire négliger, c'est quand on veut laisser le public dans l'incertitude sur le choix du jockey auquel l'animal sera confié. Dans tous les cas, en engageant un jockey, on le prévient du poids qu'il aura à porter, et l'on est en droit d'attendre qu'il se présentera au pesage avec ce poids exact, apportant sa selle ; mais la bride est ordinairement celle à laquelle le cheval est accoutumé. La tolérance pour un bridon avec une seule paire de rênes est d'une livre, deux pour les brides avec le filet, et pour filet avec doubles rênes et martingale, mais sans mors de bride, ordinairement une livre et demie[1]. Si le jockey dépasse le poids voulu, il doit le déclarer au pesage, d'après les règles du Jockey-Club. La manière de faire suer et de nourrir les gens de cette profes-

[1] Le grand inconvénient des poids légers est de nécessiter l'emploi, dans les courses, de véritables enfants. Longtemps l'art de monter dans un hippodrome a passé pour un mérite difficile à atteindre, mais l'idée du talent disparaît quand on voit des marmousets, pesant 4 stones et demi, décorés du titre de Jockey. Nous qui étions habitués à admirer le juge-

sion est presque la même que pour former un pedestrian. L'on trouvera dans un chapitre *ad hoc* toutes les règles à appliquer pour cet entraînement.

130. — *Donner le pied*. Les jockeys, dans tous les cas, et tous ceux qui montent les purs sangs en entraînement, se font aider par une seconde personne qui prend le cavalier par la jambe gauche pliée et le porte en selle. Le jockey ou le gamin se met en face de la selle, prend le pommeau de la main gauche, plie le genou gauche, se donne un élan du jarret droit et se trouve enlevé en selle par la main de l'assistant. Le premier motif de cet usage est d'éviter de déranger la selle, qui, petite et légère, ne supporterait pas d'être tirée de côté un peu fortement. Le second motif est d'éviter les coups de pied que le cheval peut donner à ceux qui montent par l'étrier. Avec de grands chevaux et de petits cavaliers, le montoir est difficile et les jambes de derrière du cheval risquent fort de blesser le jockey.

ment de Buckle, l'effort électrique de Chifney; la grâce, l'élégance, l'expérience de Robinson; la splendide équitation d'Edwards, et la main habile de Scott; nous qui apprécions le talent actuel de Flatman, Butler, Templeman, Day, Marlow et bien d'autres, nous éprouvons un sentiment de regret en voyant leurs efforts habiles sur de bons chevaux déjoués par un enfant sans vigueur monté sur une ficelle, résultat fréquent du système des handicaps, et puis la diète prolongée est mortelle pour ces enfants. Combien depuis Snowden jusqu'à Corringham sont morts à 20 ans au moment où ils devenaient célèbres. Sur 10, il n'y en a pas un qui conserve l'apparence de santé et de vigueur de Challonner (Fig. 10), qui 19 ans, après ses débuts en 1854, vient de gagner les 2000 guinées à New-Marker en 1873.

CHAPITRE XII.

FRAIS A COUVRIR.

Frais d'élevage. — 131. — Les dépenses moyennes pour élever des chevaux de pur sang de première classe peuvent s'évaluer comme il suit :

Cinquième du prix de la poulinière. 30 livr. st.

La monte, le voyage et soins pendant six semaines 30

Entretien de la poulinière pendant un an. 25

Entretien du poulain jusqu'au commencement de l'entraînement . . . 45

130 livr. st.

Ainsi, sans tenir compte des risques des juments stériles, des poulains morts, etc., chaque poulain coûte au moins 125 livres avant d'être entraîné comme cheval de deux ans. Avant de l'entraîner comme cheval de trois ans, il aura coûté au moins 25 livres de plus. Mais, en tenant compte de tous les risques, l'on peut calculer que poulains et pouliches du meilleur sang peuvent être élevés pour environ 150 livres.

Frais d'entraînement. — 132. — Le prix ordinaire, dans les établissements publics d'entraînement, est de deux guinées par semaine, auxquelles il faut ajouter de lourdes dépenses pour les voyages, les boxes, les courses. Peu de chevaux sont en entraînement pendant toute l'année ; on peut cependant évaluer les frais de cet entrainement à environ 75 livres par an. L'entraînement en particulier est tellement variable selon les circonstances, que l'on ne peut aucunement évaluer la dépense à encourir. Dans l'entraînement public, outre le prix mentionné ci-dessus, il y a dans presque tous les établissements de nombreux extra, sans compter les frais de voyage. Le prix des entrées est bien connu et varie de deux guinées à trois cents livres. Toutes les autres dépenses, depuis celles qu'entraine un cheval inscrit au Derby[1] et la dépense d'une course d'arrondissement, sont tellement variables et flottantes qu'il est impossible de faire aucune évaluation générale qui ait quelque utilité.

---

[1] Le Derby de 1849 a été le plus lucratif par les enjeux. Il y avait 237 souscripteurs, et le vainqueur reçut 6325 l. st. Le plus heureux des handicaps est celui de Chester en 1853 : 131 chevaux sur 216 acceptèrent les conditions.

CHAPITRE XIII.

HIPPODROMES.

Les courses sont depuis si longtemps en honneur en Angleterre, que l'on y trouve une centaine d'hippodromes installés sur d'excellents terrains, fermes, élastiques et couverts d'un gazon sur lequel le pied du cheval s'imprime sans s'enfoncer.

L'administration est prise fort au sérieux et sous la direction de la haute noblesse. Souvent le handicapper et le starter sont des fonctionnaires rétribués sur le fonds des courses.

Les hippodromes sont en général circulaires ou en ellipses plus ou moins allongées. On cherche à y ménager ordinairement des pentes pour mettre mieux à l'épreuve les qualités du poulain.

On y multiplie aussi les pistes pour les prix de diverses natures. A Newmarket il y en a 30, variant en longueur de 6770 mètres. Pour le Beacon course, à 650 mètres, pour le minimum parcouru par les poulains de deux ans. Aussi, pour bien voir les courses, on se transporte d'une piste à l'autre sur d'excellents poneys réunis à cet effet dans la saison des prix.

En France, l'on s'est borné pendant quelque

Fig. 11. — Tribunes du Bois de Vincennes.

temps au seul Champ-de-Mars et aux allées droites du bois de Boulogne; mais, depuis une quarantaine d'années, l'on a vu s'installer successivement un assez grand nombre d'hippodromes convenables, bien que souvent le champ de manœuvre de la garnison soit appelé à en tenir lieu.

Celui du bois de Boulogne à Paris est tout à fait remarquable, sans avoir un terrain aussi doux en toute saison que celui de Newmarket. Outre ceux des environs, tels que La Marche, Porchefontaine, etc., Paris renferme encore celui de Vincennes, installé avec soin pour le steeple-chase. Aussi les pistes n'y sont marquées que par les obstacles à franchir. Elles sont au nombre de deux : la plus petite, sur les pentes douces du coteau de Gravelle; la plus grande s'étend, en outre, dans un trajet de près de quatre kilomètres dans les champs labourés de la plaine de Vincennes.

Principes pour les paris. — 133. — Les paris sont certainement une sorte de jeu de hasard et sont poussés à l'excès par toutes les classes de la société. Nous sommes donc obligés de faire mention ici des principes sur lesquels repose ce jeu, dont il serait inutile de vouloir ignorer l'existence. Il y a deux manières d'engager son argent dans des courses. Dans la première, l'individu base son jeu sur son opinion ou sur les renseignements qu'il a obtenus d'autrui. La seconde manière ne demande aucune connaissance des chevaux et se fonde sur des calculs qui, à la longue, mèneraient à un bénéfice certain, si les paris gagnés sur le papier et argent payé étaient des termes synonymes. Mais aujourd'hui que des gens disparaissent continuellement en faisant faillite, et que d'autres, finalement solvables, font attendre pour le paiement, ce système met souvent les plus habiles dans l'embarras.

134. — En principe, il est assez simple de parier *pour tels chevaux;* mais, en pratique, il faut que le parieur connaisse les secrets de l'écurie, et constamment on réussit à le tromper. Quand on se fie aux amis, on vous en fait croire de belles, et si on s'en plaint, ils vous répondront peut-être « qu'aujourd'hui il ne faut pas espérer mettre dedans ses « ennemis, et qu'il faut bien que ce soient les amis « qui pâtissent. » En conséquence, à moins qu'un parieur ne soit en rapport avec une écurie influente ou qu'il ne possède quelque moyen particulier d'information, à la longue il est sûr d'être victime. Voilà pourquoi il y en a si peu qui continuent longtemps cette spéculation, à moins de se trouver dans les catégories précitées. L'on peut faire quelques bons coups et peut-être empocher quelques mille guinées à un Derby ou à un Saint-Léger particulier,

mais cet or retourne bientôt à son point de départ, et souvent avec gros intérêt.

135. — *L'art de faire un livre.* — *Parier à la ronde* ou faire des paris de proportion sont des termes à peu près synonymes, bien qu'il n'arrive pas toujours que celui qui fait des paris de proportions fasse aussi un livre. Quelquefois il arrive qu'un joueur établisse des proportions contre un animal que l'on ne veut pas faire courir, ou contre un autre atteint d'un mal incurable ou tout à fait mort, et pourtant, si les conditions de la course sont « *courir ou payer,* » il recevra le prix de son pari. La nouvelle règle citée page 7 a pour but d'obvier à cet état de choses. Le principe pour *faire un livre* est de parier une somme fixée contre tous les chevaux engagés dans la course, ou au moins contre autant de chevaux que possible, et si le parieur peut *faire le tour de la position* [1], c'est-à-dire parier contre assez de chevaux pour couvrir avec surplus les proportions offertes contre chacun en particulier, il est sûr de gagner (sur le papier). Dans ce mode de pari, le grand point à désirer, c'est qu'un cheval peu connu remporte la victoire. *Au moment où l'on fait le livre,* le favori est le cheval le plus désavantageux;

---

[1] Parier à la ronde, faire le tour, etc., métaphore usitée pour ce genre de pari, parce que l'on cherche à parcourir toute la liste de chevaux inscrits.

cependant, s'il ne vient que d'acquérir ce titre, il peut être un des plus profitables. Ainsi, en supposant que le parieur fasse ce que l'on appelle un livre de cent livres sterling, c'est-à-dire qu'il parie cent livres sterling contre chaque cheval au taux du jour, il aura soin de n'offrir contre aucun cheval une proportion excédant la moitié des animaux engagés, ou, en supposant vingt coureurs inscrits, dix contre un. La raison en est qu'il y a rarement plus de la moitié des chevaux pour lesquels l'on parie, et qu'en conséquence le parieur ne pourra *faire le tour de toute la liste*; mais, en prenant la moitié comme la proportion probable, il sera assez en sûreté, et s'il peut arriver à un nombre excédant la moitié, cela n'en sera que meilleur pour lui. La table suivante montre la cote des paris dans la semaine qui a précédé le dernier Derby, qui, d'ailleurs, pour différentes raisons, ne fut pas l'objet de beaucoup de paris. — Nous écrivons en nombres ronds.

17 mai.[1]

Paris, pour le Derby.				Inscrits sur un livre de 1000 l. st.					
Wild Dayrell .	5 contre 1			1000 l. st. contre	200 l. st.,		0		
De Clare . . .	6	»	1	1000 »	»	166	»	10	
Lord of the Isles	6	»	1	1000 »	»	166	»	10	
Rifleman . . .	6	»	1	1000 »	»	166	»	10	
Flatterer . . .	12	»	1	1900 »	»	83	»	5	
Kingstown . .	14	»	1	1080 »	»	71	»	10	
Dirk Hatterick .	25	»	1	1000 »	»	40	»	0	
Oulstone . . .	25	»	1	1000 »	»	40	»	0	
St. Hubert . .	30	»	1	1000 »	»	33	»	5	
Rylstone . . .	30	»	1	1000 »	»	33	»	5	
Bonnie Morn. .	50	»	1	1000 »	»	20	»	0	
Gracculus E. .	50	»	1	1000 »	»	20	»	0	
Strood	100	»	1	1000 »	»	10	»	0	
Bemhams . . .	100	»	1	1000 »	»	10	»	0	
Vexation Colt .	100	»	1	1000 »	»	10	»	0	
Rotheram . . .	100	»	1	1000 »	»	10	»	0	
Noisy	100	»	1	1000 »	»	10	»	0	

L'on verra ici qu'à la date où fut établie la table ci-dessus, il était impossible à un entrant de faire un *livre certain*, parce que, d'après les proportions courantes, les recettes du livre les plus élevées

---

[1] Depuis la fondation du Derby, il y a 90 ans, 5 chevaux seulement ont vu les paris en leur faveur contre le champ, savoir : en 1788, Sir Thomas, 6 contre 5; en 1789, Skyscaper, 7 contre 4; en 1792, John Bull, 6 contre 5; en 1866, lord Lyon, 6 contre 5; en 1870, Macgregor, 9 contre 4. Ce dernier est le seul qui ait trompé l'espoir de ses admirateurs en arrivant mauvais quatrième (pas même placé), au grand étonnement de l'*univers*. Cette expression n'est peut-être pas trop forte quand on songe que les parieurs de Bombay recevaient cette nouvelle 2 heures 34 minutes après, par le télégraphe (ligne de Téhéran et du golfe Persique); à Calcutta, l'événement était signalé en 3 heures et 2 minutes.

ne pouvaient monter qu'à 1090 liv. 15 sch., d'où il aurait fallu encore déduire la mise d'un cheval et encore 1000 liv. Le parieur supposé avoir fait ce livre a donc perdu 109 liv. 15 sch. Mais comme il est probable que, dans le courant de l'année, il a dû parier contre vingt autres chevaux, dans la proportion de 50 contre 1 ou 1000 liv. contre 20 liv., il lui reviendra 400 liv., moins 109 liv. 5 sch. Si vous en défalquez encore les chances de trouver de mauvais payeurs, etc., vous trouverez une faible compensation pour la perte de temps et les frais de déplacement. Cependant, même avec une mauvaise année comme celle de 1855, ce livre donne sur le papier un gain certain, et un homme soigneux ne peut perdre à ce jeu que vis-à-vis de débiteurs de mauvaise foi. La colonne de gauche fait voir qu'il est désavantageux de mettre la même somme sur les différentes proportions, puisque, dans ce système, le parieur peut avoir à payer 100 liv. et n'en recevoir que 16. Dans l'année actuelle, il aurait risqué de perdre la somme précitée, et en fait aurait gagné 11 liv., différence entre 5 liv. à payer en raison du triomphe de Will Dayrell, et 16 liv. à réclamer aux seize chevaux perdants, sans compter, bien entendu, les sommes reçues pour d'autres chevaux contre lesquels le joueur a dû parier dans le courant de l'année. Si donc le parieur se contente de ce petit jeu, il doit toujours néanmoins avoir soin d'établir son carnet sur le même principe que celui de 1000 liv. donné ci-dessus, c'est-à-dire qu'il doit toujours parier la même somme dans les grandes proportions et faire varier les petites. Tel est le principe sur lequel on apprend à *faire les livres;* il ne demande aucune connaissance des chevaux, mais seulement une certaine rapidité de calcul. En pratique, on y met de la variété. Les uns, qui aiment le jeu sûr, se contentent d'engager 1000 liv. contre chaque cheval lorsqu'il commence à être coté, tandis que d'autres remplissent leur livre et immédiatement en recommencent un autre, et comme ils sont sûrs d'avoir de l'argent comptant, ils l'engagent en pariant deux fois contre des chevaux auxquels ils ne croient aucune chance. Toutefois, le principe est toujours le même, savoir, de ne jamais engager son argent sans avoir la certitude de recevoir, des chevaux perdants, plus qu'il ne faudra payer au vainqueur.

136. — Mais, en outre de ce simple principe pour l'établissement d'un livre, il y en a un autre qui s'appelle Hedging (*se border, se protéger, se fermer,* etc.). Il résulte des renseignements certains que l'on a pu prendre sur une écurie. Ainsi, le parieur qui sait que le cheval A est en bonne voie de progrès, accepte 1000 contre 20 pendant l'automne,

et quelquefois en fait autant avec deux autres chevaux, par suite d'informations positives. Avec le
temps et peu avant le moment des courses, l'un
d'eux est rayé du livre par suite d'un accident, ce
qui s'inscrit comme perte de 20 liv. contre A; B est
à 5 contre 1, tandis que C est à 2 contre 1. Maintenant voici la position de cette transaction :

Sur A, il est sûr d'une perte de 20 liv.

Si B gagne, il recevra 1000 liv. et en paiera 500,
— balance de 500 liv. en sa faveur.

Si B perd, il recevra 50 liv. et n'aura que 20 liv.
à payer, — balance favorable de 30 liv.

Si C gagne, il recevra 1000 liv. et paiera 500 liv.,
— balance favorable de 500 liv.

Si C perd, il recevra 250 liv. et aura 20 liv. à
payer, — balance favorable de 230 liv. De sorte qu'en
somme ses bénéfices seront très - considérables,
pourvu que ses renseignements le mènent à de bons
résultat deux fois sur trois, ce que l'on peut fort
bien supposer.

De nos jours, il n'y a que la mort avant la course
du propriétaire qui a présenté le cheval qui annule
le premier de ces calculs, ou bien la mort ou l'accident grave arrivé au poulain avant le hedging; mais
si les projets de changement dans la loi viennent à
être admis, c'est-à-dire qu'il n'y aura de pari que
quand un cheval courra pour votre argent, alors ces

livres devront être refaits sur un autre modèle. Personne ne pourra faire un livre certain, parce qu'il ne saura jamais quels sont les paris qui tiendront et ceux qui seront annulés quand des chevaux ne se présenteront pas au départ. D'un autre côté, cela mettra un terme à l'extrême démoralisation qui rend indispensable ce nouvel état de choses[1].

* * * * * * * * * * * * *

[1] *Opinion de Delaberre Blaine sur les paris de course.*

Faire un livre ou carnet (*book*) est une expression fort commune sur le turf, et cette opération est aussi essentielle pour l'amateur de courses que l'influence secrète du poëte (*cacaothes scribendi*). C'est un terme figuré derivé de la nécessité d'inscrire les conditions des divers paris qui ont eu lieu, et elles sont assez compliquées pour qu'aucune mémoire ne puisse les retenir. Toutefois il faut noter que, faire un livre, c'est plutôt parier *contre* les chevaux que *pour* eux. Mais ce portefeuille contient en outre tous les renseignements recueillis sur l'état des chevaux, l'opinion de certains connaisseurs, etc.

Il est certain que toutes les chances arithmétiques possibles ne peuvent prémunir absolument contre tous les événements, et que les chances d'une course, en particulier, ne sauraient être assurées contre la coquinerie d'un entraîneur, d'un jockey et de leurs complices.

Le sportsman attentif n'en doit pas moins tendre à arranger ses paris de façon à être en gain, quel que soit le résultat de la course. Pour le faire avec un peu de certitude, il faut avoir au moins l'habitude de calculer rapidement les fractions. Néanmoins il y a eu d'heureux parieurs fort ignorants du calcul des probabilités qui ont su, au moyen de leur force naturelle de perception, de leur expérience et de l'art de s'informer, réussir presque constamment. Les plus célèbres de cette classe sont MM. Crockford, Gully (Fig. 12), Bland, Robinson (de Manchester), Hollidoy et Davis.

Cela n'empêche pas que l'habitude du calcul arithmétique ne donne de grands avantages. Crockford a fait une immense fortune en 25 ans. Ayant débuté comme petit marchand en détail, il était devenu propriétaire de la magnifique maison de la rue Saint-James, d'une autre très-belle à Londres, d'un château et d'une terre à Newmarket, jadis la résidence de l'une de nos plus anciennes familles de noblesse. Il possédait

Manière de monter dans les courses. — 137. — *Jockeys de profession.* — En examinant le livre

Fig. 12. — M. Gully, ancien boxeur, devenu parieur d'hippodrome et membre de la chambre des communes, choisit Margrave pour le Saint-Léger de 1832.

déjà cité, intitulé *Guide de Ruff*, l'on verra qu'il y a cette année 209 jockeys engagés pour les

beaucoup d'autres valeurs à Londres. Son fils, négociant en vins, avait les caves les mieux garnies de la capitale. Il faisait honneur à un billet de cent mille livres (2,500,000 fr.) avec autant de facilité que la Banque d'Angleterre.

Rien qu'en gagnant des prix et mettant à l'ordre du jour une stricte honorabilité, on peut acquérir des sommes considérables couvrant les courses ou attendant de l'emploi. Il y en a beaucoup qui ne montent que pour une seule écurie, où ils sont employés comme petits palefreniers d'un rang

frais d'entretien et d'élevage. Dorimont, cheval de 4 ans, au comte d'Upper Ossory, a gagné à Newmarket un prix de 5200 guinées en une seule manche, et ce cheval a gagné en poules et défis particuliers, la même année, 7800 guinées, sans compter la poule de Grovenor et la coupe de Claremont.

Il faut apporter une scrupuleuse attention à une heureuse façon de constituer les paris, jamais ne laisser tomber une chance, et, comme le boursier habile, le parieur sur le turf doit être constamment à son poste. Pour faire un livre (carnet) sur une course, il faut avoir soin d'être des premiers arrivés dans l'enceinte des parieurs. Le spectateur doit se souvenir qu'il est moins de son intérêt de patroner *le favori* que de prendre ou offrir des chances pour et contre chaque cheval. Le *champ* est toujours un *bon cheval*, tandis que les *favoris* sont souvent poussés en tête de liste par un parti puissant qui a son but particulier, et il devient dangereux de les patroner. En conséquence, dit M. Apperley, l'objet principal du parieur en grand doit être d'accepter de longues chances contre un coursier dont on a bonne opinion, et puis d'attendre les fluctuations du marché, afin de vendre cher ce que l'on a acheté bon marché. Par exemple, combien n'est-il pas fréquent que l'on parie 12 contre 1 contre un cheval deux mois avant la course, et puis, le jour du départ, on ne donne plus que 4 contre 1. Si le parieur a accepté 1200 contre 100 livres et qu'ensuite il parie 400 contre 100 dans le sens contraire, il *ne risque rien* et a une chance de gagner 800 livres. Vainqueur, il reçoit 1200 et doit 400. Vaincu, il paie 100 et reçoit 100 d'autre part. C'est par ce système de paris que l'on voit souvent un homme entendu se trouver indifférent au résultat de la course, parce que son argent est fort divisé entre les concurrents par la méthode indiquée ci-dessus.

L'on établit aussi des paris entre certains chevaux choisis et le champ. Cette méthode est familière aux parieurs de profession qui habitent Newmarket. Vivant sur les lieux, ils ont l'avantage d'apprendre, relativement aux différents favoris, une foule de circonstances qui restent naturellement inconnues au public. C'est ce qui rend ce genre de paris fort hasardeux pour ceux qui ne sont pas à la source des bonnes informations.

Les paris par *commission* sont à l'usage de sportsmen qui n'ont ni le temps ni la vocation nécessaires pour faire eux-mêmes *un livre*. Certes, supérieur, savoir, à courir des épreuves, conduire des pistes de galop ou administrer des suées. L'on ne peut obtenir leurs services qu'avec l'agrément des

ils se livrent à une spéculation périlleuse, car, en supposant leur correspondant doué d'une vertu austère, sa besogne serait des plus ingrates, puisque, sans participation, il verrait les autres faire fortune au moyen de secrets dont il serait dépositaire.

Par le fait, lorsque, avant de clore votre livre, vous voulez parier contre deux ou trois chevaux, sans avoir occasion de le faire vous-même, il vaut mieux, le plus souvent, offrir à une personne d'une honorabilité reconnue un demi-point au-dessus du prix constaté, que de donner commission à un individu qui ne mérite pas la même confiance. Nous avons vu un jeune praticien acheter un livre tout fait, le retourner dans tous les sens, calculer toutes les chances et se flatter qu'en définitive il ne pouvait que gagner. Le résultat de la course prouva qu'il avait calculé juste, mais, hélas! au jour du règlement des comptes, il reconnut la vanité de ses espérances. Le chancelier de l'Échiquier n'aurait pas réussi à donner aux billets remis en ses mains leur valeur en espèces.

Nimrod définit ainsi qu'il suit le pari à la ronde ou *hedging* : supposons que 20 chevaux se présentent pour une course au poteau de départ, M. A. parie 10 contre 1 contre chacun des concurrents. Il doit gagner 9, puisqu'il reçoit 19 et ne se trouve devoir que 10 au vainqueur. Le pari sous ces conditions doit évidemment rarement se conclure, car il n'arrive pas en 100 ans que tous les chevaux se trouvent également appréciés. Mais il est clair que si A. trouve à parier contre tous les chevaux partants, en ayant soin de ne point engager contre aucun une somme trop forte pour être couverte par la défaite des vaincus, il doit gagner infailliblement. Mettons que A. commence son livre dans les premiers jours de janvier, B. parie contre lui (selon les chances habituelles) 20 contre 1 contre un cheval peu connu. Le pari se fait en centaines de livres, 2000 livres (50,000 fr.) contre 100 livres. Ce coursier inconnu grandit en réputation. Au printemps, il enlève une course. Les chances tombent à 10 contre 1. A. s'empresse de parier contre lui 1000 livres contre 100. Le voilà sur le velours, il ne peut perdre et peut gagner ses 6000 livres. Par le fait, il a 25,000 francs en main pour entrer de nouveau dans le jeu. Mais remarquez qu'il *les consacre au jeu;* il est possible qu'il ne les réalise jamais. Voici sa combinaison : son coursier, d'abord inconnu (appelons-le *Bucéphale*), part de nouveau et gagne encore une course. Les chances ne sont maîtres qui les ont engagés. D'autres, fort recherchés des amateurs, ont au moins neuf ou dix engaments à la fois, ayant un premier, second, troisième et quatrième maîtres autorisés à réclamer leurs services à leur tour. Nous avons déjà parlé plus haut de l'éducation et des émoluments du jockey de profession.

138. — La définition « Gentlemen Jockeys » est très-vague et insuffisante. Quelquefois elle va plus loin en limitant les choix aux membres de certains

plus qu'à 5 — 1 contre lui. A. parie encore 500 livres contre 100, contre lui. Voyons son compte :

Si Bucéphale gagne, A. reçoit de B.		2000 livres
A. paye à C.	1000 livres	
Puis à D.	500 »	1500

Différence en faveur de A., résultant de la victoire de Bucéphale. . . . . 500 livres

Si Bucéphale perd, A. reçoit de C. . .	100 livres	
et puis de D.	100 »	
Total	200	
Il faut payer à B.	100	

Différence en faveur de A. résultant de la défaite de Bucéphale . . . . 100 livres.

N'y a-t-il point d'éventualités dont il faille tenir compte?

Si ! — Le poulain pouvait mourir, avant que A. eût pris la précaution du *hedging*, et il lui aurait fallu débourser ses 100 livres; mais, d'un autre côté, Bucéphale n'aurait plus fait partie du champ, ce qui eût été précieux pour des spéculations importantes sur d'autres chevaux.

Revenons à une autre supposition: que Bucéphale n'eût fait aucun progrès dans l'opinion publique et fût resté, comme à son début, à 20 contre 1; dans ce cas, pour éviter tout dommage, A. eût dû engager contre lui 2000 livres contre 100.

Pour cette doctrine sur l'art de parier, on aura avantage à consulter clubs, aux officiers de l'armée ou de la marine, etc. Tout individu qui a monté pour une somme supérieure à ce qu'il faut pour couvrir ses dépenses est considéré comme homme du métier et se trouve être soumis aux surcharges qui concernent cette classe.

139. — Pour courir sur l'hippodrome, amateurs ou jockeys devraient se diriger d'après la même doctrine, dont voici les points essentiels : Il faut d'abord une bonne et solide assiette, secondement

The turf expositor, le n° 98 du *Quarterly review*, l'ancien et le nouveau *Sporting Magazine*, surtout dans ce dernier les n°s 13, 28 et 35.

Voici l'évaluation des chances diverses des paris de proportion faits dans une course relativement à 100 livres.

Proportions contre chaque coursier.	Valeur des chances de chacun, relativement à 100 livres	Proportions contre chaque coursier.	Valeur des chances de chacun, relativement à 100 livres.
Égalité.	50 l.	5 contre 1	16 5/8 l.
11 contre 10	47 1/2	5 1/2 » 1	15 3/4
6 » 5	45 3/8	6 » 1	14 1/4
5 » 4	44 3/8	6 1/2 » 1	13 1/4
5 1/2 contre 4	42	7 » 1	12 1/2
6 » 4	40	7 1/2 » 1	11 3/4
6 1/2 » 4	38	8 » 1	11
7 » 4	36 1/4	8 1/2 » 1	10 1/2
7 1/2 » 4	34 3/4	9 » 1	10
2 » 1	33 1/4	9 1/2 » 1	9 1/2
2 1/2 » 1	28 1/2	10 » 1	9
3 » 1	25	12 » 1	7 5/8
5 1/2 » 1	22 1/8	15 » 1	6 1/4
4 » 1	20	18 » 1	5 1/4
4 1/2 » 1	18 1/8	20 » 1	4 3/4

des mains habiles, troisièmement un sentiment parfait de l'allure, et enfin de la tête pour tirer parti de
ces éléments de succès. L'assiette du jockey est toute
particulière et il se tient différemment de tous les
autres cavaliers. Son but est, en effet, uniquement

Fig. 13. — Une Course de chevaux.

de mettre son cheval très à l'aise et de le laisser galoper en le gênant le moins possible par son poids.
(Fig. 13) Il ne fait sentir l'action du mors que juste
assez pour tenir son cheval assez rassemblé pour éviter
ce style à tire d'ailes qui détruit tout de suite les

chances d'un coursier. Mais ceci n'est que l'A B C de l'art, et quoique cela comporte des degrés sans nombre, cependant presque tous les jockeys ont une assez bonne assiette pour faire ce que nous venons de décrire. Les mains ne laissent également rien à désirer ; l'éducation d'enfance et la longue pratique de chacun l'a rendu maître de la bouche de son cheval, et encore sur ce point y a-t-il bien des nuances. En somme, le mérite d'un jockey réside dans sa tête, qui doit combiner le plan de campagne à suivre, et cela sans perdre une seconde, après les événements qui motiveront décision. Il est vrai que le plus souvent le jockey a d'avance l'ordre d'attendre ou de prendre les devants ; mais cet ordre est conditionnel ou devrait toujours l'être quand le jockey est un artiste expérimenté. En fin de compte, même quand des ordres positifs ont été signifiés, il survient de petits accidents sans nombre qui font appel au courage, au talent et à la présence d'esprit du jockey. Tout d'abord, au départ il doit être toujours prêt à saisir le mot sacramentel, sans toutefois éprouver d'excitation qui se communiquerait au cheval et l'inquiéterait. D'un œil il doit voir le commissaire et les chevaux engagés, de l'autre son propre coursier ; il attend le mot et alors part rapidement si ses instructions le lui prescrivent, ou bien reste troisième ou quatrième, toujours selon son juge-

ment ou ses instructions. Bien des choses dépendent encore du caractère du cheval qu'il a sous lui,
car, en dépit des ordres contraires, s'il s'aperçoit
qu'il perd ses chances en le maintenant second, il
doit le laisser courir en tête jusqu'à ce qu'il puisse
le calmer et l'établir à la place prescrite. C'est ici
que l'homme qui a de la tête se distingue plutôt par
son audace à braver les ordres reçus que par une
observation servile qui mènerait à la destruction de
ses chances de victoire. Il est encore fort essentiel
d'éviter de perdre du terrain, mais cependant cela
dépend encore plus des mains que de la tête, excepté
quand le jugement doit vous mettre à même de dépasser un groupe de chevaux. Alors il faut décider
si l'on passera en dedans, en dehors ou au travers,
et souvent le destin de la course dépend du parti que
l'on prendra. Quelquefois il est impossible de passer
au travers, et toute tentative en ce genre devient fatale; d'autres fois, l'homme expérimenté découvre
que tous ou presque tous les chevaux du groupe sont
épuisés et ne peuvent faire échouer le projet. Ils ne
resteront pas tous en arrière à la fois, et, l'un après
l'autre, laisseront une place dont il s'emparera aisément. Enfin, arrivé au premier rang, le jockey doit
déployer son talent en finissant au bon moment et
de la bonne manière. A cette période de la course,
son cheval peut être le plus frais et le plus coura-

geux de la bande, cependant avec un léger manque de vitesse ; alors il commence à rouler en temps opportun et gagne en faisant valoir le fonds de son coursier, et peut-être enfin avec un large emploi du fouet et de l'éperon. Ou bien le cheval est le plus vite pour une courte lutte, mais ne convient évidemment pas pour une longue course. Alors le jockey doit chercher à se tenir à une courte distance en arrière jusqu'au dernier moment, s'il peut espérer que les chevaux de tête s'épuiseront à son profit en luttant depuis le départ les uns contre les autres. S'il peut seulement voir commettre cette faute à ses adversaires, sa chance n'est pas encore perdue ; il sent la bouche de son cheval, le rassemble et le tient prêt à lutter contre les chevaux de tête ; puis, quand il croit qu'il peut les rejoindre au poteau, il communique un élan auquel son pauvre coursier fatigué, quoique vite, peut à peine suffire ; il a arraché la victoire, mais est dépassé souvent à une longueur de cheval du poteau d'arrivée. D'un autre côté, le jockey maladroit, comme le gentleman ignorant du métier, commence par planter les éperons dans le ventre de son cheval, de peur de perdre du terrain au début, ce qui étourdit le cheval et le fait changer de pied, il se trouve mal à l'aise dès le principe. Malgré cela, le coursier intrépide se remet et répond à l'appel de son cavalier pour gagner la tête ;

il y arrive après une lutte vigoureuse; alors le jockey se souvient que ses instructions lui prescrivent de rester second ou troisième; le voilà à retenir son cheval et peut-être à le faire encore changer de pied. Derrière lui, un rival expérimenté découvre tout cela et se porte à sa hauteur. Tout alarmé, le voilà en lutte et forçant contre cet adversaire. Celui-ci, qui ne veut pas excéder son cheval, s'empresse de céder et a rempli son but. On ne laisse pas long-temps tranquille un si pauvre coureur; un autre adversaire voit qu'il peut lui jouer le même tour et ne manque pas de le faire, jusqu'à ce qu'enfin, avec le meilleur des chevaux engagés, à cent yards du but, il ne peut plus garder sa place, et au lieu de gagner facilement, sans fouet ni éperon, il ne peut plus faire répondre son cheval aux attaques les plus terribles qu'il essaie avec ces moyens de rigueur. Il finit par arriver, fouaillant et éperonnant, les rênes lâches, son cheval développé au dernier degré et lui-même mortifié et épuisé. Quand on a constamment des scènes pareilles sous les yeux dans les hippodromes où se montrent les gentlemen jockeys, il ne faut pas s'étonner si ces courses ne sont pas du goût du public et si l'on finit par trouver qu'une surcharge de sept livres pour le jockey de profession ne met pas le gentleman à son niveau. Il y a toutefois dans cette classe des gens qui peuvent gouverner un cheval d'une main ferme et avec sang-froid, mais ils sont rares, surtout parmi les poids légers. Aussi les courses d'amateurs sont presque une lettre morte, et l'hippodrome est dévolu aux gens du métier.

LIVRE II.

COURSES DE HAIES ET STEEPLE-CHASE.

———

CHAPITRE Ier.

COURSES DE HAIES.

But de ce Sport. — 140. — Au point de vue de l'utilité générale, il est difficile de découvrir le but de la course de haies, puisqu'à mon sens elle n'a aucun bon résultat, si ce n'est d'amuser la foule, et encore aujourd'hui elle ne paraît pas y réussir comme par le passé. Autrefois c'était une adjonction très-fréquente aux courses ordinaires de cantons ruraux; mais depuis l'apparition très-générale des steeple-chases, ce jeu a perdu de ce charme, et une course de haies annoncée à l'avance attire rarement de bonnes entrées, et l'on n'y voit pas de foule, à moins qu'il n'y ait en même temps un steeple-chase. Ce genre de divertissement ne servant aucun des intérêts pour lesquels on crée des courses, il s'ensuit qu'il est très-généralement abandonné. La dureté du terrain pendant l'été est un grand obstacle, et le cheval qui vient à tomber, non-seulement éprouve une terrible secousse, mais encore blesse son cavalier. Les fractures de clavicules, bras et cuisses accompagnent souvent ce genre d'amusement. Ordinairement, ces courses sont de deux milles par-dessus quatre haies, et encore presque toujours très-fragiles, de sorte que l'on puisse aisément galoper au travers. De sorte que ces sauts ne sont guère que le simulacre de ce que l'on voudrait faire, et souvent la haie se trouve renversée par le premier cheval, qui laisse ainsi passer les autres sans obstacle.

Chevaux en usage. — 141. — Les chevaux de course usés ou ceux qui n'ont pas assez de vitesse pour la course plate sont généralement condamnés à finir leur carrière en franchissant des haies. Là, s'ils sont prompts à sauter, ils ont plus de succès que sur le terrain plat. Mais presque toujours on emploie des chevaux de pur sang, ou en approchant de beaucoup, que l'on dresse à sauter le moins possible de peur de perdre de leur terrain et qui trouvent moyen de passer dessus ou au travers des haies sans perte d'allure. Quand un cheval saute posément sa haie, non-seulement il perd du temps, mais il se fatigue à s'arrêter d'abord et à repartir après, de sorte qu'il est rare qu'un pareil cheval ait du succès. Il y a pourtant des exemples de chevaux qui faisaient ce manége à chaque haie, excepté la dernière, et pourtant trouvaient moyen de gagner; je citerai à cet égard Duenna, à M. Ekin, qui gagnait beaucoup de ces courses il y a vingt ans.

L'entraînement, etc. — 142. — L'entraînement pour les courses de haies est exactement le même que pour les courses plates, si ce n'est qu'il faut exercer par occasion le cheval à passer une haie. Mais s'il les franchit bien sans jamais refuser ou sauter trop loin, on peut le considérer comme accompli et l'entraîner comme pour une course plate ordinaire. Quand il est suffisamment exercé, il ne faut pas le blaser sur cet amusement et rarement lui faire franchir un obstacle sur un terrain dur. Peu de chevaux aiment à le faire, et ils en souffrent toujours plus ou moins par l'ébranlement qu'éprouvent les articulations et par les chocs nuisibles aux pieds. Pour montrer à sauter les haies, il faut envoyer devant un vieux cheval sachant ce métier, car, sans cette excitation, peu de chevaux voudraient les sauter ou au moins le faire sans résistance. Dans ce genre de course, il est encore plus mauvais de faire des sauts trop longs que trop courts, bien que l'habitude corrige le premier défaut; mais comme ces sauts énormes épuisent le cheval, il n'a plus à la fin assez de force pour gagner. Ainsi, jusqu'à ce que le cheval ait appris à franchir tout juste ses haies (et tant mieux s'il les râcle un peu), il n'est pas propre à ce genre de courses. A part ces différences relatives à la manière de sauter, les épreuves, etc., doivent se passer exactement comme nous l'avons expliqué au chapitre VI.

Les poids, les jockeys, les hippodromes. — 143. — Jusqu'à une époque assez récente, les poids étaient presque toujours gradués pour l'âge; mais maintenant, pour se conformer à la mode dominante, des poids de handicap sont généralement adoptés. On peut faire à ce système les objections que j'ai déjà mentionnées en traitant de la course plate.

144. — Le terrain que l'on choisit est presque toujours un hippodrome fréquenté, et pendant l'été il en est toujours ainsi. Quand les courses de haies font un appendice du steeple-chase, ce n'est que quand celui-ci a lieu sur un hippodrome régulier, où l'on établit des haies factices, comme à Liverpool, Hereford, Worcester, etc.

145. — Les jockeys pour les courses de haies sont quelquefois des coureurs de steeple-chases; d'autres fois on les prend dans la classe inférieure des jockeys de course plate.

Règlements. — **146.** — Les règles de la course des haies sont les mêmes que pour la course plate ; la seule condition supplémentaire consiste à passer au-dessus ou au travers des haies factices établies sur l'hippodrome. Mais il suffira que le cheval passe dans l'intervalle compris entre les deux poteaux d'attache des haies, même quand il n'y a pas lieu de sauter le moins du monde et que la haie se trouve par terre au moment du passage.

CHAPITRE II.

LE STEEPLE-CHASE.

But du steeple-chase. — 147. — Cet amusement, devenu à la mode, fut introduit il y a plus de 50 ans, avec le but avoué d'encourager l'élève des hunters et chevaux de cavalerie, qui passaient pour perdre de leurs formes et de leur fonds, par suite de l'abolition presque générale des courses de trois ou quatre milles sous des poids considérables, et en même temps la création des courses plus courtes avec des poids légers, particulièrement pour les chevaux de deux ans. L'on présuma que si l'on courait les steeple-chases sur des espaces de quatre milles et avec 12 stones de poids, l'on créerait des marchés où l'on trouverait des chevaux à hauteur de cette tâche et que l'élève de cette sorte d'animaux allait se perfectionner. C'est dans ces vues que des steeple-chases furent établis à Saint-Albans, Aylesbury, etc., et autres lieux. La distance était généralement de quatre milles, uniquement entre deux points fixes, vers le dernier desquels les cavaliers se dirigeaient à leur guise, de façon à ne jamais suivre cent yards à la fois sur une route. La ligne à suivre était généralement formidable, souvent à un tel point qu'un ou deux chevaux seulement parvenaient au poteau d'arrivée; le reste était arrêté par une suite d'accidents ou refusait de franchir quelque obstacle effrayant. A cette époque, la seule manière de voir toute la course, ou au moins la majeure partie, était de suivre à cheval le plus près possible en s'aidant des routes, etc. Il y avait ordinairement de la sorte quelques centaines de spectateurs montés sur l'hippodrome. Malgré la grandeur et la nature impraticable des obstacles, il arriva peu d'exemples de cas mortels ou d'accidents irrémédiables tant aux hommes qu'aux chevaux. Ce genre de sport devenant populaire, on résolut de faire des hippodromes circulaires ou à peu près selon le terrain, afin de permettre aux spectateurs, quelque nombreux qu'ils fussent, de voir toute la course sans risque ni embarras, soit d'une éminence naturelle, soit d'une estrade si l'on pouvait en faire établir. Avec la suite des temps, les mêmes effets furent produits par les mêmes causes pour les steeple-chases, comme pour les courses plates ; il y a une trentaine d'années, les handicaps furent introduits, et comme ils n'étaient pas sous le contrôle du Jockey-Club, il y eut des exemples de fraudes encore plus flagrantes. L'on peut présenter quelque excuse pour leur établissement quand on se rappelle comment deux chevaux à M. Ellmore, Lottery et Gaylad, balayèrent, pendant plusieurs années, tous les meilleurs prix. Vingt grands steeple-chases leur étaient tombés en partage, et même Gaylad gagna à Chelmsford, en 1841, malgré la double surcharge de 14 livres en raison de ses victoires, bien que 18 livres eussent suffi pour empêcher Lottery de gagner la même année à Liverpool. L'on ne peut s'étonner que l'on ait eu recours à quelque expédient, mais je crois qu'il est aujourd'hui bien démontré que la méthode des surcharges aurait été bien préférable au handicap. La ville de Newport Pagnell en donna d'abord un où le poids extrême était 12 st. 12 livres, et le plus bas 10 st. 10 lb.; mais, en dépit de tout, Lottery et Gaylad furent premier et second. Mais à une seconde réunion, la même année, le handicappeur réussit, en écrasant Lottery sous 13 st. 6 lb. et Gaylad sous 12 st. 12, à faire gagner Luck's-All, ayant, il est vrai, 11 st. 5. Le poids minimum était de 10 st. 7 lb. Vint ensuite la réunion de Hereford, où Gaylad, avec 12 st. 3 lb., était coté à 3 contre 1, et il *fallut encore lui faire porter des rênes de bride et un mors afin de pouvoir l'arrêter*. Puis ensuite Liverpool, maintenant toujours le poids de 12 stones par cheval, eut beau mettre 18 livres de surcharge sur Lottery, M. Ellmore continua avec Gaylad sa série de triomphes. Ils durèrent tout 1842-1843, malgré les handicaps et les surcharges. Gaylad,

et avec 12 st. 8 lb. sur le dos, gagna à Oxford, quoique
seulement second à Worcester ; mais il réussit encore à Northampton (handicap), à Nottingham et
Chelmsford (à 12 st. et 14 lb. de surcharge dans
chaque endroit). Toutefois ce fut le point culminant
de ces coursiers célèbres ; par suite de fatigue d'un
côté, de surcharges de l'autre, ils ne gagnèrent aucun prix dans la suite, hormis un petit gagné par
Lottery, en 1844. Discount, Dragsman, Vanguard et
Peter Simple (le gris) avaient paru dans l'arène, et
les deux vainqueurs presque inévitables furent retirés avant les courses ou vaincus s'ils paraissaient
sur le terrain. Peut-être les réservait-on pour de
meilleurs jours, mais ils ne sont jamais venus, et
depuis cette époque peu de chevaux ont gagné plus
de deux steeple-chases. Outre les maux inhérents à
la nature même des handicaps, il y en a un particulier aux steeple-chases, c'est que le jockey de mauvaise foi peut toujours ralentir son cheval, soit aux
obstacles ou ailleurs, sans qu'il soit possible de le
découvrir, à moins qu'il ne soit assez gauche pour
ne pas suivre adroitement les ordres donnés, comme
cela s'est vu sur un célèbre cheval gris.

Dans le principe, les steeple-chases étaient patro-
nés et subventionnés par une foule de noblemen et
gentlemen qui donnaient de grands prix pour les
chevaux capables de gagner les courses de ce genre

ou au moins de devenir des hunters de grande valeur. Mais quand ils se sont aperçus qu'on les laissait rarement gagner et qu'en outre leurs chevaux
devenaient impropres à la chasse, ils ont graduellement déserté l'hippodrome, et aujourd'hui les prix
ne sont guère disputés que par les entraîneurs et
les marchands de chevaux. Ce qui a beaucoup contribué à faire perdre le patronage des gentlemen à
ces courses, c'est la découverte des fraudes pratiquées par les adeptes. Une autre cause n'a pas moins
contribué à dégoûter les amis de la prospérité chevaline, c'est que l'expérience leur a enseigné que
non-seulement ils gâtaient les chevaux engagés dans
les courses, mais qu'il n'y avait aucun encouragement à la production du *hunter portant lourd*, but
principal du steeple-chase. Au commencement,
quand les obstacles étaient tels qu'il fallait pour les
franchir un hunter parfait, on était bien obligé
d'employer ce genre d'animaux, et si l'on eût persé-
véré dans cette voie, l'éleveur aurait été un peu encouragé à produire des chevaux forts et pourtant
agiles, comme Vivian, Grimaldi, Moonracker, etc.,
qui auraient tous porté à leur aise un poids de 16 st.
Mais pour avoir un vaste champ de compétiteurs,
pour réunir une foule payante, le système des handicaps a introduit une quantité de ficelles[1] incapables

---

[1] Les Anglais disent une mauvaise herbe, *Weed*.

de porter plus de 9 stones et ne différant de nos chevaux de course ordinaires que par leur défaut de vitesse. Pour se mettre à leur portée, les obstacles ont été diminués, et à la fin, dans presque tous les cas, on en a présenté que le poney d'un écolier pourrait franchir. On a dit, pour s'excuser, que les grands obstacles étaient dangereux pour le cheval ; le résultat a été bien peu d'accord avec cette intention, car, à mesure que les obstacles se sont abaissés, le nombre des reins cassés s'est augmenté, parce que des ficelles de pur sang ont été présentées dans ces courses, on les a fait courir jusqu'à ce qu'elles fussent épuisées ; alors, devant quelque petit obstacle encore trop fort pour leurs facultés annihilées, elles ont planté leurs pieds de derrière dans le talus à franchir et se sont brisé les reins en tombant, parce que leurs fibres musculaires ne les soutenaient plus. Or, si l'on avait maintenu des obstacles plus sérieux, les chevaux de ce genre n'auraient jamais été engagés, et si on les avait présentés, ils auraient refusé le premier saut. Par-dessus le marché, les jockeys, *pour leur propre salut*, auraient évité de forcer l'allure, sachant bien qu'un cheval fatigué qui manque un grand obstacle tombe sur son cavalier et lui casse le cou ou les côtes. Il est vrai que, quand l'obstacle est petit, le cheval l'aborde assez vite pour lancer son cavalier plus loin que lui s'il vient à tomber ; il lui fait rarement mal dans ce cas, bien qu'il se fracasse à lui-même le dos fort souvent. Par suite de ces objections contre le sport dont il s'agit et ne trouvant pas d'avantages qui les contrebalancent, le Jockey-Club et les grandes autorités chevalines se sont judicieusement tenus à l'écart, et maintenant le steeple-chase est à son déclin, tant pour la valeur des entrées que pour la valeur des courses. Liverpool, Epsom et Worcester profitent encore de leurs estrades pour attirer quelque monde, mais Newport Pagnell, Saint-Albans et toutes les anciennes localités où le bon pays de chasse tentait le vrai sportsman et l'engageait à participer à la course aventureuse, sont maintenant abandonnés. Tout admirateur que je suis de la beauté du cheval quand il franchit une barrière ou un cours d'eau, et bien plus quand vingt ou trente coursiers comme Lottery, Gaylad ou Peter Simple étaient en l'air au même moment, je ne puis regretter la conclusion à laquelle nous sommes arrivés. Dès le principe, on s'aperçut qu'il manquait un contrôle supérieur, comme celui du Jockey-Club; la constante répétition des fraudes, des querelles, des malentendus a tant détourné de ce genre de plaisir que l'on ne peut s'étonner que la mode l'ait abandonné. Toutefois il y a encore presque autant de lieux de course qu'auparavant, quoique de moindre importance, et il faut classer le steeple-chase au nombre des sports nationaux. Dans bien des occasions les fermiers engagent leurs chevaux, soit pour trouver à les vendre, soit pour les faire concourir en public. Si le steeple-chase lui-même ne tendait pas à gâter le hunter, ce but serait très-louable et il y aurait de bonnes raisons pour établir de petites courses au clocher cantonales, réservées aux chevaux de fermiers ; mais malheureusement l'entraînement subi par le cheval et l'obligation où l'on se trouve de l'exercer à se précipiter sur l'obstacle, ou au moins d'y arriver grand train, lui ôte de sa valeur comme hunter et le rend impropre au service de presque tous les hommes qui n'aiment pas un cheval que l'on ne peut arrêter au bord d'une carrière ou de toute autre excavation. Ce sont cependant des endroits dangereux que l'on rencontre continuellement sur le terrain de chasse. C'est pour les éviter que presque tout le monde aime un cheval qui aborde l'obstacle tranquillement, de manière à être toujours maître de lui-même et à pouvoir mesurer son effort avec plus de précision. Malheureusement, dans le steeple-chase presque tout dépend de la vitesse, et à moins qu'un cheval ne se dégage des obstacles et ne les aborde à grande allure, il est bientôt battu. C'est donc, comme je l'ai déjà fait remarquer, une mauvaise école pour le hunter et un simple objet d'amusement, malheureusement avec des accessoires de nature assez basse pour nuire, sous tous les points de vue, à la moralité de ceux qui y prennent part.

Le cheval du steeple-chase. — 148. — DESCRIPTION GÉNÉRALE. Lottery, Gaylad, Cheroot, Peter Simple, Discount, Rat-trap, Brunette, Chandler, Proceed, Vainhope, Bourton, le Général et Sir Peter Laurie, avec quelques autres d'une vigueur presque égale, peuvent être présentés comme les types du cheval spécial qui convient au steeple-chase. De grande taille, sans trop de longueur de jambes, fort sans être lourd, plein d'ardeur sans être désordonné, ce cheval doit avoir des formes parfaites. Quelquefois les meilleurs chevaux de cette espèce ont été complétement de pur sang, comme, par exemple, Rat-trap et Sir Peter Laurie. Mais, en général, il y a une tache évidente dans la généalogie, comme pour Gaylad et Peter Simple. Vainhope est presque de pur sang ; il en est de même, je crois, de Bourton et le Général. Plusieurs de ceux qui ont paru avec les plus belles formes étaient de sang moins aristocratique encore, comme Draysman et le hongre Shaver, qui ont paru l'un et l'autre il y a une vingtaine d'années. Le premier avait l'apparence d'un cheval de voiture, et cependant il laissa derrière lui un champ de chevaux de premier ordre dans un style que l'on voit rarement. Il courut aussi plus vite que jamais on ne l'a vu sur un terrain auquel on donnait quatre milles de longueur, mais qui, en réalité, a un quart de mille de moins. Le second, Shaver, courait tout son train avec 16 stones sur le dos. Toutefois, peu de chevaux de pur sang ont les os assez forts pour supporter les chocs produits par les sauts, et ils ne peuvent pas toujours porter à travers champs le poids dont on les charge. Il y a une grande différence entre porter 11 stones sur la course plate ou franchir sous ce poids 30 ou 40 obstacles. En terrain horizontal, l'haleine est de la plus grande importance ; si les poumons et le cœur fonctionnent bien et que sa vitesse soit suffisante, le cheval supportera le poids. Mais en plein champ et franchissant des obstacles, le même cheval ne peut quitter terre quand il essaie de sauter, parce qu'il manque de force dans les reins et les jarrets. Il faut donc, en général, un cheval bien musclé, bien que l'on ait pu remarquer quelques exceptions comme Daddy-long-legs en 1842 et 1843, comme aussi cette remarquable jument irlandaise Brunette, que certes on n'eût pas choisie sur son apparence pour porter 13 stones de la façon dont elle savait le faire. Fugitive, à lord Lugan, avait aussi l'air d'une ficelle, mais il n'y avait rien de cela quand on la mettait à l'œuvre. Toutefois, dans un steeple-chase, les apparences guident peut-être mieux que sur l'hippodrome ordinaire. Il est plus facile d'aller dans l'enclos où l'on selle

et de deviner le vainqueur d'un steeple-chase que
de pronostiquer sur la course plate, mais il faut
mettre à part les accidents, les arrêts de mauvaise
foi, et admettre que tous les chevaux sont bien dressés à leur métier. Tel est du moins le résultat de
mon expérience, car dans le cheval de steeple-chase
de premier ordre il y a généralement un air de
force et de vitesse combiné avec de la race qui indique ses succès probables. Bien que Brunette n'eût
pas tout à fait l'air de ce qu'elle était, elle paraissait
moulée dans des formes classiques et douée de ressorts d'acier. Mais Lottery, Gaylad, Peter Simple,
bref, la totalité des chevaux qui figurent en tête de
ce chapitre, saisissaient le regard dès le premier
moment. Discount était l'animal le mieux musclé
que j'aie jamais vu, c'était la perfection de ce que doit
être un cheval fort, ayant de la race, avec une constitution de fer et un caractère fait pour porter un
vieillard à la chasse du lièvre ; malheureusement
les membres avaient des tares. Il n'y a pas moyen
de donner par une description une idée exacte de ce
qui constitue une espèce de chevaux particulière ; la
seule bonne manière d'arriver à bien connaître comment l'animal doit être fait, c'est de consulter les
portraits, et encore, plusieurs des meilleurs chevaux
de steeple-chase ont été imparfaitement représentés.
Lottery a eu la bonne fortune d'être bien copié, il

en est de même de Brunette, mais d'autres ont été tristement défigurés. Le dessin du cheval que l'on voit ci-contre (Fig. 14) fait très-bien voir l'espèce d'animal qui convient pour cet exercice. L'on peut aussi y

Fig. 14. — Saut de rivière par un Cheval surmené.

reconnaître un cheval surmené, qui va manquer le saut de rivière. Le but de l'artiste a été de représenter un animal franchissant le cours d'eau après avoir été forcé dans son allure et avoir perdu ses moyens. Cela est bien copié et montre la nécessité d'éviter d'épuiser le souffle d'un cheval avant de le présenter aux obstacles qui ont beaucoup de hauteur ou de largeur. Le plus petit cheval qui ait couru avec succès contre *bonne compagnie* dans un steeple-chase, c'est Little Tommy à M. Vever. Sa taille n'était que de 14 mains 1/2, et cependant il trouvait moyen de disputer la palme à de bons chevaux, tout en portant un poids assez fort. D'un autre côté, beaucoup de nos meilleurs chevaux ont eu 16 mains, ou à peu près, et pour le steeple-chase cette taille peut être considérée comme la plus avantageuse. Un petit cheval ne peut pas aussi bien enjamber les obstacles et doit faire plus d'efforts pour les surmonter, et quoiqu'on le rassemble plus aisément et qu'il soit ordinairement en état de s'élancer de plus près, cependant il est obligé de tant déployer d'énergie, qu'il se fatigue plus facilement. Prenant donc tous ces points en considération, je conseillerai de choisir un cheval de bonne taille, ayant beaucoup de moyens, bon caractère et autant de sang que possible. Il peut, d'ailleurs, avoir un excès d'ardeur, qui serait préjudiciable à la queue des chiens. Quelques-uns de nos meilleurs chevaux de steeple-chase ont été ingouvernables, à moins qu'on ne les laissât filer droit sans leur rien demander ; c'est ce qu'il y a à faire dans ce genre de course, mais à la chasse on ne va pas longtemps comme cela. Quant à l'âge, peu de chevaux ont gagné de bonnes courses au clocher avant six ou sept ans. Cela provient, en partie, de la difficulté qu'il y a à tenir pendant la distance qui est généralement de quatre milles, et puis encore du manque de pratique chez les chevaux plus jeunes. Vainhope, cependant, gagna ses deux premières courses à quatre ans et courut second deux fois la même année ; mais il avait été constamment monté à la queue des chiens, et était un hunter des plus parfaits. Son père aussi était un fils de Defence, ce qui lui donnait le fonds qu'il possédait incontestablement. Voilà ce qui peut expliquer ce cas exceptionnel.

Manière de se procurer le cheval de steeple-chase. — 149. — Un cheval de premier ordre est aussi difficile à trouver pour cet objet qu'un cheval en état de gagner le Derby, et beaucoup plus qu'un bon cheval de course d'ordre moyen. Les conditions essentielles sont plus nombreuses, et quoiqu'il n'ait pas besoin, pour avoir du succès, d'être aussi vite que le cheval de course pendant un mille ou deux, il lui faut néanmoins soutenir des courses de longueur telles que quatre milles, sous un poids lourd et à une allure presque (sinon tout à fait) extrème. Une des plus grandes prouesses en course plate, avec un poids lourd, est celle de Tranby, dans le pari de M. Osbaldestone *contre le temps ;* il parcourut quatre milles en huit minutes avec 11 st. environ, et ayant préalablement déjà fait la même tâche en presque aussi peu de temps. Eh bien, dans le steeple-chase cet exploit a été égalé, si l'on tient compte des arrêts et des efforts supplémentaires qu'occasionnent les obstacles à franchir. Dragsman fit les 3 milles 3/4 en 9 minutes à Worcester, et Abd-el-Kader passe pour avoir gagné le steeple-chase de Liverpool, en 1854, en 9 minutes et 39 secondes, ce qui est encore plus étonnant en raison de la nature du terrain, car l'un des hippodromes est en bon gazon, avec de petits obstacles, et l'autre course a eu lieu principalement sur la terre labourée avec des obstacles plus sérieux. Il est donc évident que le cheval demandé doit être un cheval de course ayant avec cela la force de porter un grand poids, la douceur et le courage nécessaires pour apprendre son métier. Il y a des chevaux si ingouvernables, que dès l'instant où ils se sont mis en tête l'antipathie contre leur tâche, ils commencent à ruer et à se cabrer, et il n'y a pas de sévérité qui puisse leur faire aborder l'obstacle. En conséquence, lorsque des chevaux ne se mettent pas facilement, et pour ainsi dire naturellement, à sauter, il est généralement inutile de persévérer, et c'est un point à prendre en grande considération quand on fera ses choix pour le steeple-chase. Un autre point très-important est la manière de courir ; ici il ne faut plus de cette course basse et rasante qui convient sur le gazon de nos hippodromes. Bien des chevaux qui s'y trouvent en sûreté et que l'on estime précisément parce qu'ils rasent le tapis, tomberaient infailliblement dans les sillons et autres inégalités de terrain que l'on trouve à Liverpool et ailleurs. Dans tous les cas, l'acheteur doit faire choix d'un cheval ayant une allure convenable avec de la force, de la vitesse, de la douceur. Avec ces qualités, se rencontrant avec des membres sains et un sang qui promette du fonds, il est souvent arrivé de voir réussir la spéculation de consacrer au steeple-chase un cheval de course sans avenir. Dans quelques occasions, l'on a établi des haras destinés à produire spécialement l'animal de cette espèce, mais l'on avait beaucoup de mécompte par suite du petit nombre de poulains assez vites que produisaient les fortes juments choisies pour ces haras. Généralement, si l'on se sert de la jument de pur sang, les poulains sont en grande partie trop petits et trop faibles; si les juments ont peu de sang, on doit s'attendre à des produits lents et massifs. Les animaux tels qu'on les désire ne se trouvent que par hasard, comme les atouts dans un jeu de cartes. Toute la science du monde et l'expérience d'un octogénaire ne permettront pas à un homme d'élever beaucoup de ces chevaux dans le courant de sa vie. C'est pourquoi l'éducation dirigée spécialement dans ce but n'a jamais réussi, et lors même que les beaux jours de ce sport eussent duré plus longtemps, cela eût toujours été une mauvaise spéculation. Sous le système actuel, il y a peu d'encouragement, et si l'on se décide à entrer dans l'arène, il faut puiser à plusieurs sources et acheter ce que l'on trouvera de bon. Les juments de chasse irlandaises semblent capables de produire de bons chevaux de cette nature, et quelques-uns de nos meilleurs sont venus de ce pays, engendrés par les mères irlandaises et des étalons comme Ishmael, Ratcatcher, Windfall, etc. Ce dernier semble récemment avoir produit fort heureusement, et l'on trouve bien marquées dans les poulains les vastes et musculeuses proportions des descendants de Comus et le fonds de Beninbrough. Mais aucun sang n'a répondu comme celui de Whalebone, et l'on devait s'y attendre d'après son fonds bien connu. Sir Peter Laurie, Simple Peter, Maurice Daley, Vainhope, Cogia, lord George, le Général, et bien d'autres vainqueurs modernes descendent de Wahlebone ou de son frère Whisker, ou encore de son père Waxy, qui est le bisaïeul de ce cheval si extraordinaire, Clandler, et de Drayton, qui a produit plus de chevaux de premier ordre pour le steeple-chase qu'aucun autre étalon de son époque. Il fut père des Standard-Guard,

Victim et Bourton. Il était fils de Muley, fils d'Orville par Prima-Donna, fille de Soothsayer et d'une jument par Vaxy. Ce Drayton n'a rien fait de bon en course plate ni par lui-même ni par ses descendants. D'un autre côté, le sang de Sélim, qui passe pour donner plus de vitesse que de fonds, a presque aussi bien réussi pour le steeple-chase au moyen d'Ishmael et Ratcatcher. En fait, tout cheval de course de premier ordre, avec du sang énergique et *de bonnes épaules*, semble avoir réussi à produire par occasion un bon cheval de steeple-chase ; mais le point essentiel que nous avons souligné est encore plus nécessaire sur ce terrain qu'en course plate. Nous considérerons ce sujet plus à fond quand nous traiterons spécialement de la génération du cheval de course, et nous analyserons la valeur des divers courants de sang relativement à toutes les branches du sport.

Éducation du cheval de steeple-chase. — 150. — Le saut de la barre et d'obstacles légers doit entrer de bonne heure dans l'éducation de ce cheval ; si on a négligé ce moyen, il sera longtemps avant de pouvoir rester sur ses jambes dans une course au clocher. Si un poulain destiné à faire un hunter paraît propre à courir pour ce genre de prix, il ne faut pas hésiter à l'habituer pendant le dressage à sauter de petits obstacles. Peu de chevaux voudraient en aborder de grands, tout à fait de sang-froid ; il faut pour cela le stimulant de l'émulation, surtout à la queue des chiens. La plupart des chevaux détestent particulièrement le saut d'un cours d'eau, et il ne faut jamais le leur demander qu'en se faisant précéder d'un guide vigoureux et franc. Il faut toujours craindre que le jeune cheval ne refuse l'obstacle ; une fois qu'il en aura reconnu la possibilité, il est capable de recommencer en dépit du fouet et de l'éperon. Toutes les fois que cela se trouve possible, il faut adopter le vieux système de faire monter par un bon écuyer le jeune cheval tranquillement derrière une meute de chiens. Il faut quelquefois toute une saison consacrée à rendre ces poulains assez maniables et assez adroits pour pouvoir prendre leurs exercices à travers champs dans le style voulu pour le steeple-chase. Dans presque toutes nos courses de ce genre, il y a un cours d'eau à franchir, souvent sans difficulté réelle, à cause de la pente qui se dirige vers le côté où l'on aborde. Ils sont toutefois assez larges pour que tout cheval qui manquera d'habitude ne commence pas par refuser. L'on doit donc faire choix d'un pays coupé de ruisseaux, et enfin de tous les obstacles possibles, depuis la barrière à rayons jusqu'à la charmille, et l'on profitera de l'excitation produite par une réunion de chevaux pour tout franchir. Le plus essentiel est de mettre un bon cavalier sur le poulain, afin qu'il ne soit jamais surmené ni tenté de refuser un obstacle. Il faut un connaisseur en fait de condition et d'allure, car rien ne dégoûte plus un jeune cheval que d'être présenté à des endroits difficiles, lorsque la fatigue a diminué ses forces. Il arrive souvent que l'écuyer est amateur de sport, et se trouve disposé à continuer longtemps aux grandes allures, comme s'il montait un cheval fait à ce jeu. Il faut se tenir en garde contre cette imprudence, et le propriétaire ne doit jamais hésiter à faire le sacrifice de la position avancée que pourrait obtenir le poulain, s'il tient à ses succès futurs. S'il n'y est pas bien résolu, il ne peut guère espérer que son écuyer y soit très-disposé ; aussi plus la course sera excitante, plus il est important d'en faire le sacrifice à l'avance, et d'y assister pour que le cavalier ne cède pas à la tentation. J'ai connu beaucoup de bons poulains dont on a gâté de la sorte le caractère et la constitution. Une bonne course à la queue des chiens demande un cheval plus en condition qu'une course plate, et cependant souvent l'écuyer qui dresse croit que le poulain peut l'accomplir comme un simple galop d'entraînement. Voilà les raisons à objecter contre l'usage de dresser le cheval à la queue des chiens ; mais si l'on peut se procurer un homme sage, qui réunisse à la vigueur nécessaire la prudence de s'arrêter à temps, c'est de beaucoup la meilleure éducation que l'on puisse donner au cheval de steeple-chase. Un exercice léger par-dessus une douzaine d'obstacles, à la queue des chiens, peut être pris deux ou trois fois par semaine, en ayant soin d'arrêter après avoir parcouru deux ou trois milles, et encore pas trop vite. En suivant cette méthode, le poulain quitte la besogne chaque fois avec le désir d'en faire un peu plus, et chaque jour il prend plus de goût à cet amusement. Le sentiment à encourager, c'est quand le cheval cherche de tous côtés un obstacle à franchir, et prend le mors aux dents dès qu'il l'aperçoit, afin de passer par-dessus à toute volée. Quand cette disposition lui est venue, et qu'il a été bien exercé à franchir tranquillement toute espèce d'obstacle, on peut le mener à eux d'un meilleur train, et lui apprendre graduellement à mesurer sa distance et à quitter terre de façon à ne pas sauter trop loin, ni cependant rester en deçà de l'obstacle. L'on peut faire une partie de ces exercices sans les chiens, car une fois que l'exemple a inculqué au poulain l'habitude de sauter tout ce qu'il rencontre, la meute devient inutile, et toute propriété couverte d'enclos avec des obstacles ordinaires conviendra parfaitement. Ici deux ou trois chevaux apprendront mieux qu'un cheval isolé. Si on peut se procurer en même temps de bons cavaliers, l'on organise deux ou trois fois par semaine un petit steeple-chase sans lutte de vitesse, jusqu'à ce que les jeunes chevaux, au lieu de passer les obstacles dans le style d'un hunter accompli, aient appris à les franchir en courant, sans s'arrêter d'un côté ni de l'autre. Il est tout aussi important de ne pas s'arrêter dans le champ où l'on arrive, qu'au point du départ. Si le cavalier n'est pas un coureur de profession, il faut qu'il se façonne aussi à cette méthode. Il y a une différence étonnante à cet égard entre deux chevaux dressés par chacun de ces systèmes ; l'un, hunter accompli, va tranquillement à l'obstacle, mais fait deux temps d'arrêt, le premier pour prendre ses mesures, le second par instinct. L'autre cheval, habitué au steeple-chase, prend tous ses obstacles d'une enjambée, et n'augmente l'allure que quand l'obstacle prochain demande un effort peu ordinaire, appréciation dans laquelle il est d'ailleurs aidé par son cavalier. C'est en raison du petit nombre de chevaux dressés de la sorte avant l'entraînement, qu'il faut un temps aussi long pour rendre le cheval parfait à la course au clocher. Il est beaucoup plus aisé d'y dresser un jeune animal qu'un vieux, car quand une habitude est prise, il y a bien plus de difficulté à s'en défaire qu'à enseigner l'habitude contraire à un cheval neuf. Souvent le manque d'aptitude empêche le cheval d'arriver au style voulu ; mais la mauvaise équitation et la lenteur du cavalier devant l'obstacle y ont encore plus de part. C'est pourquoi le propriétaire d'un cheval destiné à gagner un steeple-chase doit mettre beaucoup d'attention au choix du cavalier qui préparera le vainqueur futur. Peu d'hommes autres que les jockeys de profession peuvent monter juste un cheval de ce genre ; il faudrait en engager un chaque fois pour donner quelques leçons ou au moins trouver un cavalier qui entende parfaitement ce métier sans en faire profession. On trouve dans les bons pays de chasse beaucoup d'hommes qui moyennant une rétribution sont prêts à monter un jeune cheval à la queue des chiens, et hors de l'époque des chasses ils sont encore plus disponibles, puisque sans chiens ils peuvent monter plusieurs chevaux, tandis qu'à la suite d'une meute on ne peut monter qu'un cheval par jour. Quand la leçon se donne peu avant le steeple-chase et que l'on a fait choix du cavalier qui le montera, il y a grand avantage à lui confier le cheval deux ou trois fois à l'avance. Il y a peu de chevaux qui aient la même allure sur une route et encore moins à travers champs. Chaque cavalier a aussi sa manière, et il faut en conséquence que l'homme et le cheval fassent connaissance préalable, car souvent ce n'est que quand ils sont par terre tous les deux et hors de course qu'ils se rendent compte de leurs défauts respectifs. Il vaut donc

infiniment mieux s'y prendre à l'avance, pour que
le cavalier ait quelque chance de prévenir les accidents auxquels on peut parer par soin et par talent
lorsque l'on a été à même de les prévoir. Ainsi il y
a des chevaux portés à exagérer les sauts et qu'il
faut monter avec beaucoup de calme; d'autres sont
prêts à tomber dans le défaut contraire et frappent
le barreau supérieur d'une clôture ou les liens d'une
haie d'épines, souvent au risque d'une chute. Ceux-
là demandent à être enlevés devant l'obstacle; il leur
faut beaucoup d'équitation, comme disent les gens
du métier, surtout parce qu'ils cherchent à se mettre
à l'écart depuis le commencement de la course jusqu'à la fin, faute de goût pour l'ouvrage. Cependant
ce sont souvent les meilleurs chevaux pour la course
au clocher, puisque les plus mauvais sont ordinairement ceux qui se lancent tout d'abord, sautant sur
tout ce qu'ils rencontrent à un mètre trop haut, jusqu'à ce qu'ils s'épuisent et ne puissent plus sauter
une paille. Toutefois une paire de mains habiles
pourra tirer parti de l'une ou de l'autre espèce
d'animaux, mais cela ne doit pas s'attendre d'un
lourdaud fait pour conduire la charrue ou mener les
chevaux à l'abreuvoir.

Entraînement du cheval de steeple-chase. — 151.
— Pour entraîner les chevaux de course de cette
espèce, il est de toute nécessité d'y mettre plus de

temps et de se diriger par des principes un peu différents de ceux que l'on applique sur la course plate. Il faut beaucoup tenir compte du sang de l'animal, suivant qu'il est pur ou croisé et suivant le fonds attribué à la famille dont il sort.

152. — Le cheval de pur sang est entraîné pour la course au clocher presque par les mêmes principes que ceux que nous avons exposés pour la course plate dans le chapitre VI du livre précédent. Il y faut pourtant changer quelques détails, comme on verra plus bas. Nous supposerons qu'il est d'une race qui a du fonds et supportera le travail complet d'entraînement; sinon il faudra beaucoup rabattre sur les règles ci-dessous. — Les suées devront se faire sur un parcours de quatre à six milles de long; mais, à moins que l'animal ne soit très-replet, il n'y aura pas lieu de le charger de beaucoup de couvertures. Une seule suffit presque toujours, et si le cou et les épaules demandent à être traités spécialement, on peut ajouter des couvertures à l'endroit voulu. On a l'habitude de faire les préparations fort longues et de faire beaucoup de travail au pas, avec des suées tout juste suffisantes pour faire tomber la chair superflue et mettre la respiration en bon état. Il faut, jusqu'à un certain degré, sacrifier la vitesse au fonds ; de là ce long travail au pas particulièrement favorable à la dernière qualité, mais toujours

un peu au détriment de la première. L'on ne donne
donc aucune poussée de peu de durée, car il est
rare que le cheval soit développé à sa grande vitesse, excepté tout à fait vers la fin. Même à ce dernier moment, la lutte dépend bien plus du fonds
que possède le cheval que de la vitesse dont il joui-
rait pour un moment étant encore frais. L'on néglige
donc tous les expédients qui tendent à procurer
cette vitesse éphémère, et l'entraînement se suit de
façon à développer l'ensemble des forces musculaires
y compris celle du cœur, qui est le principal agent
dans ce que l'on appelle *haleine*. Il ne faut pas moins
de trois mois, à dater du jour où l'on prend le cheval en bon état à l'écurie, pour préparer un animal
de pur sang à un steeple-chase de quatre milles.
Avec ce temps devant soi, il faut encore que l'on ait
fait choix d'un cheval en santé brillante, dont la
chair soit ferme, et qui n'ait aucun symptôme de
toux, d'humeurs ou de maladies d'aucune espèce.
L'entraînement doit généralement commencer par
une suée avec ou sans couverture, d'après les circonstances, et puis suivie d'une dose de médecine et
d'un repos de quelques jours. Après cela, il faut au
moins cinq ou six heures de marche par jour, divisées en deux portions et comprenant un temps de
galop dans la main tous les jours ou tous les deux
jours, suivant la manière dont le cheval supporte la

promenade au pas. Ce système peut être suivi pendant cinq ou six semaines, avec une, deux ou trois suées pendant ce temps. La séparation entre la première et la seconde opération se fera au moyen d'une seconde dose de médecine avec des barbotages, etc. Cette seconde préparation pourra occuper trois semaines remplies par un exercice au pas diminué d'une heure et un peu plus de travail au galop. Il faudra aussi une ou deux suées de cinq ou six milles avec ou sans couvertures : généralement il faut chercher à s'en passer. Cela se termine par une purgation, et la *troisième préparation* peut commencer. Elle demandera trois ou quatre semaines, pendant lesquelles bien peu de chevaux auront besoin de couvertures pour leurs suées. Supposons une préparation de quatre semaines. Il faudra environ deux suées, savoir : une le 10e jour, et la seconde le 20e ou 21e, pour qu'il y ait entre cette dernière et la course un intervalle de huit ou dix jours. Pendant tout le temps de l'entraînement ou au moins pendant les deux dernières préparations, le cheval devrait une fois par semaine parcourir trois ou quatre milles d'un pays semblable à celui désigné pour la lutte ou au moins sur le terrain qui en approche le plus dans la campagne voisine. Il ne faut jamais toutefois lui présenter d'obstacles qui mettent à l'épreuve ses forces extrêmes ; mais plutôt lui faire entre-

prendre un grand nombre de sauts moyens. L'objet
est de fortifier les muscles qui fatiguent le plus, et
particulièrement ceux des épaules et des bras, qui sans
ces exercices se fatiguent longtemps avant l'arrière-
main. Ceux-ci se fortifient déjà par la course plate.
Ce fait est bien constaté déjà aux yeux des entraîneurs expérimentés dans ce genre ; aussi a-t-on vu
de grands succès couronner les efforts de certains
individus, qui au talent d'une équitation puissante
joignaient la science de cette sorte d'entraînement.
Plus d'un bon cheval a été envoyé à un entraîneur
de premier ordre pour la course plate, mais qui a
négligé cette précaution et sacrifié l'animal, faute
d'entraînement des muscles destinés à faire sauter.
Souvent on attribue l'insuccès à ce que l'entraînement n'a pas été dirigé en vue de la distance à parcourir. Cela arrive quelquefois en effet ; mais le plus
souvent la défaite provient du manque de travail à
travers champs par-dessus haies et fossés. Presque
tous les entraîneurs que j'ai connus savent fort bien
préparer pour toutes distances ; ce n'est pas là qu'il
faut craindre négligence ; mais beaucoup d'entre eux
ignorent qu'il faut un entraînement particulier pour
pouvoir répéter le saut sans trop de fatigue. C'est
exactement comme si l'on entraînait un rameur sans
lui mettre la rame à la main, c'est-à-dire par le régime, la marche, la course ; son haleine et sa condi-

tion générale deviendraient parfaites ; mais ses bras manquant d'entraînement se fatigueraient au bout d'une très-courte distance. La comparaison est un peu forcée, mais n'est que l'exagération de l'évidence; car il y a dans la région de l'épaule des muscles dont le cheval se sert peu pour galoper, et qui sont essentiels pour soutenir le choc en arrivant de haut en bas comme dans les sauts du steeple-chase. Ces muscles doivent avoir leur part d'exercice tout comme les propulseurs ; si on la néglige, le cheval succombera à moitié de sa tâche, comme cela se voit si souvent. Selon toutes probabilités, chacun des chevaux que l'on fait concourir pourrait franchir, sans jamais tomber, six fois le nombre d'obstacles qu'on lui présente si on le laissait s'y prendre à plusieurs fois et se reposer dès qu'il se sentirait fatigué. C'est donc lorsque les muscles de devant ou ceux de l'arrière-main succombent à la fatigue, que les chutes ont lieu. Si l'on se met à étudier les chutes nombreuses que l'on voit dans ces courses, l'on trouvera que la grande majorité des chevaux tombent de l'autre côté de l'obstacle, ce qui ne prouve rien contre la force d'impulsion, mais fait voir que le cheval n'a pu se soutenir en arrivant par faiblesse de l'avant-main. Les pieds de devant ont l'air d'entrer en terre, quel que soit le terrain, ferme ou mou, et le cheval culbute quelquefois entièrement, faisant le panache, ou bien il se laisse tomber sans résistance, comme si ses bras et ses épaules étaient paralysés. Tous ceux qui ont fréquenté les steeple-chases ont dû faire cette remarque ou la feront en consultant seulement leurs souvenirs.

Après la dernière suée, on peut donner un galop de deux jours l'un sur un espace égal ou un peu plus considérable que le terrain de course, mais sans obstacles, de peur d'accidents. Trois ou quatre heures de promenade au pas seront maintenant suffisantes, et dans les jours d'intervalle entre les galops, une courte poussée à bon train remettra l'haleine du cheval et accélérera son allure finale, s'il est destiné à voir cette partie de la course. Les dernières dispositions pour amener le cheval au poteau ne diffèrent pas de celles que nous avons données au sixième chapitre.

153. — Le cheval de demi-sang pour le steeple-chase, ou plutôt l'animal ainsi désigné, est souvent, sous tous les rapports, un vrai pur sang, c'est-à-dire qu'il supportera autant de fatigue et demandera à être traité de même. Beaucoup de chevaux et juments, qui ne sont pas dans le stud-book en raison d'une légère tache dans leur généalogie remontant à plusieurs générations, sont en réalité capables de faire tout autant que le vrai pur sang. Supposons,

par exemple, une jument de sept huitièmes sang de saillie par un étalon de pur sang, et que, comme cela est souvent arrivé, sa fille, sa petite-fille, son arrière-petite-fille sont toutes issues d'étalons de même sang, en langage du turf, le produit sera encore un demi-sang, bien qu'en réalité il soit contaminé dans la proportion de 1 à 128. L'on dit que ces demi-sangs sont inférieurs, parce que jamais animal de cette provenance n'a gagné une course plate de quelque importance. Il faut d'abord remarquer que ces juments sont rarement saillies de génération en génération par des étalons de premier ordre, bien que, de temps en temps, on ait pu faire par caprice les frais d'un saut dispendieux. Traitez de même des juments de pur sang, et vous verrez qu'elles produiront rarement un cheval de course de premier ordre ; l'argument tombe donc de lui-même, faute de similitude dans les données. Le succès dont Hotspur (de demi-sang) a tant approché, il y a quelques années, à Epsom, sans être convenablement entraîné, doit être sérieusement apprécié. Bien que l'on ne doive pas supposer qu'un meilleur entraînement l'eût fait arriver premier, cependant ce n'est pas un mince exploit pour un cheval dans l'état où il se trouvait que d'arriver second pour le Derby. Maintenant des demi-sangs comme Vainhope, Cogia ou Tally-ho sont en général du même genre et sup-

porteront les mêmes fatigues et une préparation
aussi sévère qu'un West-Australian ou un Flying-
Dutchman. Toutefois, il est notoire qu'en principe
les demi-sang ne fourniront pas en moyenne le
travail nécessaire à l'entraînement sans tomber en
décadence, et les préparations doivent être faites
avec grand soin, de crainte de produire ce fâcheux
résultat. Le traitement qui améliorera l'haleine,
l'allure et la condition générale d'un pur sang fera
d'un cheval de caste inférieure un animal malsain,
lent, épuisé ; ses muscles, au lieu de gagner en force
et en volume, seront mous, cotonneux, décousus,
l'œil deviendra morne et lourd, et l'appétit disparaîtra presque entièrement. Après ces observations
préliminaires, nous allons procéder à l'évaluation du
temps nécessaire pour produire dans sa meilleure
forme, pour un steeple-chase de quatre milles, un
cheval réellement de demi-sang. L'expérience a démontré qu'au delà de deux mois ou dix semaines
bien peu de ces chevaux peuvent gagner à l'entraînement ; tout le temps et les peines qu'on leur consacre, passé ce délai, sont autant de perdu. Je prends,
comme précédemment, pour point de départ l'état
de santé dans lequel un bon et solide cheval est ordinairement maintenu dans une écurie particulière,
et je crois être dans le vrai en fixant ainsi le temps
moyen de l'entraînement. Souvent aussi ces chevaux

engraissent très-rapidement, et demanderaient, pour se débarrasser de leur superflu, trop de travail aux grandes allures; il faut bien alors les faire suer sous les couvertures. Plusieurs doivent être soumis, pendant l'hiver, à de très-fortes suées; c'est encore une raison pour que leur entraînement ne dure pas aussi longtemps que celui des chevaux pur sang. Voici, je crois, en moyenne, le meilleur traitement pour un cheval de cette espèce bien constitué. Je dois faire remarquer, toutefois, que les variétés de nature sont encore plus nombreuses que chez le cheval de pur sang, et qu'il faut encore plus de tact et d'expérience pour modifier le régime de façon à le faire concorder avec chaque cas particulier. L'ancre de salut est ici dans la promenade au pas, comme plus importante que pour le pur sang; cependant il faut en donner moins au demi-sang. En prenant neuf semaines comme moyenne de durée pour l'entraînement, l'on peut diviser l'œuvre en deux préparations de la façon suivante :

154. — La première préparation du cheval demi-sang sera, comme à l'ordinaire, précédée d'une dose de médecine, puis le cheval sera mis à un exercice de quatre ou cinq heures par jour, au pas, moitié le matin, moitié dans l'après-midi, et tous les deux jours un temps de galop de deux milles à une allure lente et régulière. A la fin de la première semaine,

l’on peut donner un galop de trois milles sans presser l’allure, et, après dix jours, faire suer le cheval en lui faisant parcourir lentement cinq ou six milles, avec une bonne charge de couvertures. S’il n’est pas du tout en chair, il faudra naturellement s’abstenir de le couvrir, et s’il est modérément gras, il ne prendra qu’un seul sweater sous son vêtement ordinaire. Dans tous les cas, il faut qu’il parcoure la distance à une allure modérée et régulière, puis on le fera suer plus ou moins, selon son état, en le chargeant de couvertures dans la maison de pansage.

Après cette suée il ne prendra pendant deux jours d’autre exercice que sa promenade ordinaire, puis un galop lent de trois milles suivi d’un jour de promenade ; cela se répètera pendant quatre jours ; on prolongera encore le galop si le cheval est en progrès et l’on terminera par une seconde suée succédant à un jour de promenade et terminant l’espace d’environ trois semaines. Après la seconde suée l’on donne un barbotage, afin de préparer le cheval à une purgation que l’on administre de la façon ordinaire avec le repos qui doit y succéder et terminer cette première partie de l’entraînement. Je dois pourtant faire encore observer que l’exercice à travers champs par-dessus des obstacles est tout à fait aussi utile pour ces chevaux que pour le pur sang, et cela par les motifs que nous avons exposés au § 165. On doit donc pratiquer cet exercice les jours fixés pour des galops de trois milles et sur un espace de terrain à peu près équivalent.

155. — La seconde préparation du cheval de demi-sang mettra complétement à l'épreuve la capacité de l'entraîneur, et il faut une expérience consommée pour opérer juste avec un cheval de cette classe. Il faut continuer lês suées et quelquefois augmenter l'allure vers la fin de l'opération, mais avec des précautions infinies. Le travail au pas reste encore comme base essentielle, et il est impossible de préciser à quel degré l'on peut s'en écarter. L'on ne peut évaluer d'avance la longueur ni la vitesse des galops à administrer, l'on peut seulement dire comme règle générale que les suées ont lieu tous les dix jours sur des distances de cinq ou six milles avec ou sans couvertures, et que, dans l'intervalle d'une suée à l'autre, l'on choisit certains jours pour des galops de trois ou quatre milles. L'exercice à travers champs se continue jusqu'à la dernière suée, mais non pas après. A dater de ce moment, l'on commence au contraire à ménager le demi-sang dans l'intervalle qui précède la course avec bien moins de galop que pour le pur sang. L'on doit se guider sur l'apparence du cheval et la fermeté de sa chair sous la main, et aussi sur l'appétit, en examinant s'il ne reste rien dans la mangeoire. Quand il

est surmené, le cheval de demi-sang perd facilement l'appétit, et ce qu'il y a de pis, c'est qu'il ne le recouvre pas promptement. Aussi ce symptôme doit-il être examiné avec le soin le plus minutieux; au moindre indice de diminution d'appétit, il faut réduire le travail. Toutefois, en général, un cheval de demi-sang de bonne constitution prendra après la suée deux et même trois temps de galop assez vifs de quatre milles, dont trois milles et demi à l'allure prudente et le dernier demi-mille d'assez bonne vitesse, mais sans développer l'animal à toute extrémité. Tant qu'on le peut, il faut éviter dans la dernière préparation de pousser à sa plus grande vitesse un cheval de demi-sang, et il ne faut pas songer à une épreuve plus longue qu'un mille ou un mille et demi. A dire vrai, les épreuves particulières pour le steeple-chase sont absolument sans utilité et il n'y a qu'une lutte véritable sur un terrain difficile qui puisse témoigner des moyens du cheval. Il y a trop de chances qui reposent sur les effets que produiront les sauts et aussi sur l'aptitude à supporter longtemps une course rapide; or, ce sont des facultés auxquelles il ne faut jamais faire appel pendant l'entraînement, de peur de ruiner la santé du cheval. Les deux derniers jours l'on ne donnera que de courts galops de un mille et demi à deux milles. Celui de l'avant-dernier jour sera un peu plus vif qu'à l'ordinaire et devra se terminer par une course vive et soutenue pendant un demi-mille. Le muselage, la nourriture, etc., seront réglés comme pour le cheval de pur sang, à l'exception de l'addition graduelle d'un quarteron de fèves pendant la seconde préparation. Les circonstances régleront cette ration de fèves ; mais, en général, les chevaux de steeplechase se trouveront bien de ce genre de nourriture pendant l'hiver, et surtout les demi-sang auxquels on impose un travail moins long. Nous allons quitter ce sujet pour lequel il faut essentiellement des principes, et auquel cependant il est difficile d'en tracer d'absolus. Dans toutes les occasions, le cheval de demi-sang est difficile à entraîner, et la chose devient fort embarrassante lorsqu'il faut lutter sur de grandes distances avec le cheval de pur sang. Ce n'est que pour sauter et pour porter du poids que le cheval de demi-sang est supérieur, et quand l'animal de race pure se trouve posséder ces qualités, dans neuf occasions sur dix on le verra triompher, surtout si le poids ne dépasse pas onze à douze stones. Voilà pourquoi l'on se sert de purs sang ou de chevaux à peine contaminés, et que l'ancien cheval véritablement demi-sang se trouve négligé toutes les fois qu'on peut se procurer des chevaux de race pure.

Les cavaliers de steeple-chase. — 156. — Ces cavaliers forment une classe à part et tout à fait distincte des jockeys de course plate. Ils sont fort nombreux, comme on peut le voir dans l'annuaire du steeple-chase, par Wright, qui en cite 110 dans le Royaume-Uni. Leur poids varie entre 8 et 11 stones, et leur prix est de 5 livres ou au-dessus. Les règles ne sont pas aussi sévères que pour la course plate, et diffèrent tant pour les chevaux que pour les cavaliers.

[illegible]

LIVRE III.

A LA QUEUE DÉS CHIENS.

CHAPITRE Ier.

GÉNÉRALITÉS IMPORTANTES.

Observations générales. — 157. — Ainsi que je l'ai déjà fait observer, la course à la suite d'une meute est souvent qualifiée de chasse, et on peut le faire aujourd'hui avec quelque raison, car il y a peu de gens qui aiment la chasse pour elle-même, et l'on peut dire que presque tous les veneurs luttent de vitesse à la suite des chiens. Toute l'affaire se réduit à une course, d'abord entre les chiens eux-mêmes, puis les chasseurs concourent entre eux, souvent de façon à gâter le plaisir de la chasse, puisque, dans l'ardeur de la lutte, ils foulent continuellement, la *voie* de l'animal. Cette course derrière la meute est suivie d'une façon tellement systématique que nous croyons devoir en faire un examen sérieux et quand on considère que le nombre des hunters dans la Grande-Bretagne et en Irlande, en plein service, s'élève selon toute probabilité à 20,000, l'on ne peut s'empêcher de prendre à ce sujet un intérêt proportionné à son importance. Pour l'amusement de la chasse, outre les chiens, dont nous avons parlé dans un ouvrage précédent, il n'y a plus à se procurer que le hunter. Celui-ci doit être soit de pur sang, soit de demi-sang ordinaire ou un porteur de grands poids. Nous allons faire de chacun de ces animaux un examen séparé.

Le hunter. — 158. — Le hunter de pur sang[1] se présente le premier à l'observation, puisque c'est celui qui a le plus de *valeur*, suivant la définition de Hudibras. Sans doute, le hunter de pur sang, parfait d'éducation et de caractère, en état de porter du poids, est une rareté, et par conséquent fort recherché et d'un prix élevé. Mais il ne suffit pas du sang qui donne l'haleine et le fonds, il faut cette liberté de mouvement et cette adresse naturelle qui permet de faire toutes les prouesses exigées d'un bon hunter. Ce n'est pas la

---

[1] Les Anglais étendent jusqu'à l'homme l'excellence du sang, et malgré les exemples de dégénérescence que présente quelquefois leur aristocratie, ils prétendent que 99 fois sur 100, quand il se trouve dans une société quelqu'un qui fait tache, c'est un fils de parvenu ; cela s'exprime en disant : cet homme n'a jamais eu de grand'père (voir Delmé Ratcliffe, p. 67). Quand au parvenu en personne, leur proverbe est : Méfiez-vous de l'homme qui s'est fait lui-même.

taille au garrot qu'il est difficile de trouver dans nos chevaux actuels, puisque l'on en trouve de 17 mains[1] et au delà ; la vraie difficulté est d'en rencontrer assez près de terre, auxquels il ne passe pas trop d'air entre les jambes. Cette expression de sportsman rend bien la forme désirée, et malheureusement si rare. Un hunter de demi-sang peut souvent être trop épais et trop ramassé, mais cela ne peut guère être le défaut du pur sang. Ces considérations s'appliquent aussi au cheval de course, qui, comme on l'a vu précédemment, peut être trop volumineux et avoir la côte trop ronde, ce qui le rendrait trop lourd relativement à ses membres, et trop lent pour sa destination spéciale. Quant au hunter de pur sang, s'il est bien proportionné, il peut difficilement être trop gros et trop fort, mais il faut aussi des jambes fortes et osseuses pour porter un tel poids et celui du lourd cavalier proportionné à un tel coursier. Concluons donc que pour l'objet en vue il faut combiner les qualités suivantes : d'abord pureté de race, puis une charpente forte, près de terre, osseuse et musculeuse, troisièmement vitesse et dextérité, quatrièmement un caractère doux pour que les premières qualités puissent être mises en œuvre par le maître. Si donc l'on peut mettre la main sur un che-

---

[1] 17 mains, 1m,727.

val ainsi doué, sain de membres et en pleine santé, c'est une acquisition enviable, et celui qui peut faire de grands frais ne doit pas hésiter à dépenser une somme considérable pour se monter de la sorte. Qui ne voudrait monter un cheval comme Rat-trap, the Switcher, Sir Peter Laurie, etc., si on pouvait l'obtenir bien dressé et tranquille à la suite d'une meute? Ceux que nous venons de nommer, et bien d'autres célèbres, soit au steeple-chase, soit à la chasse, sont de force à porter 15 stones [1] à la queue des chiens les plus vites. Le hunter de cette classe le plus fort que j'aie connu avait été élevé en vue du Derby, et sa généalogie et son entraînement avaient été dirigés de ce côté. Il est haut de 17 mains [2] avec les jambes courtes, et a la charpente et l'étoffe d'un cheval de camion ou bien près. Malheureusement il a été atteint de sifflage et s'est trouvé aussi trop lent comme cheval de course; mais il est maintenant un hunter de premier ordre; il est en état de porter 17 stones [3] et suit actuellement les chiens de très-près avec un cavalier de ce poids. Il est fils d'Harkaway, qui au sang d'Éclipse joint une large infusion de celui de Herold, et se trouve ainsi admirablement posé pour devenir père de hunters capables de porter. Ainsi

---

[1] 15 stones, 96 kil. 19.
[2] 17 mains, 1m,727.
[3] 17 stones, 109 kil. 091.

que je l'ai dit plus haut, ces chevaux sont fort rares,
et si on en veut avoir, il faut savoir payer. Ne nous
étonnons pas en conséquence que l'on reproche à
nos chevaux de cavalerie d'être incapables de supporter la fatigue et la privation sous 18 st. [1], quand
nos plus fiers hunters ont de la peine à se tirer d'affaire avec un stone de moins. La somme payée jusqu'à ce jour pour les chevaux de troupe de notre
cavalerie a été seulement 24 livres (605 fr.), tandis
que pour monter un régiment dans la perfection, il
faudrait débourser au moins 100 livres (2521 fr.)
pour chaque cheval. Les chevaux de pur sang ne
sauraient donc remplir cet objet, ils ne servent que
sur l'hippodrome et aux écuries des riches en raison
de leur peu d'aptitude à porter du poids [2]. Un hunter en état de supporter un cavalier de 11 stones [3]
ou même de 12 stones peut encore se trouver de
pur sang, et tous les ans on vend pour cet objet bon
nombre de coursiers trop lents pour l'hippodrome.
Malheureusement, la plupart ont les membres tarés,

---

[1] 18 stones, 114 kil. 101.

[2] Les gentlemen produisent ordinairement le seul cheval de course,
mais il y a en Angleterre des établissements qui fournissent tous les
genres. Un modèle de variété est la ferme de Dudding Hill, à MM. Henry
et Cheslyn Hall. Les étalons sont Harkaway, The Libel, Tearaway, Pits-
ford, Chabron, Lothario (le plus beau modèle existant), Ethelbert, Cle-
veland Shortlegs (superbe échantillon de la race près de terre) et The
Wonder, trotteur d'action splendide. La vue seule de Lothario, l'admirable bai, vaut bien les frais de déplacement.   (Youatt.)

[3] 11 stones, 69 kil. 812 ; 12 stones, 76 kil. 159.

les pieds abimés, le caractère et les mouvements
viciés par suite de l'entraînement. Par tous ces motifs
réunis, il n'y en a pas dix pour cent qui soient réellement propres à suivre les chiens. Personne n'aimera monter un cheval qui mordra ou qui ruera, qui
se cabrera ou fera des sauts de mouton ou qui tirera
de façon à le distinguer à peine du cheval emporté.
Ces défauts résultent si fréquemment de l'entraînement, que l'acheteur s'attend à en trouver un ou
plusieurs chez un cheval qui a subi cette épreuve.
Outre ces défauts de caractère, il y en a d'autres qui
dépendent de l'éducation spéciale pour le turf, savoir
le galop rasant le gazon comme pour couper des
marguerites, et la difficulté à se mettre sur les
hanches qu'éprouve presque tout cheval entraîné
pour les hippodromes. Un hunter devrait presque
être en état de marcher sur ses pieds de derrière
seulement, et par suite, quand on le dresse, on doit
le rassembler beaucoup plus que le cheval de course.
Je ne dis pas qu'il doive être aussi ramené qu'un
cheval de cavalerie, mais il doit l'être assez pour
s'équilibrer sur les jambes de derrière en abordant
l'obstacle toutes les fois que l'on veut le passer tranquillement et en rampant[1], ce qu'un hunter accompli doit savoir faire en perfection. Rien n'est pire

---

[1] Creeping, rampant; on entend par là que le cheval ralentit assez
pour avoir l'air de se traîner vers l'obstacle.

qu'un hunter frêle ou de mauvais caractère, de pur sang ou non ; un cheval de demi-sang doux et d'une nature vigoureuse est toujours préférable à un pur sang qui laisse à désirer de ce côté. Il n'y a pas de milieu pour le pur sang, il vaut son pesant d'argent ou ne vaut pas sa ration d'avoine. Les pieds du cheval de pur sang sont généralement trop petits pour bien marcher dans un terrain mou qui demande un sabot de bonne dimension pour qu'il ne s'enfonce pas dans la terre défoncée et sans résistance. C'est un point qui a de l'importance, et je crois qu'en examinant les chevaux qui se tirent le mieux d'affaire dans la terre labourée, on trouvera des pieds passablement forts [1].

159. — Par *le hunter ordinaire de race impure*, (Fig. 15) on entend toutes les variétés comprises entre l'animal que nous venons de décrire et le cheval de gros trait ; mais je n'ai maintenant en vue que ceux qui peuvent porter 14 stones [2] derrière les meilleurs chiens. Ses meilleures qualités sont la douceur, l'adresse et la forte constitution ; elles sont toutes à une plus grande perfection que dans le pur sang, et

[1] Le croisement est dit rapproché, quand on met un cheval de pur sang avec une jument de trois quarts. C'est la variété appelée *Cocktail*. Un produit d'une forte jument de pur sang avec un étalon de demi-sang produit, selon Delabere Blaine, un hunter pour les hommes lourds. Si les parents sont bien grands, vous arriverez au superbe cheval de *cabriolet*.

[2] 14 stones, 89 kil. 851.

naturellement on s'attend à les trouver passablement développées dans chaque individu. Il est hors de doute qu'en général les hunters de cette espèce excellent à franchir toute espèce d'obstacle, soit de

Fig. 15. — Quorn Keepteake, Hunter de demi-sang, présumé de provenance irlandaise.

pied ferme, soit à la volée, suivant qu'ils ont été dressés d'une façon ou de l'autre. Il y en a d'assez bien dressés pour sauter des deux manières, suivant la volonté de leurs cavaliers. Ces chevaux couvrent des largeurs énormes et sautent prodigieusement haut. L'on dit qu'en 1832, à Saint-Albans, Moon-raker franchit sans toucher une barrière de sept pieds. Les largeurs de 33 et 34 pieds ont été franchies, l'une par Chandler, l'autre par Vainhope, mais on ne peut guère les classer parmi les hunters de demi-sang, bien que tous les deux soient assez contaminés pour écrire *h. b.* après leurs noms [1]. Un vrai demi-sang qui m'appartenait franchit 29 pieds que j'ai mesurés, tout en tenant la tête d'un steeple-chase au bout de trois milles. L'on ne peut nier que pour sauter en hauteur, le pur sang ne soit battu par son impur rival, mais sur la largeur il emportera la palme, comme on doit s'y attendre d'après sa vitesse supérieure et la longueur de son emjambée. Souvent chaque enjambée du cheval de course à fond de train couvre un espace de vingt pieds; il n'a qu'à augmenter cet espace de moitié pour couvrir 30 pieds; s'il ajoute de trois quarts, il fera un saut qui dépassera celui de Vainhope d'un pied. L'on voit donc que les avantages sont balancés plus qu'on ne le croit, même au point de vue des sauts, et si le cheval de pur sang est bien dressé pour la chasse et mis sur les hanches, il fera tout ce que cheval peut faire. Mais il est généralement dressé de toute autre façon, et puis il devient chaud et vicieux par la nourriture échauf-

---

[1] *h. b.* Initiales de halfbred, demi-sang.

fante et tous les procédés de l'écurie d'entraînement. Voilà son désavantage, et le hunter de demi-sang peut être proclamé sans contredit lettre A n° 1 [1], en prenant la moyenne et considérant l'ensemble des qualités. Cependant chaque année les hunters sont d'origine plus distinguée et deviennent de plus en plus capables de lutter de fond et de vitesse avec leurs rivaux de l'aristocratie chevaline. Très-prochainement nous devons nous attendre à voir le pur sang ordinairement battu sur le terrain de chasse par des chevaux ayant en réalité toutes les qualités de la race purè, quoiqu'il y ait une tache dans la généalogie à la distance de quelques générations ; mais il faudra produire et dresser ces chevaux uniquement en vue de la chasse. Cela ne passe pas ainsi maintenant, parce que tous nos éleveurs cherchent à atteindre deux buts différents. Ils choisissent le sang qui, dans un grand nombre, peut leur donner un vainqueur du Derby, et préfèrent ainsi la chance d'un grand prix à celle de beaucoup de petits. Ce sujet sera au reste examiné avec avantage dans le chapitre de la production qui termine la seconde partie de ce manuel. Quand à la conformation du hunter dont il est ici question, elle doit beaucoup dépendre du poids qu'il aura à porter. S'il doit être chargé de moins de

---

[1] Expression habituelle des Américains pour exprimer le superlatif.

quatorze stones, le hunter peut ressembler d'aussi près que possible à un cheval de course. Le fait est que, dans presque tous les cas, il a sept huitièmes de sang. La légèreté du cou et de la tête n'a pas tout à fait autant d'importance que sur le turf, mais cependant c'est une qualité désirable. Il ne faut pas moins préférer une tête pleine et hardie avec un crâne large et vaste, contenant un volume considérable de cervelle, à une tête remarquablement fine et jolie. Cette ampleur est indispensable pour que le hunter possède la haute intelligence qui lui est nécessaire. Il ne devrait jamais en manquer, sans quoi il roulera son cavalier dans la boue ; son savoir doit toujours grandir par l'expérience. Il y a des chevaux qui ne se trompent jamais, à moins qu'on ne les surmène cruellement, tant sous le rapport des distances que des obstacles, et cependant leurs moyens ne sont pas supérieurs à ceux d'autres animaux qui sont toujours dans l'embarras et y mettent leur maître. Je me souviens d'avoir vu, il y a quatre ans, dans le Worcestershire, une jument noire qui, sans se tromper une fois, suivit une longue chasse, quoique ce fût sa première apparition à la queue des chiens. Par le fait, elle était à peine débourrée, mais elle avait la physionomie la plus intelligente, avec un cerveau bien développé et un œil qui pouvait presque parler. Elle fut vendue 150 livres pour aller

en Leicestershire, quoiqu'elle pût à peine porter
12 stones. Maintenant l'on peut dire que c'était un
hunter naturel, mais pourquoi ? c'est qu'elle avait
l'intelligence de voir tout de suite ce qu'il y avait à
faire et par quels moyens. Tous les chevaux doux et
intelligents deviennent promptement de bons hunters, pourvu qu'ils aient de la force et de l'action,
tandis que les chevaux tristes, stupides, ou bien ces
furieux qui ne regardent pas devant eux, ne deviennent des hunters qu'à force de travail de la part
des casse-cous qui font métier de les dresser, au
risque de perdre les membres ou la vie.

160. Le hunter qui peut porter un lourd cavalier est bien rarement de pur sang oriental, c'est-à-
dire que le cheval de pur sang n'est pas souvent
capable de porter plus de 14 stones[1] à travers la
campagne. Il y a quelques rares exceptions, et j'en
ai signalé une au § 158. Ce n'est pas qu'un cheval
de pur sang ne battra pas, avec 16 stones sur le dos,
un hunter lent, épais, fait pour porter ; on sait qu'il le
fera dès qu'il pourra soulever ce poids (Fig. 16). Mais
la pratique fera voir que ses articulations et ses muscles sont trop petits pour résister aux efforts que ce
poids leur occasionne. Un exemple singulier de la
disparité qu'il y a entre les chevaux de ces deux

[1] 14 stones, 89 kil. 851.
    16 stones, 103 kil. 744.

Fig. 16. — Cheval pouvant porter un Cavalier pesant.

classes s'est présenté il y a quelques années, quand un cheval de pur sang, sans aucune prétention comme cheval de course, fut engagé pour une course de 4 milles[1], sous 13 stones 7 livres, contre un hunter d'assez bonne race, vigoureux et portant du poids. Oliver et Parker étaient dessus. Le pays choisi n'était pas très-difficile, mais assez cependant pour éprouver la qualité des chevaux. Le résultat fut que le cheval de demi-sang ne put jamais forcer l'autre à prendre son allure de course, et quoique Oliver perdit son plomb de surcharge et fût obligé d'aller le ramasser à trois ou quatre cents yards en arrière, il arriva au but à une très-petite distance du cheval de demi-sang plus fort, mais plus lent. Le pari et les circonstances qui l'accompagnèrent étaient fort absurdes, mais les faits prouvèrent que, même avec du poids, le cheval de pur sang a des qualités supérieures pour une seule course à travers champs. Mais si pendant quelques mois les deux mêmes chevaux étaient montés deux fois par semaine à la queue des chiens, par deux hommes de 14 stones, le hunter de demi-sang serait frais à la fin comme au commencement, tandis que l'autre serait boiteux, taré, démoli, si par hasard il avait pu chasser aussi longtemps. Si donc un homme de ce poids veut

____

[1] 4 milles, 6329 mètres.

monter des purs sang, il faut au moins qu'il double
le nombre de ses hunters, car il les trouvera bien plus
souvent boiteux que le demi-sang mieux membré.
Mais en un seul jour le pur sang fera mieux de
l'aveu général, et quoique dans les pays où la chasse
marche vite, il faille un cheval de relai, même pour
les cavaliers légers, cependant on peut bien plutôt
s'en passer sur un cheval de pur sang. Pour un cheval capable de porter 16 stones, il faut dans tous les
cas débourser une somme ronde, car naturellement
on voudra qu'il ait de la vitesse ; or il est aussi difficile de trouver cette qualité dans un cheval de peu
de race que de trouver de la force chez le cheval de
pur sang. Avec la forme du cheval de course, peu de
chevaux de demi-sang pourront porter 16 stones.
S'ils ne sont pas de race presque pure, il leur faudra une charpente trop épaisse pour permettre une
grande vitesse. La planche qui accompagne cet article fait voir quelle est la forme parfaite pour le cheval de cette classe, *petit pour sa taille*, comme disent les marchands, c'est-à-dire un cheval fort, près
de terre, paraissant moins grand qu'il n'est en réalité, parce que ses proportions régulières trompent
l'œil. C'est toujours un bon signe quand un cheval
ou tout autre animal se trouve à la mesure plus
grand qu'on ne le croyait, cela provient invariablement de ce que les parties sont si bien suivies et

proportionnées que l'œil ne s'arrête nulle part. Quand on trouve un cheval ainsi conformé avec une tête, une encolure et des épaules comme sur notre estampe, on peut le regarder comme une rareté. S'il a de belles allures et connaît son métier de hunter, on ne doit pas l'obtenir à moins de 200 guinées. Je regarde les sommes supérieures à celle-là comme des prix de fantaisie, et que l'on demande pour s'accommoder au goût de ceux qui ne sont contents que quand ils se procurent des choses hors de la portée des hommes ordinaires ; la jolie tête et l'encolure gracieuse ont surtout le mérite de plaire aux yeux, mais les épaules penchées et fortes en même temps, les hanches larges et puissantes avec un dos comme un lit de plume, sont les qualités essentielles pour bien monter. Ces chevaux devraient aussi avoir les cuisses très-fortement développées, de sorte qu'en levant leurs queues, ces parties se touchent au-dessous de l'articulation du grasset ou plus bas que la demi-distance de la naissance de la queue au jarret. A l'extérieur, les muscles des cuisses doivent saillir fort au delà des hanches, à moins que celles-ci ne soient très-saillantes, ce que l'on rencontrera rarement. Ces hanches proéminentes ne plaisent pas aux yeux jusqu'à ce que l'expérience ait montré leurs avantages. Mais le cavalier qui a observé finit généralement par conclure que le beau cheval est celui qui fait de belles choses, et à la chasse la vérité de ce proverbe est facile à reconnaître. Dans Hyde-Park, l'on sacrifie beaucoup aux apparences qui deviennent une considération de premier ordre. Ce n'est pas que les habitués de cette promenade soient de mauvais juges, bien au contraire, mais on n'éprouve là qu'une seule qualité, l'action, qui se déploie en perfection. Mais à la chasse, la lutte est à l'ordre du jour, et le cheval que l'on estime le plus est celui qui peut battre ses compétiteurs, lors même qu'il serait aussi laid qu'un cheval de cabriolet de place. S'il est bon pour marcher, on en fait autant de cas que s'il avait l'extérieur le plus en vogue. Tant mieux pourtant s'il réunit la beauté et la bonté, il ne s'en paiera que plus cher. Il faut à ces animaux des jarrets larges, osseux et forts pour leur donner de la force et de la résistance. Les courbes, les éparvins, les vessigons chevillés sont grandement à éviter, surtout la courbe qui reviendra invariablement sous un grand poids, lors même que l'on serait parvenu à la guérir. Les boulets doivent être forts et les paturons courts sans être trop gros. Cette observation s'applique tout autant aux membres de devant qu'à ceux de derrière. Il faut regarder les genoux avec soin, car il leur arrive facilement de manquer sous un poids considérable. Il en faut de gros et larges avec la pointe osseuse postérieure bien développée et l'aplomb bien régulier. Si on s'en écarte, cela doit être en avant[1]. Rien n'est pis dans cette classe de chevaux que le genou de veau, parce qu'en terminant un saut de hauteur, l'effort que supportent les ligaments n'est pas assez soulagé par les muscles, qui perdent beaucoup de leur force par suite de l'extension du membre au delà de la ligne droite L'on trouve en pratique comme en théorie que ces genoux creux ne valent rien pour la chasse, et surtout s'il y a du poids sur la selle, car, au-dessous de douze stones, ils suffisent fréquemment. D'un autre côté, plusieurs des meilleurs hunters ont le genou en avant, malgré les reproches que plusieurs personnes font à cette conformation, comme, par exemple, Cecil dans le supplément qu'il a fait récemment au livre « *Le Cheval* ». Il conclut dans cet écrit que les descendants de Pénélope doivent être de mauvais hunters, parce qu'ils héritent de cette conformation de la jambe. Il est pourtant notoire qu'une bonne partie de nos meilleurs hunters et chevaux de steeple-chase descendent de cette jument par ses fils Whisker ou Whalebone. Le Colonel, fils de Whisker et, par conséquent, son petit-fils, quoique peu remarquable pour produire le cheval de course, est

---

[1] Le célèbre étalon Partisan avait les jambes ainsi arquées et le tenait sans doute de sa grand'mère Prunella. Il en est de même de Venison, et cependant ces animaux ont supporté des entraînements sévères.

(Youatt, p. 67.)

néanmoins père d'un très-grand nombre de hunters de première classe qui présentent la particularité du genou en avant, et, à mon avis, c'est à leur grand avantage. Nimrod aussi, fils de Whalebone, n'a-t-il pas produit un grand nombre de hunters extraordinaires avec du poids sur le dos, et chez lesquels cette tendance du genou à saillir en avant était évidente? Et cependant ils résistaient aux fatigues du métier, et je n'ai pas vu un hunter fils de Nimrod qui eût le devant réellement usé, bien qu'ils fussent souvent très-arqués. Mais ils ont tous de bons tendons, de bons ligaments suspenseurs, et voilà les parties réellement importantes sur lesquelles repose immédiatement la résistance des jambes du hunter, quand elles aboutissent à des articulations de bonnes dimensions consolidées par de forts ligaments latéraux. Ces remarques s'appliquent aux bons produits de Sir Hercules, Defence, Safeguard, Combat et the Sadler, tous descendants de Pénélope, quoiqu'ils ne soient pas tous brassicourts. Pour le cheval de voiture ou les hacks de voyage, cette conformation occasionne quelquefois un tremblement du genou à la suite du choc répété qu'il ressent dans ce genre de travail; mais pour les courses, soit sur le terrain plat, le steeple-chase, ou à la suite d'une meute, c'est plutôt un avantage, telle est mon opinion et celle de tous les connaisseurs que j'ai consultés. J'ai fait ces observations, non pour dénigrer les travaux de Cecil, mais parce que, sur une affaire de cette importance, il ne faut pas que le jeune cavalier de 16 stones puisse être induit en erreur. Il faut que la vérité se manifeste, et je suis convaincu qu'on la trouvera, pour cette question de conformation du membre antérieur, du côté où je me suis rangé. Les pieds du hunter susceptible de beaucoup porter doivent être d'assez grande dimension, sans être plats, conformation qui le rendrait impropre aux terrains durs, tout comme le petit pied contracté s'enfoncerait dans la boue et ne permettrait pas de travailler en terrain mou sous un cavalier pesant. Quand toutes les conditions que nous venons d'énumérer se rencontreront dans un cheval de bon caractère, que les chiens ne surexciteront pas et qui aura bonne bouche, l'on obtient cet animal rare « *le hunter parfait capable de porter* 16 *stones.* » Au delà de ce poids, tout cheval en état de suivre doit avoir les formes du cheval de camion, et quoiqu'il puisse rester avec la chasse, cela doit être nécessairement *longo intervallo.*

Jamais cheval n'a pu faire davantage, quand les chiens étaient lancés à bonne allure dans les prairies. Il est extraordinaire de voir ce que certains hommes de 18 stones peuvent faire à la suite d'une meute. Mais il faut attribuer ces succès à la connaissance du pays et à la chance, et non à une course franche en droite ligne. Quelquefois un animal conformé en cheval de charrette, mais avec des membres assez nets, se trouve capable de suivre à une bonne allure et être assez adroit pour passer les obstacles en rampant ou en sautant dessus et par terre, etc. Un tel cheval portera jusqu'à 20 stones [1] à la queue des chiens. Je me rappelle même une jument qui portait un chasseur du poids de 20 stones 7 livres, et qui lui fit franchir un cours d'eau de 14 pieds au moins d'une berge à l'autre, et cela à la fin d'une course de 6 à 7 milles. Toutefois, comme on doit le supposer, la course n'avait pas été menée très-vite. Cette jument avait beaucoup de sang, quoique forte et conformée en bête de charrette; elle allait un train extraordinaire relativement à sa construction et au poids de son cavalier. Elle produisit plusieurs poulains qui se vendirent tous fort chers.

La sellerie. — 161. — La selle de chasse doit être tout à fait de première qualité, en raison des rudes épreuves auxquelles elle sera soumise dans de nombreuses aventures dans l'eau et sur le sol. Une immersion dans un ruisseau suffit pour gâter une mauvaise selle, tandis que le même accident ne laisse aucune trace sur la selle bien faite. Le dos du cheval doit souvent supporter le poids du cava-

[1] 20 stones, 126 kil. 982.

lier depuis huit heures du matin jusqu'à six heures du soir; si la selle est mal faite ou mal ajustée, le cheval se blessera. Dans tous les cas, elle doit être grande et spacieuse. Un homme pesant ne gagne rien à commander une selle de dix livres, croyant s'ôter quatre livres de poids. C'est, au contraire, le cheval qui est victime de cet avantage fictif; le poids, n'étant pas réparti sur une assez grande surface, entame la peau et fatigue les muscles sur lesquels la selle repose. Jamais selle ne doit avoir des proportions rétrécies, si elle est destinée à rester longtemps sur le dos du cheval. Il s'ensuit que la selle de chasse doit, moins que toute autre, perdre de ses justes proportions. La selle destinée au steeple-chase peut être réduite même jusqu'à sept livres, parce qu'elle ne reste pas longtemps sur le dos; mais à la chasse, où les choses se passent tout différemment, la selle légère n'est pas applicable. Il est vrai qu'un sellier de premier ordre établira une excellente selle de dix livres pour un homme de 12 stones; mais pour un cavalier de 16 ou 18 stones, elle est trop petite, et le corps de la selle se trouve trop faible quand, en retombant de haut, elle a à supporter un poids aussi considérable. Toutes les fois que je l'ai vu essayer, le résultat a toujours été de blesser le cheval, et je demeure convaincu que pour l'homme pesant il faut une bonne selle bien spacieuse de 14 livres, et qu'ainsi équipé il sera mieux porté pendant la saison de la chasse qu'avec le plus curieux miracle de légèreté construit par l'industrie de Londres. A diverses époques, l'on a produit toutes sortes d'inventions pour prévenir les accidents qui résultent de l'engagement dans l'étrier du pied d'un cavalier renversé; mais elles sont tombées dans l'oubli depuis l'introduction des porte-étrivières à ressort, qui permettent à l'étrivière de sortir dès que l'on est pendu après. Mais si l'on néglige ces porte-étrivières et qu'on les laisse se rouiller, ils ne jouent plus au moment opportun, et il en résulte pour le cavalier un accident souvent fatal. Un bon groom ôte toujours les étrivières après la chasse et huile soigneusement les porte-étrivières. Il y a vingt ans, l'on se servait beaucoup de l'étrier à ressort, qui est encore plus efficace, puisqu'il était impossible au pied d'y rester engagé; mais on se fie tellement au porte-étrivières actuel, que toute autre précaution a paru superflue. Les sangles doivent être fortes et souvent renouvelées, car elles sont sujettes à casser et à produire de fâcheux accidents. Généralement le cavalier ressangle son cheval justement au moment où l'on découple les chiens, et si le cheval est excité immédiatement par un débuché, il rompt quelquefois les sangles par l'inspiration qu'il fait en ce moment.

162. — Pour les brides, il y a nécessité de bons matériaux et de bonne confection, non-seulement pour le cuir, mais pour les mors, qui quelquefois se brisent dans la bouche d'un cheval qui tire sur la main. Il y a grande divergence d'opinion parmi les chasseurs, relativement aux mérites relatifs du simple bridon ou de la bride avec filet, ou de la combinaison des deux en un seul dans le Pelham ordinaire, le Pelham hanovrien, etc. L'on prétend, d'un côté, qu'un cheval n'a pas besoin de l'action de la bride pour aborder les obstacles, et que sa seule présence suffit pour qu'il s'y prenne mal; mais cette assertion me paraît fort exagérée. Sans doute, un homme fort qui a la main légère se tirera d'affaire avec un simple bridon sur la plupart des chevaux; mais cependant, quand son cheval se fatigue et a besoin d'être rassemblé, comme cela arrive souvent en terrain profond, souvent il serait bien aise de pouvoir se servir d'une bride. Il y a néanmoins des hommes assez forts pour pouvoir le faire avec le bridon, mais c'est l'exception, et la plupart se trouvent eux-mêmes tellement épuisés, quand leur cheval demande soutien, qu'il leur faudrait un mors plus puissant que celui qui paraissait commode au commencement de la chasse. Pour ceux qui montent les rênes flottantes, il suffit d'un bridon, parce qu'ils ne s'en servent que pour guider le cheval, et comme

ce bridon n'opère pas en courant sur la ligne droite, la bouche ne s'égare pas, et l'on s'épargne l'embarras et le poids du mors de bride. Mais, si je consulte ma propre expérience, je trouve que je n'ai jamais été à mon aise pendant toute une chasse sur un cheval ainsi embouché. J'ai bien eu un ou deux chevaux en bridon pendant quelques milles, mais le moment arrivait toujours où je voulais les rassembler, quand ils étaient essoufflés ou quand il fallait arrêter court pour éviter un accident. Dans une certaine occasion, montant en bridon un jeune cheval, je faillis encourir un accident qui me donna à penser pour l'avenir. Nous avions trouvé un renard et nous l'avions mené jusqu'au sommet d'une montagne assez escarpée où j'étais arrivé très-rapidement, grâce à mon poids léger, mais c'était en communiquant beaucoup d'excitation à mon cheval, hunter jeune, mais adroit. Au sommet nous fûmes retenus quelques minutes parce que les chiens étaient en défaut dans des broussailles sur le flanc de la montagne, et nous restâmes incertains sur la route à suivre ; mais dès que la meute eut pris une direction fixe vers laquelle je tournai la tête de mon cheval, il s'élança à une allure qui nous aurait rapidement conduits dans l'autre monde, si je n'eusse trouvé l'expédient de le faire galoper en cercle sur le plateau où nous nous trouvions, jusqu'à ce qu'il fût

assez calme pour descendre un peu tranquillement.
Cependant il avait la bouche assez fine pour qu'un
bridon ordinaire parût presque trop dur, et il ne
pesait pas une once à la main sur trois quarts de sa
vitesse. Mais l'excitation de la montée, la brise ra-
fraîchissante et le bruit du départ produisirent de si
vives sensations qu'il ne s'occupait plus de son mors
de filet. Depuis ce jour je n'ai jamais monté de hunter ainsi embouché, et je n'en monterai plus s'il y a
une montagne à portée. Généralement en terrain
plat on a de la marge, mais encore on y rencontre
des excavations de diverses sortes devant lesquelles
on veut arrêter dès qu'on les voit ; c'est alors qu'il
faut un mors plus énergique que celui auquel le
cheval s'est accoutumé pendant la course. La bride
doit servir rarement, mais par cela même elle agit
d'autant mieux. Ma décision est donc en faveur de
la bride accompagnée du filet. Le Pelham ordinaire
est un bon mors de chasse pour les chevaux à bouche fine, mais il ne sied pas bien, particulièrement
si la tête est grande et surtout si la ganache est
commune. La rêne n'agit pas aussi efficacement
avec ce mors qu'avec ceux qui ont une liberté de
langue, mais elle a autant de puissance qu'avec un
mors droit. Le Pelham hanovrien est un mors utile
et puissant pour les chevaux à bouche dure et convient fort bien à la chasse. Mais avec ceux qui tirent

constamment, rien n'agit comme la muserolle à la bucéphale, qui tient la bouche fermée, et peut même comprimer les naseaux et arrêter ainsi le cheval. Toutefois, le but principal est de tenir la bouche fermée de façon à ce que la liberté de langue agisse sur le palais, ce qu'il ne peut faire quand la bouche est ouverte. C'est une invention simple et ingénieuse; à son aide, j'ai monté avec assez de facilité des chevaux qui tiraient affreusement. Le filet-bâillon[1] est un accessoire utile avec ceux qui pèsent à la main, la tête basse; on peut le joindre à la bride et même au bridon ordinaire. Son avantage est que si le cheval ne tire pas, il n'est pas plus dur qu'un filet ordinaire; mais, dans le cas contraire, il agit avec double puissance en raison de la rène attachée en poulie, et aussi parce que son effet se fait contre l'angle de la bouche encore plus haut que les autres filets. Il agit parfaitement avec le cheval qui gagne à la main, et trouve souvent son emploi à la chasse. Voilà toutes les variétés utiles, et je vais les récapituler ainsi qu'il suit: 1º le bridon simple ou tordu, grand ou petit, avec une seule paire de rênes; 2º la bride ordinaire, accompagnée d'un filet, avec un mors d'une puissance variable, selon la longueur des branches et l'élévation de la liberté de langue; 3º le

---

[1] Gag-snaffle.

Pelham commun réunissant les deux actions de la bride et du filet avec une force ordinaire ; 4° le Pelham hanovrien établi à peu près sur le même principe, mais plus fort, parce que les branches sont plus longues et l'échancrure plus profonde ; enfin 5° le filet-bâillon, venant en aide à une bride ou à un bridon ordinaire, bon pour les animaux qui s'encapuchonnent en courant, ou pour les rueurs entêtés.

163. — Le poitrail a pour objet de parer à un accident assez fâcheux que j'ai vu souvent résulter de son absence : la selle glisse en arrière en montant une côte escarpée, surtout à la fin d'une longue journée ; les sangles se sont relâchées et la selle s'en va quelquefois complétement sur la queue, ne laissant au cavalier d'autre ressource que d'embrasser l'encolure comme Johnny Gilpin [1]. Il est fort dangereux de suivre l'instinct qui pousse à se pendre aux rênes, parce que le cheval, au lieu de s'arrêter comme en terrain ordinaire, se renverse dans une pente, et il vaut mieux que la selle passe par-dessus la queue que de faire rouler l'animal sur soi en tirant la bride. Un cheval qui monte un escarpement ne peut pas ruer, de sorte que si le cavalier a la prudence de lâcher les rênes, il ne lui arrivera d'autre inconvé-

---

[1] Personnage ridicule sur lequel il y a des légendes et des chansons, tirées du poëme de Chaucer.

nient que de rouler le long d'une pente escarpée, ce qui vaut encore mieux que de le faire en même temps que le cheval.

164. — La martingale n'est pas toujours sûre en suivant une chasse et ne doit être employée que par le cavalier expérimenté ; car, si on s'en sert maladroitement, elle a l'inconvénient de retenir le cheval dans l'obstacle au moment où il s'enlève pour le franchir. Beaucoup d'accidents sont arrivés de la sorte, et bien que quelques chevaux soient très-difficiles à monter sans cet aide, ce n'est qu'en tremblant qu'un jeune cavalier doit en faire usage. Si ses mains sont justes et légères et qu'il soit sûr de ne pas la faire agir en abordant l'obstacle, il est plus utile, *à la suite des chiens*, d'attacher la martingale aux rênes de bride qu'à celles du bridon. La martingale maintient la tête en plan pendant le galop, et, comme toujours, au moment de sauter, le cheval doit être conduit à l'obstacle avec le seul bridon, laissant entièrement la bride. Malheureusement, si la bride n'est pas complétement libre, la tête est encore plus confinée que lorsque la martingale est attachée au bridon, et le cheval se trouve encore plus rejeté sur l'obstacle. Si on a le degré convenable de présence d'esprit, ceci ne peut guère arriver, et, somme toute, je demeure persuadé qu'à la longue on trouvera préférable, en suivant une meute, d'at-

tacher la martingale à anneaux sur les rênes de bride, méthode par laquelle elle agit plus efficacement. Quand on la met sur les rênes de filet, elle doit être fort longue; car, plus courte, elle aurait les inconvénients que nous venons de décrire; mais sur la bride, on peut la mettre juste au point où elle a toute son efficacité. Le cheval sent, en outre, beaucoup plus son action sur les barres que sur les lèvres et apprend bientôt à éviter de se faire du mal, à moins qu'il ne devienne furieux par l'effet d'un mors trop dur ou d'une gourmette trop serrée. Cet emploi de la martingale sur la bride est loin d'être général, mais je l'ai appris, il y a quelques années, d'un des meilleurs cavaliers de l'Angleterre, et, depuis cette époque, je m'en suis fort bien trouvé moi-même. En le voyant ainsi équipé, je lui dis, comme pour lui donner un avis charitable pendant que nous étions au rendez-vous de chasse, que son groom était en faute, mais je reçus la réponse polie appuyée d'un clignement significatif « que l'erreur était de mon « côté et non de celui du garçon d'écurie.» L'observation me démontra bientôt que cela était vrai, et je suis étonné que cette méthode ne soit pas devenue plus générale, d'autant plus que la personne que je cite est fort renommée dans sa partie.

165. — Les guêtres sont quelquefois employées soit pour les articulations du boulet, soit pour l'in-

térieur de la jambe de devant, quand le cheval se coupe entre le genou et le boulet, ce qui est le plus ordinaire, ou juste sous le genou, coupure qui a un nom particulier (*speedy cut*). Relativement à ces guêtres, voir le chapitre « *Le cheval.* »

166. — Un fer de rechange, préparé pour le pied de devant, devrait toujours se trouver dans une poche de la selle avec une quantité convenable de clous, de sorte que le maréchal puisse l'appliquer sans perte de temps et sans jamais se servir de fers et de clous de hasard. Dans un cas pressant, un fer de devant ira toujours au pied de derrière, sans valoir celui que l'on forge exprès ; mais il n'en est pas de même d'un fer de derrière, qu'il faut se garder de vouloir employer pour les pieds de devant.

Costumes et aides. — 167. — Le costume, pour suivre la chasse, varie autant et aussi souvent que les modes des dames. Telle année la toque passe pour correcte ; l'année suivante on lui trouve l'air *jobard*. L'année d'après les culottes de peau de daim sont d'usage général, mais quelque d'Orsay de la société des veneurs les prend en dégoût en les sentant mouillées ; elles sont sup-plantées par la peau de contrefaçon, espèce d'étoffe à côtes. Les bottes ne se portent pas deux saisons de suite de la même façon, et j'ai souvenir de trois ré-volutions complètes dans cette partie, sans compter les diverses façons de holderness, raglans et hessoises qui n'ont jamais pu supplanter complétement la vieille botte à revers anglaise. C'est un article qui a su maintenir sa vogue tout en subissant, comme je l'ai dit plus haut, des changements constants, dans la longueur et la couleur du revers, ainsi que dans la quantité de plis sur la jambe. La coupe de l'habit varie également : c'était d'abord l'habit habillé à queue de morue, puis un simple frac écarlate. La mode actuelle est en faveur de la toque (sans que cela soit invariable), puis un habit assez ample, des culottes de peau et des bottes avec de longs revers de couleur foncée. A la queue des chiens, il faut toujours avoir des caleçons et des bas de laine avec une chemise de flanelle ou de tricot, en raison du danger d'être mouillé, contre lequel il faut toujours être en garde dans ce pays. Si l'on n'a pas de caleçon de laine, les culottes de peau sont affreusement froides en temps de pluie et ne devraient jamais être portées directement sur la peau. Les bottes doivent être assez fortes, avec des semelles épaisses, en raison de l'état du terrain, qui est souvent assez détrempé pour imbiber une chaussure mince, pour peu que l'on soit un moment dans l'obligation de mettre pied à terre. Il y a des chasses pour lesquelles la couleur adoptée est le vert; mais en Angleterre le plus souvent la couleur de l'habit de chasse est écarlate.

168. — Les aides sont le fouet et les éperons. Presque tous les chasseurs s'en munissent. La mode trouve encore moyen d'intervenir dans ces détails; quelquefois il ne faut qu'un manche de fouet, d'autres fois on veut y attacher une lanière. Il faut toujours l'un ou l'autre pour pouvoir exciter le cheval en le frappant le long de l'épaule, lorsqu'il est fatigué ou paresseux à s'enlever devant l'obstacle. Il faut toujours mettre des éperons, bien que l'on s'en serve rarement, mais dans une longue course on voit ordinairement venir le moment où leur approche sert à empêcher un accident, à moins que le hunter ne soit bien adroit et bien courageux. Il faut s'en servir dans la dernière battue de galop, juste au moment où il va s'enlever, car si on attend jusqu'à ce qu'il soit en l'air, comme je l'ai souvent vu, c'est de toute inutilité, la puissance du cheval se trouvant alors en état d'inertie; peut-être changera-t-il quelque chose à sa manière de retomber, mais il ne peut rien ajouter à l'effort qu'il a fait pour s'enlever.

Le covert hack (cheval pour aller au rendez-vous de chasse). — 169. — *Le covert hack* est maintenant d'un usage général, d'abord, parce que beaucoup de nos meilleurs hunters ne sont pas de bons hacks[1], et

---

[1] Le fameux sauteur irlandais *Distiller* était renommé pour son habitude de butter sur les routes, et s'était couronné en terrain plat; il franchissait néanmoins avec grande facilité un mur de six pieds et tous les obstacles qu'on trouve à travers champs. (Magenta.)

puis, bien que le rendez-vous de chasse soit retardé de six heures, la génération actuelle a encore reculé l'heure du déjeuner, et un homme élégant doit se rendre au lieu indiqué au train d'au moins 12 milles à l'heure [1], s'il veut arriver en temps utile. Dans le bon vieux temps, nos aïeux déjeunaient au point du jour, ou quelquefois parcouraient à cheval dix milles à jeun jusqu'à la maison d'un ami voisin du rendez-vous ; ils se contentaient d'une allure qui ne dérangeait pas un poil de leur hunter, quoiqu'ils n'eussent guère de robes soyeuses et de poils courts comme on en voit aujourd'hui.

Maintenant ces façons d'agir vous feraient classer parmi les *lambins*, bien qu'en mettant le déjeuner à huit heures, on pût avoir à sa disposition une heure et demie ou deux heures pour se rendre tranquillement sur le terrain. Mais non, *un lion* doit aller bon train et se présenter sur son hack de pur sang, galopant 16 milles à l'heure et le pardessus bien éclaboussé. Il sort de chez lui à neuf heures et demie ou dix heures, et arrive au rendez-vous juste à temps pour se dépouiller de son enveloppe boueuse, et paraître sans une mouche sur ses culottes et bottes vernies. Puis, montant sur le hunter qui l'attend, il se trouve prêt à faire des coups d'audace qui sur-

[1] 12 milles, 19,311 m. 77.

prendront tous les convives au festin du soir. A cet effet le hack doit être un galopeur, capable de soutenir cette allure du point de départ au point d'arrivée, il doit avoir les mouvements faciles, être sûr de pied et assez adroit pour passer un obstacle ordinaire dans un petit trajet à travers champs. Les allées vertes sont souvent défoncées, et il serait impossible d'y conserver l'allure voulue ; il faut donc passer dans les champs voisins sur terrain ferme, et franchir les obstacles d'après le talent du hack. S'il est bon, il doit *ramper* ou sauter en main et se tirer d'affaire à travers champs, d'une manière ou d'autre, suivant le poids qu'on lui donne à porter. Il faut donc que ce soit un hunter en miniature, avec la qualité supplémentaire de pouvoir travailler sur la grande route. Il y a des chevaux qui vont agréablement et sûrement sur terrain mou, mais sur le macadam ils rouleront sur leur cavalier au bout d'un demi-mille. Le covert hack ne doit jamais ressembler à un animal pareil, mais il doit essentiellement être un galopeur, sûr de pied. Un trotteur est d'abord fatigant, et puis il ne convient pas en dehors de la route et dans les petits chemins défoncés. Quel que soit le cavalier, on peut dire que 14 mains sont la meilleure taille que puissent avoir ces chevaux. Si le cavalier pèse 16 stones et au-dessus, le hack doit être un cob. Pour les cavaliers moins lourds, il est bon qu'il ait de la race et même qu'il soit tout à fait pur sang, si on peut en trouver un qui ait les mouvements assez libres pour ce service. Toutefois, la plupart des covert hacks sont des hunters manquant de taille, produits de juments auxquelles on aurait dû faire porter un cheval d'un prix plus élevé. Quand il a vu que ces poulains n'arrivaient pas aux proportions voulues, l'éleveur les a vendus pour faire des hacks, et s'ils se sont trouvés vites et adroits, on les a consacrés au service qui fait l'objet de ce chapitre. Le point important, c'est *l'action*, pas trop haute, pour ne perdre ni temps ni espace, mais il faut que le cheval *s'en aille bien*, et parcoure le terrain sans fatigue pour lui ni pour le cavalier. Si le cheval peut marcher de la sorte sûrement dans tous les terrains, et durer à trois quarts de vitesse pendant dix à douze milles, c'est un bon covert hack, quelle que soit, d'ailleurs, son apparance.

Presque tout le monde cherche à joindre la beauté aux qualités que nous venons d'énoncer, principalement parce que ces hacks sont applicables pendant l'été à d'autres services. L'on recherche donc avec ardeur les jolies têtes, les belles encolures et l'ensemble fait pour plaire aux yeux. Il en résulte qu'un covert hack de 14 mains ou un peu plus, avec de la race et de la figure, portant confortablement de douze à seize stones à l'allure et pour la distance précitée, vaut de 50 à 100 livres, suivant la beauté et *l'action*. Sans doute, un connaisseur trouvera à se pourvoir pour 25 livres; mais à Londres ou dans les bons pays de chasse, l'animal vaut le prix que j'ai indiqué. Il faut se souvenir qu'il lui faut toutes les bonnes qualités du cheval, moins l'extrême vitesse et la grande taille. Il doit avoir la beauté des formes et un bon caractère, l'allure sûre et rapide, de l'adresse et par-dessus tout des membres solides et de bons pieds résistants pour pouvoir être souvent monté à trois quarts de vitesse sur le macadam des routes. Maintenant l'on peut voir bien des douzaines d'animaux qualifiés de hacks sans qu'un connaisseur puisse en choisir un aussi complet; il est donc juste que le prix se trouve en rapport avec le mérite. Même en vente publique, ils coûtent cher, et si M. Tattersall en met un en vente, il dépasse souvent les prix que nous venons de citer. Il est inutile de faire remarquer que le groom qui a conduit le hunter sur le terrain de chasse reste chargé du hack dès que l'échange est fait, et le ramène tout de suite à son écurie.

Le Pad Groom, Stud Groom, et autres domestiques. — 170. — Le pad groom, ou cavalier de suite, est encore une invention moderne, et on attend de lui de mettre son maître à même d'échapper aux conséquences de la terrible poussée qu'il a donnée à son cheval au moment du lancer. Vingt ou quarante mi-

nutes de steeple-chase feront perdre le souffle à
presque tous les chevaux, quel que soit le poids de
leur cavalier. Il faut donc, une fois cette prouesse
accomplie, que le chasseur renonce à son amusement
ou monte un autre cheval. C'est ce dernier système
qu'adoptent tous ceux qui ont le moyen d'y avoir
recours, et l'on met sur le dos de ce cheval un groom
très-léger ayant du coup d'œil pour juger le terrain.
Ses instructions sont de ménager sa monture, et pourtant de se tenir à portée pour faire l'échange quand
les chiens seront en défaut et que l'on pourra supposer que le premier cheval en a assez. A cet effet,
le pad groom, ou, comme on l'appelle aujourd'hui,
le second cavalier, doit être de poids léger et assez
fort en équitation pour être maître de son cheval et
passer n'importe quel obstacle, si le cas se présente.
Quelquefois on ne peut l'éviter, et le second cheval
se trouve obligé de passer presque par la même ligne que le groupe des chasseurs; mais on doit se
souvenir qu'en pratique il y a une bien grande différence à passer tranquillement par une voie frayée
par un grand nombre de cavaliers de toute espèce
ou bien à aborder les obstacles au premier rang de
ce groupe. Tous les chasseurs qui, à la suite d'un
accident, ont eu à rejoindre la chasse, savent fort
bien cela, et, dans presque tous les cas, ils ont trouvé
dans les clôtures des trouées où un âne se ferait

jour. Cependant, quelquefois une forte barrière ou un cours d'eau restent dans le *statu quo*, et il faut les franchir ou faire un détour bien plus fatigant pour le cheval qu'un saut avec un poids léger sur le dos. Le second cavalier doit donc être capable de passer tranquillement par-dessus ces obstacles ; mais il doit exercer continuellement son jugement en évitant de faire sauter autant qu'il le pourra, puisque chaque effort diminue d'autant la vigueur de son cheval. Les gros obstacles ne seront donc abordés que quand un détour serait encore plus rude pour le cheval. En ménageant ainsi le hunter et prenant soin de suivre la corde de toutes les courbes, passant dans le bon terrain et les allées, le second cavalier doit être en état d'amener son cheval à la fin de la charge fournie par son maître, sans avoir un poil mouillé et souvent tout aussi frais qu'au départ. Il faut se rappeler que ces chevaux en état de porter douze stones et même seize stones n'en portent guère que huit, ils ont donc tout avantage sur celui que l'on monte le premier dans tous les terrains et par-dessus tous les obstacles avec une surcharge de quatre à six stones et même plus. Mais il faut beaucoup de jugement pour ménager ce second cheval et savoir où et quand il faut l'amener au maître. Il y a des grooms qui sont toujours prêts quand on a besoin d'eux, et qui jusqu'à ce moment ont su se tenir à près d'un mille du premier cheval. Il y en a d'autres qui suivent de tout près jusqu'au moment critique, et alors ils trouvent moyen d'être à un mille en arrière. Les qualités indispensables pour l'emploi de pad groom sont de la promptitude naturelle et le désir de plaire. Quand un cavalier un peu lourd en a un vraiment bon, c'est un auxiliaire sans pareil. Généralement aussi cet homme est chargé de panser deux chevaux, comme un groom ordinaire.

171. — Le stud groom est le chef de l'écurie des chevaux de chasse, ayant sous lui le nombre nécessaire de palefreniers. Dans les écuries de ce genre, l'on n'emploie généralement pas les jeunes garçons, parce que l'on attache moins d'importance que dans l'écurie de course à mettre du poids sur le cheval, et le défaut de ces gamins, de ne pas mériter confiance, détruit les avantages qu'ils possèdent d'ailleurs. Le nombre ordinaire des grooms dans une écurie de chasse est d'un pour trois chevaux ; le stud groom est tout à fait en dehors, et le cavalier de rechange se charge de un ou deux chevaux à panser. Dans les écuries peu nombreuses, le chef d'écurie prend sa part de besogne ; mais dès qu'il y a une douzaine de chevaux, il vaut mieux qu'il se borne à la surveillance des autres palefreniers. Dans une écurie de hunters, il survient des accidents continuels ; le stud groom doit les soigner lui-même, et le reste de son temps,

pendant les heures d'écurie, se passera à mesurer les rations d'avoine et à voir ce qui manque aux autres palefreniers. Le stud groom doit avoir une grande habitude de soigner les chevaux de ce genre, soit dans un établissement d'entraînement ou une écurie de chasse bien tenue. Celle-ci est la meilleure école, parce que dans les écuries d'entraînement il y a de mauvaises habitudes qui persistent ordinairement. Il y a cependant d'excellents serviteurs qui ont passé cette épreuve et en sont sortis sans tache, avec avantage pour eux-mêmes et pour leur maître. Les principes pour la mise en condition des deux espèces de chevaux sont fort semblables, de sorte que ce que l'on apprend avec le cheval de course est toujours utile pour le soin des hunters, en faisant quelques modifications prescrites par les circonstances.

172. — Les gages du chef d'écurie varient de 60 liv. st. par an à 200 ou 300 livres sterling, et dans les grands établissements il n'y a pas de limite à ce que l'on doit donner à un homme réellement habile qui connaît son état et s'y applique avec fruit. Le pad groom demandera généralement quelques livres de plus par an qu'un domestique ordinaire ; mais ses gages dépendront toujours de l'importance que lui trouve son maître. Dans certains cas, j'ai vu donner 100 livres par an dans cet emploi ; mais cette rému-

nération libérale n'est pas du goût de beaucoup de
chasseurs. Les gages des gens d'écurie ordinaires
varient de 12 schellings à une livre par semaine,
suivant la classe d'hommes et la localité.

L'écurie de hunters. — 173. — Les écuries de hunters doivent se construire sur des principes un peu
différents de ceux sur lesquels on bâtit les écuries de
course, puisqu'elles sont destinées à des animaux qui
font un rude travail une fois ou deux dans une quinzaine, et ont le reste du temps un repos relatif. Les
hunters sont bien plus exposés aux intempéries de l'air
et doivent, en conséquence, vivre dans une atmosphère plus froide de plusieurs degrés [1]. Il faut donc
que l'écurie de chasse soit élevée, aérée et bien éclai-
rée. Chaque cheval devrait avoir au moins 200 pieds
cubes, et il faudra à cet effet deux cubes de dix pieds
dans chaque direction. Toutefois, les meilleures proportions pour chaque cheval se trouvent dans une
box de 18 pieds de long, 12 de large et 10 hauteur,
ce qui donnera 2160 pieds cubes ; et si on peut lui
donner deux pieds de plus d'élévation, on aura alors
2592 pieds cubes, quantité d'air aussi considérable
qu'on peut la désirer dans un édifice échauffé par la
seule chaleur naturelle des animaux. Le plan ci-joint
(Fig. 17) a été établi pour contenir douze hunters ; c'est

---

[1] Selon presque tous les écrivains modernes, la chaleur désirable pour
un hunter, en hiver, est 63° Fahrenheit, environ 18° centigrades.

là forme la plus économique et la plus commode. Il comprend quatre écuries séparées, toutes de même grandeur, et construites chacune pour trois chevaux

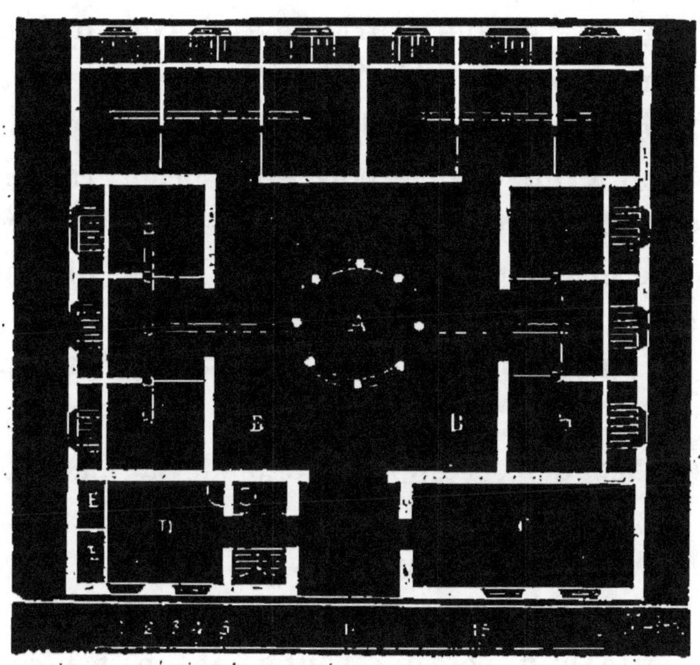

Fig. 17. — Écurie de Hunters.

A. Fumier. — B. Manége couvert, ouvert dans le milieu. — C. Magasin d'avoine ou box supplémentaire. — D. Sellerie. — E. Placards.

qui seront en liberté dans une box; mais à la hauteur de cinq pieds ils seront seulement séparés par des barreaux de fer. Dans chaque écurie, deux portes séparent entièrement les trois boxes quand on le désire, et on peut les faire entrer à volonté dans les coulisses pratiquées dans les séparations. Ces coulisses sont dans la partie supérieure, et les portes ainsi suspendues glissent rapidement d'un côté à l'autre, sans que jamais cependant un cheval puisse les ouvrir. Chaque écurie devrait avoir un ventilateur en entonnoir, que l'on puisse ouvrir partiellement ou entièrement à l'aide d'une soupape correspondant à une corde à portée du head groom. Au-dessus de la tête de chaque cheval se trouve une fenêtre grillée en fil de fer et à bonne distance du râtelier et de la mangeoire. Ces parties doivent être en fer galvanisé, avec un compartiment séparé pour mettre l'eau et les barbotages. Le râtelier doit être entre les deux compartiments de la mangeoire et sur le même niveau, ce qui économise beaucoup de foin. Un égout couvert va au réservoir central où l'on porte aussi le fumier, et le mur de ce réservoir supporte huit poteaux soutenant un hangar pour promener les chevaux à couvert pendant le mauvais temps. Une semblable écurie, avec des accessoires simples, mais convenables, coûtera, sans grande ornementation extérieure, de 250 à 300 livres, et dans quelques localités un peu plus, selon le prix du travail et des matériaux. Avec une écurie bâtie sur ce plan et bien plafonnée, il n'y a aucun inconvénient à placer au-dessus un grenier à foin. Les émanations des chevaux s'échappent aisément au moyen des ventilateurs, et ne peuvent faire aucun tort au foin et à la paille, qui ont, d'un autre côté, l'avantage en toute saison de maintenir l'égalité de la température. La cheminée de la sellerie doit être construite de façon à chauffer la chaudière placée dans l'antichambre, et puis le tuyau doit passer le long de la sellerie, au-dessous des chevilles où l'on pose les selles, qui de cette façon seront préservées de l'humidité. Dans le passage couvert entre la sellerie et le magasin à avoine, on peut laver un cheval couvert de boue avec l'eau chaude que fournit la chaudière, puis on le conduit directement à sa stalle, évitant ainsi les refroidissements que la boue humide ne manque pas d'occasionner quand on ne se presse pas de s'en débarrasser. En somme, l'on trouvera que cette forme d'écurie est la plus convenable pour une douzaine de hunters. Si l'on veut plus de place, l'on peut ajouter trois écuries de même dimension, pouvant contenir neuf chevaux de plus, tout en conservant la forme carrée qui a l'avantage de permettre l'établissement d'une piste circulaire pendant les froids et les temps de pluie.

CHAPITRE II.

ACHAT DU HUNTER. SOINS A LUI DONNER.

Achat du hunter. —174. — Généralement les hunters se procurent par un achat ; bien peu de ceux qui les élèvent les montent ensuite, à moins que ce ne soit pour les mettre en vente. La plupart de nos hunters sont élevés par des fermiers, qui ont rarement des haras considérables et se bornent à deux ou trois poulains par an. Cependant, quelquefois dans la même ferme l'on élève un plus grand nombre de chevaux de cette classe, et c'est un grand profit pour l'éleveur ; mais, en régle générale, les vides de l'écurie de chasse se remplissent soit par des purs sang retirés de l'écurie de course, soit par des hunters produits à cet effet par des fermiers qui les gardent et les montent jusqu'à cinq ou six ans. Quand ils ont été dressés en totalité ou en partie à la suite d'une meute, souvent quand ils sont arrivés à la perfection, ils sont achetés par les marchands et quelquefois directement par les gentlemen. Dans les bons districts de chasse, les fermiers ont de bonnes chances pour faire voir leurs jeunes chevaux avec avantage et peuvent en consé-quence tirer grand prix de leur marchandise, mais ils sont généralement obligés d'accepter une somme bien inférieure à celle que donnerait volontiers le dernier acquéreur, n'ayant d'occasion de montrer leurs chevaux qu'au marchand ou à son agent. De cette façon, le marchand de Londres ou de province réalise un ou deux cents pour cent de bénéfice ; mais comme le prix se règle sur le caprice de l'acheteur et qu'il y a des gens qui *veulent* payer pour leur plaisir, il n'est pas étonnant que les marchands à conscience élastique s'empressent de les satisfaire. Peu de particuliers ayant le goût de la chasse, souvent des écuries bien garnies se trouvent en position d'élever des poulains, faute de goût ou de talent pour y réussir. J'ai d'ailleurs démontré que les pur sang de première classe ne pouvaient s'élever jusqu'à trois ans à moins de 150 livres. En admettant que le prix de l'étalon et de la jument et l'excès de soins que demande le cheval de course soient compensés par les deux ou trois ans de plus qu'il faut pour former un hunter, on trouvera que le hunter élevé chez le gentleman reviendra à cette somme ou bien près. Défalquons encore deux tiers des élèves pour les chances de boiterie, action défectueuse, mauvais caractère, etc., nous trouverons que, pour obtenir un bon hunter, portant du poids, bien dressé à suivre les chiens, franc de tares et préparé pour être vendu, il faudra débourser 400 livres, somme pour laquelle on aurait toujours pu acheter des animaux de première classe. Je viens de prouver que le meilleur système pour se procurer ces animaux est de recourir au commerce ; l'on me demandera en quel lieu et à quelle époque. Soyez certain que là où la marchandise sera demandée, la production affluera, et l'on peut voir la manière de s'y prendre en examinant le chapitre *de l'élève des chevaux en général*.

175. — *Le véritable lieu de marché* pour les hunters, c'est le terrain de chasse, où il est facile d'apprécier leurs qualités ; cependant même là il est facile de tromper l'acquéreur. Il y a des hommes qui peuvent monter un cheval difficile, de façon à faire croire aux spectateurs qu'il est maniable comme un petit chat ; cela s'obtient en partie par une bonne progression d'équitation et l'emploi de la voix, au lieu des rênes et des éperons, mais encore plus par le sentiment qu'a le cheval d'être monté par un cavalier de première force, et par conséquent son maître. Souvent, avec ces écuyers, le cheval méchant est forcé de se bien conduire et fait tout ce qu'on lui demande ; il travaille si agréablement que les acquéreurs sont sur le point de se battre pour l'avoir ; souvent, sans plus d'épreuve, l'on donne un gros prix, car l'heureux possesseur oublie continuellement d'exiger un essai plus approfondi. La semaine d'après, l'on voit le même animal monté par le nouveau propriétaire, qui est bientôt obligé de commencer une nou-

velle lutte, qui se termine tout aussi souvent en faveur du quadrupède que du bipède. Celui-ci, qui voudrait pouvoir s'appeler *le maître* de son cheval, est obligé d'avouer sa défaite, et, en désespoir de cause, met son cheval en vente avec une triste réputation. Il n'est donc jamais certain pour un acquéreur de trouver un cheval à son gré avant de l'avoir monté; car, même en des cas moins extrêmes que celui que je viens de citer, il trouvera que ce qui convient à son voisin ne lui conviendra pas toujours. Il y a des hommes qui aiment un cheval qui tire sur la main; d'autres veulent mener à rênes flottantes; d'autres préfèrent l'heureux medium (*quand ils peuvent le rencontrer*). La manière de sauter s'apprécie également très-diversement; il y a des cavaliers qui la veulent posée et prudente, laissant le temps de regarder par-dessus l'obstacle et de changer d'avis extrêmement tard. Les chevaux qui se précipitent sur l'obstacle sont abhorrés de ces messieurs, qui ne veulent pas les monter s'ils ont la moindre tendance dans ce sens. D'autres aiment à aborder vite, et, bien qu'il n'y ait peut-être personne qui se plaise à foncer sur l'obstacle, il y en a qui veulent arriver bon train jusqu'à grande proximité. Il y en a qui trouvent indispensable d'arriver au pas, *en rampant*, tandis que d'autres ont cette méthode en aversion et proscrivent, pour sauter, toute allure plus lente que le trot. Pour toutes ces raisons et aussi pour se former une idée du caractère, l'homme qui veut bien se monter et qui a quelque préférence en matière de dressage, doit toujours essayer le cheval avant de l'acheter. Jusqu'à un certain point, cela peut se faire ailleurs qu'en chasse, mais jamais avec certitude, car il y a des chevaux bien tranquilles tout seuls et qui changent terriblement avec les autres, et surtout à la queue des chiens[1]. Je me rappelle une circonstance dans laquelle un gentleman de ma connaissance acheta une magnifique jument de robe alezane, après avoir franchi sur elle une douzaine d'obstacles de sang-froid et galopant en cercle autour de sa maison. Elle les passait avec beaucoup de grâce et de dextérité. Il crut mettre la main sur un trésor et fut enchanté d'obtenir un tel hunter pour deux cents guinées *seulement*. Le mois suivant, la saison de la chasse commença, la jument avait été dans l'intervalle mise en *condition* par le groom de

---

[1] Une ruse autrefois habituelle aux maquignons anglais pour faire passer pour calme un cheval bouillant d'ardeur, était de le faire boire. Pour obtenir l'absorption d'un seau supplémentaire, ils jetaient de la mélasse dans les baquets qu'ils lui présentaient. Un seigneur anglais, qui avait vu l'effet énervant produit sur la race chevaline par l'eau sucrée, en concluait que cette boisson devait peut-être aussi détruire l'énergie des hommes. Après quelques heures de chasse à tir, il se réconfortait sur place d'un bon coup de vin de Porto, et considérait comme très-*cotonneux* un Français auquel il avait vu prendre un verre d'eau sucrée. Il fut très-étonné de se trouver inférieur à tous les exercices athlétiques à ce Français, qui ne buvait de vin que pendant ses repas.

mon ami, qui rendit compte à son maître qu'il se trouvait admirablement dessus et que c'était *un phénix*. Le premier jour je me trouvais au rendez-vous de chasse; la nouvelle acquisition fut l'objet de l'admiration générale. Mais à peine le renard trouvé, en arrivant au premier obstacle, voilà la belle jument et son cavalier qui font séparation de corps: Elle avait bondi en bête à cornes et avait projeté violemment son nouveau maître sur le dos. Le fait est que c'était un animal très-impressionnable; seule et tranquille, elle abordait les obstacles comme un hunter doit le faire; mais à la queue des chiens, elle commençait par des sauts excessifs, retroussant sa croupe d'une manière effrayante en décrochant tout cavalier qui n'était pas de premier ordre. C'était le cas de mon ami, quoiqu'il se tirât fort bien d'affaire avec un cheval facile. Il est clair que s'il l'avait essayée derrière une meute, il y aurait renoncé tout de suite, et quoiqu'il y ait mis de la persévérance, il n'a jamais pu la monter avec aisance, et rarement, au départ, il échappait à une chute ou à quelque chose d'approchant. Ainsi donc le *hunter* doit être examiné non-seulement comme un autre cheval, mais il faut encore une épreuve de ses qualités à la chasse. Un homme expérimenté, trouvant le cheval et le prix à sa convenance, doit dire au marchand : «Je vous donnerai ce que vous demandez, si vous

« me le donnez à monter et qu'il me plaise après
« l'avoir essayé. » Il est extraordinaire combien cette
épreuve produit de différences d'appréciation, non-
seulement dans ce cas, mais dans beaucoup d'autres.
Bien de gens s'imaginent qu'une promenade en main,
au pas et au trot, devant l'acquéreur, suffit à l'appréciation, et que l'on peut acheter ainsi à l'enchère,
avec quelque certitude de trouver quelque chose
à sa convenance. C'est une erreur, et bien qu'une
allée et venue dans l'établissement de Tattersal
vaille mieux que le simple examen à l'écurie, quelques yards parcourus en selle valent dix fois mieux.
Un cavalier expérimenté découvrira en quelques pas
si le cheval a réellement de la force, s'il est en mesure de porter du poids, etc. Une plus longue épreuve
est certainement préférable, mais une très-courte
distance, surtout en terrain inégal, donnera une bonne
appréciation des moyens naturels du quadrupède.
La bouche joue un grand rôle dans l'accomplissement des devoirs du hunter, et il faut toujours en
tenir compte, chose encore bien problématique, si
l'on se contente de marcher quelques pas les rênes
flottantes, puis un simple arrêt. Dans l'écurie, il ne
faut pas songer à choisir un hunter, en raison des
grandes variantes qui existeront entre ce que l'on
choisirait dedans et ce que l'on trouve préférable
dehors. Après le terrain de chasse et surtout si l'on

ne tient pas à l'argent, le meilleur choix de hunters se fera dans les écuries des meilleurs marchands de Londres et chez quelques célébrités de province. Nous ne voulons rien préciser sur ce sujet délicat, mais il y a à Londres au moins douze marchands et plusieurs autres en province où un véritable connaisseur, avec de l'argent dans sa bourse, peut trouver chaque variété de hunter. Là un gentleman connu du marchand peut toujours bien essayer les chevaux en vente; mais il ne faut pas espérer qu'on lui laissera monter un cheval gras, comme s'il était *en condition*, et il ne trouvera pas non plus dans l'animal chargé d'embonpoint le train que l'on désire à la queue des chiens. Certains marchands qui vendent beaucoup de hunters en ont toujours, dans la saison de la chasse, un certain nombre passablement préparés, et ceux-là peuvent être essayés avec ou sans chiens. La plupart, toutefois, sont dans la condition marchande, c'est-à-dire ont de la viande de bœuf au lieu de la fibre résistante du cheval apte à la fatigue. Il ne faut donc pas s'étonner si les marchands regardent à deux fois avant de permettre d'essayer leurs chevaux hors de leur vue. Ils ne savent que trop par expérience qu'il peut facilement en résulter beaucoup de mal, et en bien peu de temps, pour la respiration, les jambes et les chairs des chevaux non préparés. En vente publique, les bons hunters se vendent souvent fort cher, quand on les connaît dans leurs districts respectifs, et une écurie en renom rapportera une forte somme. Pendant cet été, une écurie de quatorze hunters, sans célébrité extraordinaire, a atteint une moyenne de 350 livres par cheval, bien qu'aucun d'eux n'annonçât une force extraordinaire pour porter du poids. Mais si un cheval n'est pas bien connu, il est fort dangereux de s'en occuper ; il a beau plaire à l'œil et paraître un vrai hunter de la tête aux pieds, cependant à l'essai il peut se trouver tout à fait inutile. Souvent on arrive à ce triste résultat pour avoir voulu faire une spéculation, même avec l'avantage du jugement et de l'expérience, mais dans cette partie il y a encore plus de billets blancs à la loterie que pour toute autre espèce de chevaux. Avec un essai imparfait, il est bien plus facile de choisir les hacks et les carrossiers ; mais les hunters ne prêtent qu'à des conjectures, il est donc toujours imprudent de donner en vente publique pour le cheval dont on veut faire un hunter beaucoup plus que son prix courant comme cheval de selle ou de harnais. Une bonne règle est de n'excéder cette somme que de ce qu'il vous est indifférent de sacrifier. S'il tourne bien, tant mieux ; sinon vous le revendez en faisant le sacrifice auquel vous étiez tout résigné. L'on peut ainsi souvent tomber sur un bon hunter à un prix comparativement bas, mais cela n'arrive guère avant d'en avoir rejeté et vendu plusieurs qui n'étaient bons qu'à tromper les novices ou à l'attelage. Aux autres ventes hebdomadaires à Londres, l'on trouve peu de bons hunters, et l'acheteur fera bien de borner ses investigations à l'établissement bien dirigé de M. Tattersall. L'on n'y tolère aucune ruse que celles inévitables dans ce commerce, et quand le commissaire-priseur annonce un fait, vous pouvez compter qu'il en est convaincu. Peu de hunters consommés sont tout à fait francs de tares, et quelques chevaux très-célèbres en ont eu de très-graves. Aussi plusieurs hunters de bonne réputation se vendent sans garantie; mais en majorité ils sont garantis, et si on prouve qu'ils n'étaient pas nets, on peut les rendre dans les délais fixés par les règles de l'établissement. Bien des genres de boiterie peuvent être guéris temporairement à l'aide du repos, etc. ; mais le cornage, le sifflage et toutes les défectuosités de la respiration se découvrent facilement au premier bon temps de galop. Ces défauts se reconnaissent aussi à l'écurie ; mais la règle n'est pas invariable. Bien des chevaux qui ne sont pas cornards font quelque bruit dans l'écurie, et d'autres, affreusement bruyants dehors, se taisent dans leur stalle si on les menace du bâton, par la méthode classique. Le meilleur moment pour acheter un hunter ou toute une écurie, c'est à la fin de la saison de la chasse. On peut les avoir à bas prix et ils montrent tous leurs défauts, tels que membres gonflés, coups sur les canons, etc. Tout cela disparaîtra au moyen du repos et d'un traitement convenable, tandis que, six mois après, les mêmes animaux vaudraient 30 ou 40 pour cent de plus, et puis l'on n'aurait pas autant de choix, puisque le moment où l'on renonce à la chasse et où on vend ses hunters, c'est généralement quand la tentation de se livrer à ce plaisir vient à cesser.

Soins pendant l'été. — 176. — *Procès fait par Nimrod à la nature.* — Il n'y a guère que trente ou quarante ans, on lâchait dans la prairie tous les hunters dès que la première herbe était poussée, et l'on considérait ce genre de nourriture comme une panacée pour tous leurs maux. Après avoir passé l'hiver dans une écurie bien chaude, pansés avec le plus grand soin, on leur ôtait leurs couvertures dès que leurs maîtres osaient le prescrire et on les mettait dans le pré, fréquemment sans un hangar pour se réfugier dans les jours froids et humides. Souvent il en résultait qu'ils revenaient poussifs à l'automne ou mouraient pendant la saison du vert. Dans tous les cas, s'ils conservaient la santé, ils étaient gras, sans haleine, sans souplesse, et il fallait presque toute la saison de la chasse pour les mettre en état de faire leur métier. Certes, à l'allure

que suivaient nos aïeux, un cheval nourri au vert,
avec une ration d'avoine comme on en donnait souvent, pouvait suivre une chasse, non sans se couvrir
d'écume ; mais il est notoire qu'un cheval a maintenant besoin de six mois d'entraînement en sortant
de la prairie avant de pouvoir suivre une de nos
chasses ordinaires. L'on sait aujourd'hui qu'une
course à la queue des chiens est plus dure que la
course ordinaire ; il est donc évident que l'herbe
tendre ne suffira pas pour mettre le hunter en état
de supporter nos journées de chasse. Il a donc fallu
abandonner le système, en grande partie à la suite
des écrits que Nimrod (M. Apperley) a publiés sur
la matière, et maintenant le hunter est presque toujours gardé pendant l'été en liberté dans une box.
Il y a d'ailleurs bien d'autres objections à faire contre le système *du vert* dans la prairie à cette époque
de l'année. Généralement, les membres, les pieds,
quelquefois l'un, quelquefois l'autre, quelquefois
tous à la fois, sont en état d'inflammation et demandent le repos, les vésicatoires, le feu, etc. Dans ce cas,
le séjour de la prairie ne fait qu'aggraver le mal,
parce que, de tous les chevaux, ceux-ci sont les plus
surexcités par l'état de liberté, ils l'associent à leur
métier habituel et galopent de tous les côtés, ébran-
lant tous leurs membres jusqu'à ce que le mal pri-
mitif soit devenu dix fois plus grave. Si des membres

ou des pieds doivent se guérir dehors, ce doit être pendant l'hiver, ou dans les prairies marécageuses, qui ont d'ailleurs un autre inconvénient, celui de ramollir la fibre pour longtemps. Les prés élevés rendent le cheval passablement cotonneux ; quant aux endroits marécageux, ils sont encore dix fois pires. Pour mon compte, j'ai mis plusieurs chevaux boiteux au vert pendant l'été, mais je n'en ai jamais eu qui en eussent tiré quelque avantage, et quelques-uns ont été complétement ruinés à la suite de leurs galopades sur le terrain dur. Si le vert doit être pris en dehors, il faut au moins leur mettre des entraves, qui les empêchent de courir et sont une excellente précaution dans cette circonstance.

Voici le plan de Nimrod. — L'on commence par rafraîchir le cheval en lui retirant peu à peu ses couvertures et en lui retranchant son avoine en totalité ou en partie, administrant des médecines, etc., etc. Tout cela durera près d'un mois, c'est-à-dire jusqu'au milieu de mai. Puis on met les hunters en liberté dans une box large, spacieuse et aérée, où la partie supérieure de la porte puisse être constamment ouverte. L'on préfère souvent mettre une forte chaine entre les montants de la porte, parce que l'air circule plus librement. Quand le cheval est complétement rafraîchi, l'on peut mettre les vésicatoires aux jambes ou autres remèdes externes que nous décrirons plus tard. Le tan est ce que l'on peut mettre de mieux sous les pieds du cheval, et si l'on en met une bonne couche, cela remplace avantageusement la litière, tout en tenant les pieds frais. L'on peut donner du seigle italien ou de la luzerne ou de l'herbe ordinaire, en la mêlant, au commencement, avec une quantité égale de foin ; mais, dès que le cheval y est habitué, il faut le tenir uniquement au vert.

Les vesces ne me paraissent pas convenir aux chevaux qui ne travaillent pas. Quand elles sont nouvelles, elles irritent les intestins et ne font que les dévoyer ; plus tard, c'est une nourriture forte et échauffante. Pour des chevaux de voiture qui ont beaucoup à travailler, elles conviennent mieux (avec un supplément d'avoine) que l'herbe ordinaire, surtout quand les cosses sont bien développées ; mais pour le hunter, pendant la saison d'été, j'aime mieux quelques-unes des variétés de luzerne, qui n'échauffent pas à beaucoup près comme les vesces. L'on peut retirer les fers et parer les pieds en ôtant tous les éclats de corne, détruisant les bleimes, seimes, etc., en coupant à fond de façon à les guérir radicalement à ce moment de repos absolu. Si le cheval est encore jeune et vigoureux, il vaudra mieux, pour un mois ou deux, ne pas lui donner du tout d'avoine, et il se remettra ainsi de l'état inflammatoire de tout le système que produit la nourriture excessive. Les vésicatoires, le feu et autres remèdes doivent avoir opéré, les jambes doivent avoir diminué de grosseur et toutes les vieilles bosses et excroissances doivent avoir presque disparu. Ceci aura lieu vers la fin de juillet ou un mois plus tard, si les membres ont beaucoup souffert. Pendant tout ce temps, l'avoine demeure supprimée, ou ne se donne qu'en petites quantités, et l'on met une grande attention à retirer les épines et à guérir les ébranlements que les jambes et les pieds ont éprouvés pendant la saison de la chasse. Mais le temps arrive de commencer à donner l'avoine et de laisser le vert en tout ou en partie. Vers la fin d'août au plus tard, le foin doit être presque l'unique fourrage avec deux repas d'avoine à peu près, selon l'état d'embonpoint du cheval. S'il est en mauvais état, on peut augmenter la ration de grain, et, s'il est trop gras, se contenter d'un repas par jour. L'on remet aussi les fers, et le cheval fait une promenade au pas sur le gazon tous les matins, pendant une heure ou deux. Au milieu de septembre commence l'entraînement pour la saison de la chasse, et le régime d'été est considéré comme terminé. Pendant la belle saison, il faut qu'il y ait toujours de l'eau dans la box, pour que le cheval puisse boire dès qu'il a soif. L'on cesse toute espèce de pansage. Il faudra administrer deux ou trois médecines et même davantage si l'estomac a été fort dérangé par les fatigues et les jeûnes de l'hiver précédent. Rien n'éprouve la constitution du cheval comme ces longs jeûnes fort peu en rapport avec la petitesse de son estomac. Ce viscère devrait être rempli au moins toutes les quatre heures, et cependant il s'écoule souvent six, huit ou dix heures avant que le hunter épuisé reçoive seulement un barbotage. Ne nous étonnons donc pas s'il lui faut quinze jours pour se remettre et recommencer la corvée. Les boules d'entraînement, etc., etc., seront rarement nécessaires; mais quelquefois, en dépit du vert et autres accessoires, l'estomac reste toujours dérangé et la nourriture semble ne faire aucun bien au cheval. Alors un stomachique stimulant devient fort utile, et une ou deux fois par semaine on trouvera avantage à donner une boule cordiale. Voyez *Maladies du cheval.*

Dressage et apprentissage. — 177. — Il faut naturellement un dressage pour les poulains dont on veut faire des hunters; mais il ne diffère du dressage ordinaire que par les sauts que le jeune animal doit apprendre à exécuter. Le même mors que j'ai recommandé dans L'ÉCURIE DE COURSE conviendra aussi à ce genre de cheval; mais il faudra que les rênes soient beaucoup plus tendues, et le cheval doit le garder une heure par jour dans la position du rassemblé, jusqu'à ce qu'il ait l'encolure suffisamment pliée. L'on peut aussi mettre dessus le *Jockey muet*, fixé au surfaix par des boucles avec des ressorts dans les bras qui permettent au mors d'arrêter ou rendre suivant les mouvements du cheval, tout en ayant une tendance à plier l'encolure et à mettre le cheval sur les hanches. Si cela n'est pas fait avec soin et si le poulain n'apprend pas à se servir adroitement de ses jambes de derrière en les ramenant sous lui de manière à porter une partie considérable de son poids, il ne sera jamais sûr au milieu des sillons ou dans les endroits difficiles où il est obligé d'arriver lentement jusqu'au point de départ, et de réunir les jambes sous lui avant de prendre son élan. Quand le cheval est à la longe, on doit lui faire sauter (mais pas trop souvent) la barre mobile pour qu'il ne découvre pas la facilité avec laquelle elle tombe et pour qu'il ne devienne pas insouciant. La barre fixe doit être employée dès que le cheval sait franchir, et il ne se fera pas de mal s'il tombe quelquefois par-dessus. Comme il n'y a rien qui puisse retenir les jambes, il tombe en deçà ou au delà sans grand dommage. La barre doit avoir des retours sur le côté, de sorte que dans le travail à la longe le cheval soit obligé de passer par-dessus ou de faire face, en se retournant, au groom qui suit, la chambrière à la main. Quand ces côtés sont bien arrangés, la corde de la longe glisse dessus sans accrocher, et la barre peut être franchie par le cheval à chaque tour. Il y a des chevaux adroits et dociles qui paraissent prendre goût à ce jeu, mais il ne faut faire sauter que six ou huit fois par leçon, de peur de dégoûter son élève. Quand il passe parfaitement bien la barre dans le travail à la longe *et qu'il est dressé à toutes les allures*, on peut le monter pour sauter cette barre et autres obstacles légers avec calme et sang-froid, mais il ne faut jamais le mettre à ce travail avant qu'il ne soit complétement dressé d'ailleurs. Car, s'il ne connaît pas ce que signifie l'action des rênes ou des éperons, il est inutile de l'embrouiller en lui faisant faire ce qu'il ne comprendra pas. On ne doit jamais essayer de grands obstacles sans être à la suite d'une meute, et quand le poulain est disposé à franchir à volonté de petits obstacles, il vaut mieux différer son éducation finale jusqu'au moment où il pourra suivre les chiens ainsi que je l'ai exprimé dans le chapitre consacré à l'éducation de steeple-chase. A la queue des chiens, le poulain cherche à suivre les autres chevaux et entreprendra tous les sauts que l'écuyer lui présentera, mais il se trompera souvent et entraînera souvent une clôture dans le champ voisin. Avec une bonne main, une assiette solide et de la patience, on lui apprend vite à connaître ce qu'il peut faire, et en quelques leçons, il apprend à éviter les accidents et à rester sur ses jambes. Le mors que nous avons déjà indiqué pour le dressage est le meilleur pour l'éducation du hunter, parce qu'il est large et permet de fortes pressions sans causer de douleur, de sorte que si l'écuyer est obligé de mettre de la force pour maintenir la tête droite, il ne jette pas pour cela le poulain dans l'obstacle, comme il le ferait avec un petit filet tranchant ou avec un mors de bride. Il faut suivre aussi nos précédentes recommandations relativement à la durée des leçons. De même que le cheval de steeple-chase, le jeune hunter devrait être toujours graduellement habitué à son métier, et par conséquent il faut peu d'ouvrage dans les commencements. (Voir le chapitre du steeple-chase) [1].

Entraînement du hunter. — 178. — Le hunter se prépare pour la chasse d'après les mêmes principes que ceux qui président à l'entraînement du cheval de course, ou plus particulièrement du cheval de steeple-chase. Après une dose de médecine on donne, s'il le faut, des suées, et cela sur une distance de quatre milles. L'on prescrira toujours une promenade au pas de trois heures

---

[1] Plusieurs sportsmen adoptent avec succès une espèce de cirque où se trouvent à peu près tous les obstacles qu'on rencontre dehors. Un homme tenant la longe se place sur une estrade centrale, et un autre suit le poulain dans l'enceinte avec un fouet. Au bout de peu de leçons, l'animal prend plaisir à tout franchir.   (Nimrod.)

par jour, et, si cela peut se faire sur un bon gazon, cela n'en vaudra que mieux. Une route pourra suffire pour les chevaux qui ont de bons pieds et de bons membres; mais dans tous les cas le gazon est plus frais et donne moins d'ébranlement aux jambes. La rigueur de la préparation doit dépendre de la nature du pays de chasse. Si c'est du gazon et que la voie soit bonne, le cheval doit subir un entraînement complet, et l'on fera bien de le préparer comme pour le steeple-chase. (Voir § 165.) Mais si la course paraît devoir être plus lente, on peut conserver le cheval plus en chair, et s'il n'est pas naturellement très-gras, il suffira de donner un galop de temps en temps sans administrer les suées. Souvent on pourra lui demander de chasser deux fois par semaine; alors s'il a été réduit, comme pour l'entraînement complet, il s'exténue, devient une espèce d'ombre et ne peut pas continuer son métier. Le groom doit donc savoir à l'avance pour quel travail il doit préparer ses chevaux, et il agira en conséquence. On augmente la ration d'avoine, et au milieu de la préparation on donne une ou deux médecines; le hunter se trouve ensuite prêt à commencer la saison[1].

179. — Il est absolument nécessaire de *tondre* ou

[1] On a coutume d'évaluer à 5 ans le meilleur âge pour un hunter, mais Nimrod donne la préférence au cheval de 6 ans.

de brûler le poil de beaucoup de hunters si on veut les mettre parfaitement en état. Beaucoup de ces chevaux ont toujours le poil épais dans la saison de la chasse, et si on leur laisse leur poil d'hiver ils ne sèchent parfaitement que le lendemain d'un jour de chasse ; cela les affaiblit et les prédispose aux rhumes. La lampe au gaz enlève le poil d'une manière supérieure et a presque fait abolir l'usage des ciseaux de tondeur. Elle consiste en une espèce de peigne large percé de trous et qui communique avec un tuyau de gaz au moyen d'un tuyau flexible vissé sur la paroi du tuyau. En tournant un robinet, le gaz s'introduit ; on l'allume et il produit sur les bords du peigne une série de jets assez forts. On le fait alors courir sur la robe du cheval, les dents font lever le poil que le gaz consume par la pointe. Un homme adroit aura bientôt réduit toute la robe à une longueur convenable, sans arriver toutefois pour le coup d'œil à la perfection qu'obtiendrait un bon tondeur. Après avoir brûlé ou tondu le poil, on a l'habitude de donner une suée afin de se débarrasser des restes de poil brûlé, et aussi, *dit-on*, pour empêcher le cheval de s'enrhumer. J'avoue que je ne m'explique pas comment on parviendrait à ce résultat, puisqu'en temps ordinaire une suée ne fait que rendre les chevaux plus sujets aux rhumes. On peut fort bien nettoyer la robe avec de l'eau et du savon, et quand un cheval est peu en chair et ne peut guère supporter une suée, il faut toujours préférer ce moyen.

180. — On laisse quelquefois au stud groom le choix du cheval que l'on montera à jour donné ; mais en général le maître fait son choix après une conférence avec son domestique et après s'être assuré de l'état particulier de chacun des chevaux.

Naturellement on choisit le plus frais, pourvu qu'il convienne aussi bien au pays à parcourir que celui qui tient le second rang sur la liste. Il y a quelquefois sous ce rapport une grande différence, et le cheval qui triomphe de tous les obstacles dans un pays peut être un maladroit dans un autre, suivant, par exemple, qu'il s'agisse de franchir des cours d'eau ou des murs en pierre. Ces deux obstacles doivent se franchir dans un style tout à fait différent, bien que l'on rencontre un petit nombre de chevaux aussi bons dans un cas que dans l'autre. Il y a des hunters qui ont besoin d'être muselés, comme les chevaux de course, la veille d'une chasse ; mais il faut toujours auparavant leur donner du foin, et la muselière doit se mettre tard dans la nuit ou de bonne heure le matin. Il est rare que les chiens rencontrent avant onze heures du matin ; à six heures, en hiver, on peut mettre la muselière, après un premier repas d'avoine et quelques gorgées d'eau, et puis on la laisse jusqu'au repas qui précédera le départ. Il y a des chevaux qui mangent avidement leur litière et qui s'en gorgeraient à ce moment de la journée si vous les laissiez faire. Vers les huit heures, on donne deux quarts d'eau, et à neuf, le deuxième repas d'avoine ; puis, à neuf heures et demie, le cheval est sellé et part pour le rendez-vous de chasse. Quand le temps est très-froid, l'on jette quelquefois une demi-couverture sur la croupe, mais presque toujours le cheval n'en a point. J'avoue que je ne vois aucune raison pour cela; bien des chevaux souffrent du froid en attendant l'arrivée de leurs propriétaires au rendez-vous de chasse. L'on peut bien les promener de côté et d'autre, mais cela ne les tiendra pas chauds par le vent et la pluie, et je considère comme un fort bon système de garder la couverture jusqu'au moment où l'on découple les chiens et que l'on s'attend à lancer le renard. Les hunters prennent tous leurs exercices avec des couvertures, et l'on s'imagine qu'ils seront aussi à l'aise au rendez-vous de chasse que s'ils n'en avaient jamais mis du tout. Au lieu de retirer la couverte seulement pour quelques instants, on les expose à être transis fort longtemps de suite, et je me rappelle avoir vu au rendez-vous de la chasse la totalité des hunters avec le poil piqué faute d'avoir été couverts. Il est bien entendu que le groom prendra soin de ressangler avant de passer le cheval à son maître et de s'assurer si la gourmette est au point convenable.

Manière de suivre la chasse à travers champs. — 181. — Nous avons déjà fait mention au § 176 des principes généraux d'après lequels on règle ce plaisir excitant; il ne nous reste plus qu'à entrer dans les détails pratiques. Pour prévenir les accidents autant que possible sans pourtant nuire à l'émulation qui donne à cet amusement presque tout son charme, l'on a adopté depuis longtemps, d'un commun accord, certaines régles. Elles sont maintenant pleinement reconnues dans tous les pays de chasse par ceux qui désirent être considérés comme des sportsmen, et toute infraction à leurs prescriptions est un manque de savoir-vivre (à la chasse). En outre de ces règles, nous consignerons ici quelques remarques plutôt comme avis aux commençants que comme lois établies[1].

1 Une bonne assiette à cheval est essentielle pour suivre les chiens avec agrément et sûreté. L'attitude militaire, le corps droit sans être raide, les jambes descendant naturellement, sont l'indice de l'adhérence de centaure qui soulage à la fois cheval et cavalier. Un homme très-grand fatigue son cheval surtout s'il roule tant soit peu. Un très-petit cavalier est exposé à tomber dans les grands mouvements, à moins qu'il ne se procure un cheval très-aplati sur les côtes, qui d'ailleurs n'aura de prix que pour lui seul. Un homme court et replet peut trouver avantage dans une selle relevée au pommeau et au troussequin, mais qui n'est pas sans dangers. C'est donc le cavalier moyen qui monte le plus sûrement pour lui-même et pour son cheval. Une cuisse très-ronde et un fort mollet offrent de bien médiocres points de contact, et le cavalier ainsi conformé

182. — Chacun doit prendre sa ligne, soit immédiatement derrière un chef de file, soit à une distance donnée à droite et à gauche, et jamais on ne doit essayer de priver son voisin ou son prédécesseur de la ligne qu'il a choisie, tout en luttant franchement pour tout le reste. En adoptant cette règle, on évite de se choquer les uns les autres aux endroits faciles, pratique des plus dangereuses sur le terrain de chasse. Si l'on n'établissait pas quelque règle de ce genre, deux hommes courant de rivalité se frotteraient continuellement dans les ouvertures ou dans les parties faibles des clôtures, aucun ne voudrait céder, les deux chevaux s'enlèveraient en même temps, et il en en tomberait un ou tous les deux dans le fossé. Ce genre d'accident arrive quelquefois aux jeunes gens qui ne connaissent pas les règles de la chasse, et dans ce cas c'est une fort mauvaise

ne trouvera pas facilement le fond de la selle, mais il aura de l'avantage à porter les jambes en arrière. (Delabere Blaine, p. 237.)

L'équitation de manége et militaire n'a jamais eu de succès en chasse à courre, et beaucoup d'excellents cavaliers selon ces principes ont été victimes de leur belle position, entre autres Lord Arthur Paget. Il y a avantage à avoir pratiqué les deux méthodes; mais, pour la chasse, raccourcissez vos étriers, enfoncez-y les pieds et tenez des jambes aussi bien que des cuisses.

C'est surtout quand le hunter est un peu bas du devant avec une puissante arrière-main (cette conformation s'est rencontrée parmi les meilleurs), si le terrain contient de fortes pentes et si le cheval pèse à la main, qu'il convient de raccourcir les étriers au moins de deux points.

(Nimrod, 207.)

On voit que **Blaine** et **Nimrod** sont en désaccord sur l'équitation militaire.

chute, parce que quand il y a deux chevaux couchés
à côté l'un de l'autre, l'on a, en outre de la culbute,
la chance d'attraper les coups de pied du voisin.
Mais si les cavaliers tiennent bien leur distance et
abordent leurs obstacles carrément, rien de tout cela
n'arrive, et en passant chaque clôture l'on voit clairement à quel endroit l'on doit passer la suivante.
S'il y a un endroit évidemment faible, et qu'il soit
unique, il appartient à la personne qui se trouve
vis-à-vis, et ses camarades doivent en chercher un
autre ou attendre leur tour pour passer après lui.
Naturellement, il se présente des cas assez difficiles
à décider; mais, généralement parlant, la règle est
d'une application facile, à moins qu'un homme ne
devienne volontairement aveugle de passion et de ja-
lousie. J'ai déjà fait observer que la chasse est maintenant une simple course de chevaux, et peu de gens
voudraient s'y adonner sans l'excitation de la concurrence. Le soin de faire chasser les chiens est ab-
sorbé par ce sentiment et entièrement oublié; la
meute n'est plus qu'un moyen d'indiquer aux concurrents la direction à prendre [1].

---

[1] En 1863, Nimrod donne les conseils suivants aux débutants de la
chasse au renard. Quand la meute a effectué son départ, prenez le fond
de la selle et assurez votre enfourchure, sans vous mettre debout sur les
étriers, en tendant la croupe comme si elle ne faisait plus partie de votre
personne. C'était autrefois la mode, et plus d'un galant cavalier s'est
rompu le cou, pour l'avoir adoptée. Votre genou ne doit pas être droit, le

183. — L'on devrait toujours, autant que possible, acquérir *une connaissance particulière du pays à parcourir*, et le novice devrait apprendre quels en sont les points remarquables, et leurs communications avec le terrier vers lequel se dirigera le plus probablement le renard. Alors, quand les chiens seront portés à suivre des courbes, prenez toujours la corde vers cet endroit, mais sans trop vous éloigner, de peur de perdre la chasse. Dans tous les cas, *tenez-vous près des chiens*, autant que cela sera praticable. La moindre négligence à cet égard peut vous faire perdre votre place pour toute la course, et il est plus facile de garder son rang que de le regagner. Beaucoup de bons cavaliers savent passer par-dessus tout tant qu'ils sont sûrs de la direction, mais quand ils l'ont perdue, au lieu de se rapprocher de la meute, ils perdent du terrain à chaque obstacle. La connaissance du pays et le coup d'œil sont les qualités essentielles, et il est indispensable de les posséder toutes les deux. Ici les hommes

pied doit bien le dépasser hors de la verticale, pesant sur l'étrier, pour s'assurer que tout le corps peut y prendre appui. Il faut un moyen de résistance aux sauts de haut en bas en terrain mou, ou, en cas que l'animal vienne à broncher ou à trouver trop mauvais terrain au bout d'une foulée de galop . . . . Puis il faut toujours s'occuper des chiens et de son cheval. Ne vous trouvez jamais exactement derrière eux, et quant à votre monture, ne la surmenez pas, et quelque bonne que soit sa bouche, prenez un point d'appui léger s'il le faut, mais ne vous lancez pas à rênes flottantes.

à vue courte se trouvent déplorablement en défaut, et souvent ils sont obligés de s'en rapporter à l'avis d'un ami et de le suivre à la piste.

184. — Ne pressez pas votre cheval jusqu'à l'épuisement, à moins que vous ne soyez à peu près sûr de pouvoir en changer, et que le renard ne soit aux abois. Quelquefois, dans l'ardeur de la lutte, quand le renard s'affaiblit visiblement et qu'il n'y a avec les chiens que quelques cavaliers de tête, on peut excuser un homme qui surmène son cheval ; mais autrement ce n'est pas humain et ne convient pas à un sportsman, parce que tout cavalier expérimenté doit savoir quand son cheval en a assez; et quand il continue au delà, il est rare qu'il puisse gagner plus que quelques champs. On fera des miracles en arrêtant à propos; au lieu de faire perdre une place, souvent cela procurera un meilleur rang. Ce qui épuise le cheval, ce n'est pas d'aller droit dans le bon terrain, mais c'est le travail en terrain mou et hors de propos. Il y a bien des gens qui semblent ne pas faire de différence entre un bon gazon et la terre labourable humide et défoncée, et qui poussent leurs chevaux du talon à travers de profonds sillons, dans une contrée argileuse, à une allure qu'aucun cheval ne peut supporter dans un pareil terrain pendant plus d'un mille ou deux. Un homme pratique cherche la terre ferme ou des sen-

tiers, et par un léger détour gagnera sur ceux qui
ont dédaigné de quitter la ligne, même de quelques
mètres. Les sillons humides et visqueux fatiguent
horriblement un cheval, et il s'ensuit que si on le
presse sur pareil terrain, il perd promptement ses
moyens et son haleine, et tombe d'une vilaine façon,
au premier obstacle qui se trouve d'une dimension
au-dessus de la moyenne. Celui qui aspire à bien
suivre les chiens doit donc apprendre à bien juger
l'allure et s'efforcer à connaître les symptômes de
détresse et la meilleure manière de sauver son coursier de l'épuisement. *La condition* et la race ont
tant d'influence sur le fonds, qu'il est bien difficile
de savoir le parti que l'on peut tirer d'un cheval que
l'on monte pour la première fois. Il y a des chevaux
de race qui tout essoufflés sauront reprendre haleine
à plusieurs reprises, si on sait les ménager, tandis
que la bête commune cédera dès qu'elle aura perdu
ses moyens, et ne fera plus de service au moins ce
jour-là. En montant des talus escarpés, un cavalier
soigneux et actif sautera à terre et conduira son
cheval par la bride, et souvent gagnera par ce moyen
un mille ou deux sur un concurrent moins humain
et moins prudent. C'est à de semblables détails que
l'expérience s'applique, et ce sont pourtant ces mi-
nuties qui font la différence entre le cavalier qui ne
tient le premier rang qu'au commencement de la

course, et celui qui est certain d'être présent à la mort du renard.

185. — *Ayez toujours soin que votre ligne convienne à votre poids* aussi bien qu'à votre cheval. Un homme léger passera par-dessus les clôtures en bois dans un bon terrain encore plus facilement qu'il ne traversera une forte charmille. Quand un cheval est habitué au saut de barrière et qu'il est bien monté, c'est à peu près l'obstacle qui l'embarrassera le moins. La grande difficulté est d'être sûr de son cheval et de savoir s'il n'est pas épuisé ; un hunter sans énergie est toujours dangereux contre les barres fixes, et là une méprise mène presque toujours à une chute. L'on devrait rarement présenter un cheval fatigué à une barrière élevée, aux barres fixées à des poteaux, pour peu que l'on puisse choisir un autre obstacle. Si l'on y est obligé, il faut une main soigneuse et employer vigoureusement les aides. Au moyen de toutes ces précautions, quelques hommes passablement lourds, bon connaisseurs en vitesse et ayant l'habitude de leurs chevaux, prennent avec la plus grande aisance une ligne de barrières, mais il faut du jugement et de la hardiesse, et rarement cette habitude pourra-t-elle continuer pendant une saison de chasse, sans que le cavalier roule pardessus une barrière, pour peu qu'il s'adonne à cette méthode et pèse plus de 14 stones. Mais quand

le cheval est frais et que la ligne est bonne, tous les
hommes au-dessous de ce poids et montés sur de
bons sauteurs en hauteur, peuvent prendre avec
avantage une ligne de barrières et clôtures fixes[1].
D'un autre côté, l'homme lourd a l'avantage dans les
charmilles et les haies élevées, parce que sa masse
le pousse à travers les branches qui arracheraient
un homme léger de dessus la selle, à moins qu'il ne
tint d'une manière toute particulière. Avec du jugement, et malgré l'inconvénient du poids, un mauvais
cavalier de 16 stones battra souvent un mauvais
cavalier de dix stones qui en sera dépourvu, parce
que son poids le tient en selle et que son cheval ne
peut pas le déplacer de tous les côtés et le faire rouler comme le cavalier de légère constitution; mais
le bon praticien de 10 stones ira partout et ne devrait jamais se séparer de son cheval que quand
celui-ci vient à tomber. C'est un fait bien reconnu

[1] En Irlande, on exige des chevaux de premier ordre le saut de la
muraille de 6 pieds ($1^m,83$ environ), mais ces murs sont en pierres
sèches, et quelques-unes sont souvent déplacées au sommet. Un cheval
descendant de Pot-8-os et fils de jument irlandaise a sauté le mur de 7
pieds du parc de Phœnix à Dublin.

Une jument irlandaise de M. Bingham sautait le mur de Hyde-Park;
elle fut engagée pour le faire en pari public, mais vendue avant la conclusion. M. Bingham n'en voulut pas démordre et, le 24 février 1792, sur
un cheval bai de ses écuries, il exécuta le saut devant témoins. Le saut
était de pied ferme, six pieds et demi en dedans, huit en dehors, mais on
étendit un peu de fumier pour recevoir le cheval à la descente. Le brave
animal sauta deux fois, mais rencontra légèrement la seconde, déplaçant
quelques briques de la muraille de parc.

par les hommes d'un vrai mérite en ce genre, et
beaucoup de gens de ce poids restent au premier
rang plusieurs saisons de suite sans être jamais
désarçonnés. Les hommes lourds ont toutes sortes de
raisons pour tomber encore plus souvent qu'ils ne le
font, mais la nécessité les oblige à se servir de leur
intelligence pour sauver leurs os. Mais avec des
poids légers sur de bons chevaux, je suis convaincu
de la vérité de la règle précitée, et que dans ce cas
on fait preuve de mauvaise équitation si l'on tombe
de cheval. Dans tous les accidents, il n'y a rien de
plus important que la présence d'esprit, et l'homme
qui sait la conserver dans le danger est presque toujours sûr de se tirer d'affaire. Il est étonnant quelles
fautes peuvent se réparer en se tenant solidement et
en aidant au cheval à se débattre et à se relever, et
je n'ai jamais pu voir quel avantage l'on trouvait à
quitter volontairement la selle quand un cheval est
à moitié par terre, ou, comme s'en vantent d'autres
personnes, à rouler hors de la portée de l'animal.
Il faut toutefois convenir que le bon cavalier, tout
en évitant beaucoup d'accidents habituels aux mal-
adroits, fait ordinairement une chute grave le jour
où il vient à tomber. Ainsi, quand le bon cavalier
manque un saut de barrière, il tombe avec son cheval et ils roulent tous les deux, achevant quelquefois
le saut périlleux avec choc et écrasement qui occa-

sionne un mal sérieux ou la mort[1]. Quand le même accident arrive au gentleman qui ne tient pas, il est jeté loin de son cheval et en est quitte pour être crotté et un peu secoué. C'est ce qui explique le

[1] En cas de chute grave, surtout quand la tête a souffert, si l'on n'a pas de lancette pour opérer une saignée, il faut servir au patient un grand verre de fort vinaigre mélangé avec une égale quantité d'eau. Ce remède est très-efficace par la puissance de révulsion que le vinaigre possède sur le système général de circulation.

Il faut savoir tomber.

L'esprit méthodique des Anglais leur fait réglementer leur audace à la chasse, comme ils règlent un combat de boxeurs jusqu'aux limites de la vie. Plusieurs milliers d'athlètes ont été relevés en état d'insensibilité; je n'en trouve qu'un seul tué sur place à la 13e reprise (Fistiana, p. 101, v. Skinner), et dans l'espace d'un siècle on ne compte qu'une cinquantaine de morts à la suite de combats réguliers.

De même, à la chasse, les chutes se comptent à trois chiffres dans la carrière des cavaliers énergiques courant tant qu'ils peuvent soutenir l'allure à la queue des chiens. Il n'y en a pas plus de 2 ou 3 pour 100 qui meurent dans l'accomplissement de leurs prouesses. Mais, par exemple, les fractures simples s'enregistrent tout au plus dans la mémoire du patient. Les hommes réfléchis ont une méthode pour tomber.

Un sportsman du Somersetshire, dont les traits réguliers rappelaient les bustes antiques, me contait gravement que, n'ayant éprouvé aucun accident au visage, il ne ressemblait nullement aux portraits de ses ascendants, qui avaient tous le nez écrasé.

A la suite de quelques fractures, il était devenu de tradition dans cette famille de croiser les bras quant le hunter faisait faute. On tombait la poitrine et les mains bien garanties; mais la moindre saillie, un sillon, un caillou, venaient outrager les nez les plus réguliers. On se lassa de cet aplatissement monotone, et devant les obstacles dangereux on se mit à tenir en cravache de manége le manche de fouet, jonc de bon calibre. Si les pieds du cheval heurtaient l'obstacle, le chasseur tombait la main droite en avant en dehors de la ligne de la tête. Le fouet se brisait plus ou moins, mais le poignet restait intact, malgré une secousse dans les doigts.

Chassant en France, le même sportsman admira l'usage des piqueurs, presque perdu aujourd'hui, d'offrir l'estortoir ou destortoir avant de courre

grand nombre de chutes que quelques hommes peuvent éprouver sans inconvénient et le peu de souci qu'ils en prennent. On les voit aborder un obstacle avec la certitude d'arriver à croix ou pile, au lieu de rester en selle. Cela s'appelle *courir pour tomber*, et quoiqu'en apparence cela soit très-hardi et très-courageux, cela n'est pas à beaucoup près aussi dangereux que cela le paraît. S'ils vont un peu vite avec

le cerf. Sous bois, cela garantit la tête, et si la maladresse du cheval ou un accident quelconque projette le cavalier en avant, il se garantit le poignet en opposant le bâton au sol.

En promenade, on peut porter un stick destortoir si on se fait établir en épine ou en cornouillier un gourdin bien choisi. Jadis les bons faiseurs ne trouvaient pas semblable confection au-dessous de leur talent, et nos plus vigoureux cavaliers en adoptaient l'usage.

Quand il avait remis le sabre au fourreau, en Algérie, en Crimée, ou en garnison française, le vaillant Fr. de la R . . . . . . tenait dans sa main puissante un éventail de ce genre.

Il y a trente ans, on se procurait aussi chez les Verdier, les Cazal, des fanons de baleine de la mer du Sud de près de 2 centimètres de diamètre. On savait et je sais encore les faire durer sans apparence de dessèchement. En canne ou en stick, c'est d'un ordre distingué peu au-dessous du *Manatée*. J'en garde un échantillon, mais c'est une rareté, car on ne pêche plus que très-exceptionnellement le fin-back, la baleine aux belles moustaches dont un seul poil constitue mon bâton de vieillesse.

La canne en lamentin (Manatée en anglais) ne se trouve que très-difficilement en forte dimension, depuis que la *vache marine* est persécutée avec autant d'acharnement que la baleine. Les planteurs des États du Sud n'autorisaient que dans les cas graves l'emploi de ce moyen de correction, tant ce nerf de bœuf maritime a de puissance d'écrasement. Aujourd'hui il faut se contenter d'en avoir à l'état de stick. C'est riche, gracieux, couleur d'or ou plutôt d'ambre jaune. Je ne connais rien de meilleur ni de plus élégant, et je ne changerais pas le mien contre la canne en vraie corne de rhinocéros de feu M. le duc de Morny. Au cap, les Anglais et les Boers s'en servent pour conduire les bœufs d'attelage, sous le nom de Jambock, mais ils y emploient le cuir d'hippopotame et autres pachydermes en concurrence avec celui du Lamentin.

leur assiette chancelante, ils sont hors de selle presqu'avant que le cheval touche terre, et en se traînant un peu après le premier élan, ils sont presque sûrs de s'en tirer sans frais de médecine. L'on ne sent guère les chutes, excepté sur le terrain dur, et c'est sérieux d'y d'arriver comme il l'est quelquefois en automne et au printemps.

186. — En présentant votre cheval à l'obstacle, ayez bien soin de le rassembler à l'allure où il se sent le plus à son aise, gardez-la jusqu'à l'obstacle, ne faites rien que le tenir droit jusqu'au moment où il s'enlève, alors rendez-lui en vous penchant en avant, et ayez bien soin de ne pas retenir pendant qu'il fait son effort. En descendant, penchez-vous bien en arrière et emparez-vous de la bouche, sans tout à fait retenir, et si vous avez doubles rênes, ne vous servez que de celles de filet. Il vaut mieux aider le cheval en se penchant en arrière qu'en lui relevant la tête; tant que l'on agit de la sorte, rien que pour faire voir au cheval qu'il ne doit pas tomber, il se tirera d'affaire tout seul, mieux qu'avec l'aide de son maître. En tout temps, il est mauvais d'aller à rênes flottantes, non que le cheval ait besoin d'être soutenu, mais parce qu'il apprend à courir avec des enjambées trop étendues; d'un autre côté, en retenant la tête, on arrivera toujours à l'un de ces deux résultats : — ou bien vous jetez votre cheval dans

l'obstacle, ou bien la bouche s'égare et tire constamment sur les mains du cavalier. En équitation, le point le plus difficile est de ménager la bouche en courant à travers champs ; c'est le résultat que l'on est le plus longtemps à obtenir. Là se montre avec

Fig. 18. — Bonne et mauvaise Assiette.

avantage la main délicate d'une dame, qui également est favorisée par son poids léger.

187. — Tenez principalement des genoux, sans vous attacher à l'équilibre dont il faut pourtant quelquefois se servir (Fig. 18); mais surtout ne vous raccrochez pas à la bride. La meilleure assiette à la chasse se prend avec un étrier modérément court ; le genou

doit être sur la partie rembourrée du quartier de la selle et vis-à-vis l'étrivière, le talon bas et le pied dirigé presque droit en avant. Le poids du corps ne saurait être trop en avant sur la selle et, par suite, l'enfourchure doit se rapprocher du pommeau. C'est d'une grande importance pour les hommes lourds, et l'homme de seize stones qui s'assied en arrière sur sa selle monte comme un sac de blé et fatigue bientôt son cheval. L'effort des jambes de derrière ne doit pas avoir de poids à soulever, ce poids doit se trouver dans le centre du mouvement, entre l'élévation et la descente de l'avant-main et de l'arrière-main[1]. Aujourd'hui l'on prend généralement les rènes des deux mains, et avec un cheval sujet à refuser l'obstacle ou qui a besoin de l'aide de son cavalier pour quelque motif, c'est le plus prudent; mais avec un hunter accompli qui a la bouche fine, la précaution est inutile et la main de la cravache peut se tenir avec aisance sur le côté. L'ancien système de lever la cravache n'est plus à la mode[2], il est mauvais en

[1] La pratique moderne est en faveur des ongles en dessous pour la main de bride. Au manége et avec les chevaux exercés de la cavalerie, la main peut être tenue verticalement, mais personne ne doit songer à monter un cheval vigoureux sur le turf, ou suivre les chiens avec un hunter rapide, sans avoir les jointures en dessus, la main horizontale. (Nimrod, 194.)

[2] Autrefois les Anglais aimaient à sauter le bras droit en l'air, surtout en franchissant les cours d'eau; mais, dans les sauts de hauteur, les Irlandais et leurs imitateurs simulaient le coup de cravache et empoignaient la selle au troussequin. Cette façon de prendre la cinquième rène n'est point disgracieuse comme quand on saisit le pommeau.

ce sens que, quand on veut aider son cheval, la main se trouve fort loin et peut fort bien arriver trop tard pour se rendre utile. Il y a en même temps d'autres occasions, comme par exemple dans un saut de haut en bas, où l'on ne peut jeter le corps assez en arrière, sans quitter les rênes de la main droite, ou bien il faudrait les laisser glisser si loin entre les doigts de chaque main, qu'il deviendrait fort difficile de les rajuster pour soutenir un cheval qui viendrait à manquer[1].

---

[1] Les contrées montagneuses fatiguent la respiration et brisent les membres des chevaux; le sang, l'entraînement et l'adresse du cavalier sont indispensables pour arriver à l'hallali. Les dunes de Sussex et les monts Cheviots (frontière d'Écosse) sont les échantillons connus de pays difficiles. Il y a cinquante ans, la descente rapide appelée le fossé du **diable**, en Sussex, n'avait été parcourue que par peu de cavaliers. On n'en citait que trois, et M. Delabere Blaine était du nombre. Mais aujourd'hui cette prouesse s'accomplit tous les ans, tant à la queue des chiens que par amusement, et ce n'est ni si difficile ni si effrayant qu'on peut le supposer, pourvu que l'on ait un cheval dressé pour les dunes. Ces hunters ramassent instinctivement leurs quatre jambes dans un tout petit espace et les glissent deux à deux d'une façon indescriptible, par un battement successif et un peu latéral. En descendant cette montagne ou toute autre fort rapide, le cavalier doit, avant d'arriver au fond, rassembler son cheval et le tourner un peu en arrivant sur le terrain horizontal. Sans cette précaution l'on tombe fréquemment, faisant naufrage au port. La vue du cheval s'obscurcit dans ces pentes rapides et, outre la difficulté de se retenir, il ne s'aperçoit pas qu'il arrive au terrain uni, ses pieds rencontrent trop tôt et il culbute. En général, le zigzag est la meilleure ligne à suivre pour la montée; mais tant que la pente n'est pas à pic, on peut la descendre droit. Les montagnes crayeuses sont souvent encombrées de silex; quand il les discerne, le sportsman cherche à les éviter, plus d'un cheval de prix a été perdu par une coupure. Sur les dunes, évitez les sentiers de moutons; il sont trop étroits pour les chevaux, qui y gagnent des chutes et des efforts de boulet.

188. — En montant les pentes, il est souvent utile de décrire un zigzag ; mais en descendant vous ne pouvez aller trop droit, la manière contraire menant à une chute dangereuse sur le côté, qui écrase le genou ou la cheville. Peu de chevaux tombent en pareil cas, ils s'arrangent toujours de façon à glisser sur les hanches. C'est un principe fort important dont il ne faut jamais se départir. Ces observations, jointes aux principes généraux de l'équitation, pourront peut-être servir à ceux qui n'ont point d'amis expérimentés en état de leur donner une démonstration pratique. Une leçon à travers champs vaut toutes les lectures du monde ; mais, à défaut de ce moyen, les remarques de ce chapitre peuvent venir en aide aux jeunes gens qui aspirent à l'honneur de suivre une meute[1].

189. — Il y a une grande variété d'obstacles dans un parcours à travers champs en Angleterre, pays de Galles, Écosse et Irlande, mais ils rentrent presque tous dans les catégories suivantes :

1º La simple haie d'épines ; 2º les palis pour enfermer les moutons ; 3º les barres fixes ; 4º les doubles barres fixes ; 5º les barrières ; 6º les terrassements simples ; 7º les fossés ; 8º les ruisseaux ; 9º les

---

[1] Pour la descente, ayez des chevaux près de terre, maxime du capitaine Brown, et par tous les terrains, si vous avez du poids à enlever par-dessus l'obstacle.   (Youatt, p. 38.)

tertres simples ou doubles avec fossé; 10° des talus avec des haies d'épine; 11° les tertres avec double fossé; 12° de hautes charmilles à travers lesquelles il faut passer; cet obstacle s'appelle un bouvreuil [1]; 13° une jeune haie ayant de chaque côté de larges tertres et une clôture en treillage ou en claies, ce qu'on appelle double clôture; 14° les murs en pierre. (Voir les Fig. 20 à 38 représentant les obstacles du champ de courses au bois de Vincennes.)

190. — Les diverses manières de sauter sont : 1° le saut de pied ferme, 2° le saut de volée, 3° le saut sur l'obstacle et puis au delà, 4° le saut dedans et dehors, 5° la méthode rampante, 6° le saut de haut en bas. Le mot *franchir* est devenu synonyme du verbe *sauter*, et l'on s'en sert actuellement presque indifféremment. Suivant les époques, l'une des expressions s'est trouvée proscrite ou est devenue à la mode à son tour, en anglais hap on jump.

191. — Le saut de pied ferme ne se prend que sur des barres peu élevées ou autres obstacles légers, ou bien encore quand il serait dangereux de se présenter autrement, comme sous un arbre qui heurterait la tête du cavalier, si le cheval y passait autrement qu'au pas. Il faut pour ce saut un hunter parfait et ayant une longue habitude de cette mé-

[1] Cette expression vient d'une plaisanterie faite aux chasseurs ordinairement vêtus de rouge, et qui restent suspendus dans les charmilles.

thode. Alors vous le voyez se rassembler et franchir de hauts échaliers et autres obstacles d'une façon très-extraordinaire. Il faut toujours arriver vite sur les obstacles en largeur, et, par le fait, il est rare que l'on se trouve forcé de les aborder de pied ferme. Dans ce cas, il faut présenter le cheval en lui laissant choisir sa distance et toujours lui *laisser la bouche entièrement libre*. Aucun cheval ne peut rester rassemblé en sautant de pied ferme; c'est une raison pour qu'il y en ait peu qui exécutent convenablement cet exercice. Des hunters imparfaitement dressés s'approchent trop de l'obstacle avant de s'enlever et le manquent alors des pieds de devant; d'autres le prennent de trop loin, et ce sont alors leurs pieds de derrière qui heurtent, ce qui est tout aussi désastreux. Souvent cet accident arrive à des échaliers où il y a des deux côtés un petit pont pour les piétons. Le cheval doit les sauter de pied ferme ou courir le risque de glisser sur l'un ou l'autre pont. Il s'ensuit que l'animal est pris par le grasset, et cependant ne trouve pas pied pour ses membres antérieurs à cause de l'étroitesse du pont devant lui. Il y reste quelquefois suspendu sans pouvoir se dégager en avant ou en arrière jusqu'à ce que l'échalier soit rompu. Il y a encore, dans le saut de pied ferme, le danger pour le cheval d'engager ses pieds de derrière entre les barreaux s'il vient à manquer une clôture en bois. C'est un accident terrible qui se termine souvent par une jambe cassée. Le seul remède est de faire asseoir quelqu'un sur la tête du cheval, de façon à le maintenir à terre, puis, au moyen d'étrivières, on essaie de retirer le pied engagé. Il faut d'ailleurs beaucoup de jugement et de sang-froid pour éviter les malheurs ; souvent les barreaux sont si rapprochés et la jambe si bien prise, qu'il faut recourir à la scie et couper les traverses.

192. — Le saut de volée peut être lent ou vite ; mais à la chasse on essaie ordinairement de le prendre doucement. En décrivant le steeple-chase, j'ai fait voir que, dans ce cas particulier, les sauts doivent s'exécuter rapidement et à bonne allure, enfin réellement de volée. Mais, à la queue des chiens, le terrain n'a pas été examiné d'avance, et jusqu'à ce que le cheval atteigne l'obstacle et prépare son élan, il ignore l'importance du saut qu'il doit exécuter. Si donc on le mène grand train vers les clôtures des champs, il n'aura pas le temps de calculer son effort et fera des fautes continuelles. Mais si on le mène au canter ou galop de chasse avec aisance, bien assis, il peut mesurer son point de départ et l'effort musculaire qui doit lui faire franchir le fossé, s'il y en a un. Cette méthode procure en outre l'avantage de pouvoir arrêter court, si on trouve devant soi une mare, une sablonnière ou un chemin très-creux.

Pour tous ces motifs, la plupart des hommes préfèrent le cheval qui saute avec calme, et c'est certainement celui qui fera le moins de fautes dans une saison de chasse. Partout où il faut sauter en hauteur, plus le cheval arrive lentement, mieux il peut s'enlever, pourvu que ses foulées soient cadencées et ses jambes de derrière bien sous lui. Le trot ne réussit pas aussi bien, parce qu'à cette allure les extrémités postérieures n'agissent pas simultanément et ne sont pas prêtes à donner l'élan. Et pourtant il y a des hunters qui s'enlèvent très-adroitement au trot, et le célèbre Vivian, qui commença sa réputation au steeple-chase, était dans ce cas. Je lui ai vu passer au trot des barres élevées d'une façon que nos chevaux de steeple-chase actuels ne sauraient imiter, pas plus pour le style que pour la hauteur. Personnellement, je préfère un cheval qui aborde les clôtures à une allure assez rapide, pourvu que l'on soit sûr de pouvoir l'arrêter, si cela devient nécessaire. Un animal sans contrôle est toujours dangereux ; mais en dehors de cela, je ne vois guère de milieu pour le comfort et la sûreté entre la *méthode rampante*, qui peut à peine être trop lente, et le galop de chasse régulier[1]. Pour bien rassembler son che-

---

[1] Dans les pays où il y a beaucoup d'obstacles en hauteur, barrières et enclos, il ne faut pas oublier de faire mettre des crampons aux pieds de derrière du hunter, de peur qu'une glissade ne leur fasse perdre toute leur impulsion. (Nimrod.)

val et le présenter à l'obstacle, les doubles barrières fixes demandent beaucoup de rassemblé et d'excitation en même temps, et le cheval doit les aborder assez vite, comme pour tous les sauts en largeur que présentent les eaux dormantes ou courantes. Une chose essentielle, c'est que le cheval ait confiance dans son cavalier, car s'il vient à penser *qu'il peut* tourner à droite ou à gauche, il le fera très-probablement, à moins qu'il ne soit très-enclin à sauter. Les hommes dont les nerfs sont agités communiquent leurs impressions à leurs chevaux; le fait n'est pas douteux, quoique difficile à expliquer. Il est remarquable combien promptement les chevaux s'aperçoivent de la valeur de leur cavalier et combien ils changent suivant la main qui les dirige. C'est dû en partie à l'action qu'éprouve la bouche, mais beaucoup aussi au tremblement du cavalier. Si celui-ci n'a pas pleine confiance en son courage, il ne doit jamais espérer que son cheval abordera droit et régulièrement les obstacles. Le rassemblé est beaucoup plus facile que la tenue des rênes pendant le saut lui-même, car il y a deux choses opposées à faire, et le point délicat est de trouver le moment de passer finement de l'une à l'autre. La première est, comme on dit, de s'emparer de la tête de son cheval, c'est-à-dire d'agir plus ou moins sur la bouche, de le rejeter sur ses hanches et de l'exciter par la voix, le talon ou le fouet. Ceci dure jusqu'au moment où se fait l'effort pour passer l'obstacle ; alors il faut rendre la main pour que le cheval ait toutes les forces corporelles à sa disposition. Si la tête est retenue, les hanches n'agissent pas pleinement, parce qu'en s'élançant la tête est poussée en avant, et le mors produit de la douleur si on continue à tirer dessus ; alors, pour éviter cette douleur, la complète extension ne se produit pas ; le saut ne se fait pas avec assez de force d'élan, et le cheval retombe trop près du fossé s'il y en a un, ou bien tout à fait dedans. Mais, tout en rendant la main, il faut agir avec jugement ; car si les rênes sont trop lâches, le cheval est sujet à arriver au delà de l'obstacle dans une position où il n'est pas maître de lui, et tombera souvent si l'on ne vient pas à son aide. Voilà pourquoi d'excellents praticiens, sans tenir la tête, savent exercer sur la bouche une pression douce et fine, et non-seulement ils empêchent ainsi le cheval de s'étendre outre mesure, mais encore ils se trouvent prêts à aider l'animal s'il paraît disposé à s'abattre. C'est là un talent achevé, et l'on n'y peut parvenir qu'au moyen d'une bonne assiette, aussi bien que d'une main juste. Sans la première qualité, l'on ne peut s'empêcher *de tenir* par les rênes, tout aussi bien que par la selle ; or, dans ce cas, il ne faut pas songer au maniement délicat des rênes, que j'ai essayé de décrire. Tout le monde devrait apprendre à monter sans rênes, ne tenant que par la selle; sans cette étude, peu de gens arrivent à ce don précieux que l'on appelle une bonne main. Il a toujours son prix en équitation, mais jamais autant qu'en passant à travers champs. L'on essaie quelquefois d'enlever le cheval avec le mors; mais je n'y vois pas d'utilité. Quand un cheval paraît vouloir rencontrer le barreau supérieur d'une clôture ou faire un effort trop petit devant tout autre obstacle, la meilleure manière de l'enlever est de lui appliquer le fouet le long des épaules. Rassembler et exciter sont choses différentes de l'action d'enlever, que je crois être un mythe. Je classe dans la même catégorie le second effort du cheval, qui, selon certaines personnes, se produit entre ciel et terre. M. Apperley lui-même admet son existence. Cette opinion est en opposition si directe à toutes les lois de la mécanique, que je réclame le droit de différer sur ce point avec cet auteur distingué et ses adhérents. Bien que je sois convaincu qu'il se fasse un effort instinctif pour augmenter le saut, je suis obligé d'en contester l'utilité. Le monde pourrait être remué avec un point d'appui; mais quand il n'y en a pas, on ne remuera pas une plume. Or le point d'appui du cheval dans ce moment est la résistance de l'air, quantité inappréciable dans cette circonstance. Je ne puis, en conséquence, souscrire à l'avis généralement adopté. Si mes conclusions sont justes, ni la voix de l'éperon ni le fouet n'ont d'effet après que

Fig. 19. — Saut dessus et au-delà (*on and off*).

les pieds de derrière ont quitté le sol; telle est ma conviction, d'après la théorie et d'après la pratique[1].

193. — Le saut dessus et au delà (Fig. 19) s'emploie

[1] Certains cavaliers ont les aides assez puissantes, la main juste pour faire sauter de prime abord tout cheval bien conformé. J'ai vu dételer de

particulièrement quand il y a des tertres à franchir, et on ne l'essaie qu'à une allure lente, quelquefois du pas ou de pied ferme. Il faut avoir bien soin de laisser la tête libre et de n'aider le cheval qu'au moment où il va toucher terre. Il y a beaucoup de chevaux très-habiles pour exécuter ce saut, particulièrement dans les races irlandaises. Ils passent sur un obstacle en terre ou même sur un mur comme les chiens, touchant des quatre jambes presque à la fois, avec beaucoup de promptitude et d'élégance. Mais cependant la plupart des chevaux anglais s'élèvent sur une digue avec leurs pieds de derrière, y restent un moment, dégagent franchement leurs pieds de devant et descendent lentement dans le champ voisin avec juste assez de force pour franchir l'obstacle qui peut se trouver devant eux, tel que le fossé.

194. — Le saut dedans et dehors demande beaucoup d'habitude, et peu de hunters l'exécutent en perfection. Il faut l'entreprendre très-doucement, faisant un peu l'angle avec l'obstacle, ce qui fournit un peu de place pour que le cheval tombe et s'enlève de nouveau dans l'espace intermédiaire. Le cheval doit être bien assis sur les hanches et il faut agir le

beaux carrossiers à conformation de hunter vis-à-vis de la barre fixe à 1ᵐ,20. Cet obstacle n'était rien pour eux, parce qu'on les montait *secundum artem*. Un sportsmen de Normandie, M. L. de C . . , peut-être trop audacieux, a réussi à faire sauter des chevaux aveugles; mais sur deux essais de ce genre il y en avait toujours un qui finissait mal.

moins possible sur la bouche. Les doubles barrières fixes, les doubles haies sont presque les seuls obstacles à franchir par cette méthode, qui avec un hunter accompli est beaucoup plus sûre qu'une tentative pour tout sauter de volée.

195. — En rampant, les principaux éléments de succès sont la main fine et beaucoup d'aplomb en selle; sans ces deux conditions, personne ne peut espérer grand succès de ce genre. C'est pour cela que peu de personnes *rampent* bien, même sur des chevaux accoutumés à cet exercice dans d'autres mains. Quand le cheval aura bien appris à ramper, la tête doit être laissée presque entièrement libre; on le conduit tranquillement à la partie faible de la haie, où on le laisse se débrouiller comme il l'entend. Mais quand il faut lui apprendre à ramper, il faut prendre une rène de chaque main et diriger la tête comme avec un fil de soie. Quand un cheval est bien accoutumé à la main de son cavalier, il rampera aussi habilement que possible et ne s'enlèvera, pour exécuter un saut, que quand on lui donnera le signal par la main ou par les jambes. C'est, au reste, un talent qui ne s'acquiert que par la pratique, et quelquefois encore l'on n'y parvient jamais.

196. — Le saut de haut en bas ne saurait se prendre trop lentement, à moins qu'il n'y ait un fossé ou un ruisseau à passer en même temps. Même quand

il y a une autre clôture à sauter avant d'arriver dans le bas, il ne faut pas forcer l'allure; sinon les membres de devant manqueront certainement, et le chanfrein arrivera à terre, causant au cavalier une chute fâcheuse. En descendant, l'équilibre du cavalier doit se porter en arrière jusqu'à toucher la croupe du cheval avec les omoplates ou à peu près. La tête du cheval peut être laissée libre jusqu'à ce que les jambes de devant touchent terre; alors il sera prudent de soutenir un peu.

197. — La simple haie d'épines peut être dans l'état de nature, ou tondue, ou tressée avec des liens. La première peut être facilement franchie, et rarement occasionne une chute, parce que, si le cheval vient à rencontrer, ses jambes passent au travers et il n'arrive aucun mal. La haie tondue est dangereuse, parce que les pointes aiguës occasionnent quelquefois une grave blessure, au point *d'empaler* le cheval, comme on dit, et de mettre sa vie en danger, par suite de la lésion de quelque organe important. Les clôtures tressées sont souvent très-fortes, et même quand le travail est aussi fin que dans le Warwickshire, elles sont faites si fortement, qu'aucun cheval ne peut passer au travers. Dans ce comté, elles ressemblent plutôt à un pommier en espalier qu'à une haie ordinaire, et il faut les aborder avec beaucoup de précaution, quand on a un cheval étran-

ger à la contrée. Pouvant voir au travers de ces haies, il est très-disposé à les rencontrer, et dans ce cas, il est à peu près sûr qu'il tombera par-dessus ou quelquefois même sera renversé en arrière.

198. — Les claies qui entourent les moutons peuvent se franchir de toutes les façons, puisqu'elles sont assez faibles pour pouvoir rarement occasionner une faute ; c'est en raison de cette qualité que l'on s'en sert pour apprendre aux chevaux à sauter. Toutefois, dans quelques contrées, l'on se sert de claies plus fortes et plus résistantes ; mais il est rare qu'elles aient plus de trois pieds d'élévation.

199. — Les barrières fixes sont l'obstacle le plus sérieux, tant que le bois n'est pas trop vieux ; aussi faut-il les aborder avec beaucoup de soin, le cheval bien rassemblé, en frappant l'épaule du fouet et en usant largement de la voix et des éperons. La meilleure allure est un galop régulier et cadencé.

200. — Les palissades qui entourent les parcs sont fort dangereuses à franchir, parce que les jambes du cheval peuvent se prendre entre les poteaux. Il faut donc les franchir avec précaution.

201. — *Les doubles barrières fixes* doivent se prendre de volée à grande et vite allure, avec l'usage de l'éperon le plus persuasif, ou bien il faut avoir recours au saut dedans et dehors (voir § 194). Dans tous les cas, c'est un obstacle dangereux, et bien

des cavaliers hardis, partout ailleurs, ont soin de toujours éviter de franchir ce genre de clôture.

202. — Les barrières ordinaires peuvent se franchir comme les barres fixes, mais elles sont plus dangereuses, parce qu'elles sont ordinairement sur un terrain gluant et détrempé par le passage des bestiaux. Souvent aussi elles sont détachées et cèdent un peu quand elles sont frappées par les genoux du hunter, ce qui lui assure une chute des plus gauches.

203. — *Les terrassements* ordinaires ne demandent que la méthode *dessus et au delà* décrite au § 193.

204. — Quand *les fossés* sont larges, il faut beaucoup de préparatifs et l'éloquence de l'éperon pour décider le cheval; mais quand ils sont étroits, c'est-à-dire quand ils n'ont pas plus de six à huit pieds avec du terrain solide au point d'arrivée, on pourra les aborder plus lentement et même de pied ferme.

205. — Les ruisseaux qui ne sont point guéables demandent à être abordés à grande allure. Il faut d'abord s'emparer de la bouche du cheval et se diriger bien droit sur le cours d'eau sans retenir la tête pendant le saut. Toutes les fois qu'il y a des chances pour que le cheval refuse, les deux mains doivent être aux rênes et on doit bien veiller sur l'animal, de peur qu'il ne se dérobe et n'évite le saut.

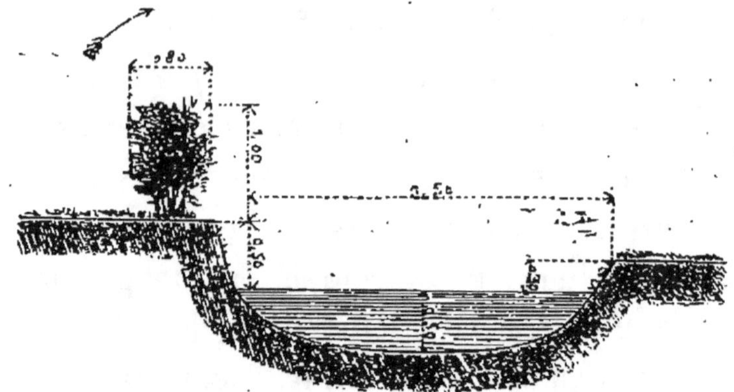

Fig. 20. — Rivière (profil, voir § 205).

Fig. 21. — Double fossé et Talus (profil, voir § 207).

Fig. 22. — Plan de l'obstacle.

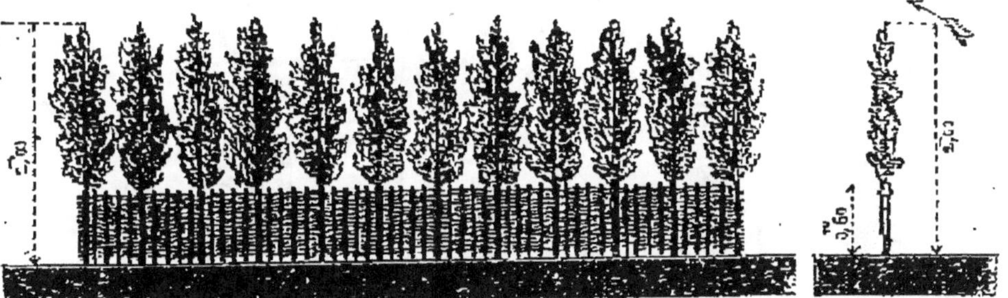

Fig. 23. — Bull-finch (voir § 209).

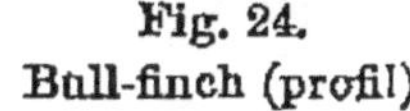

Fig. 24.
Bull-finch (profil).

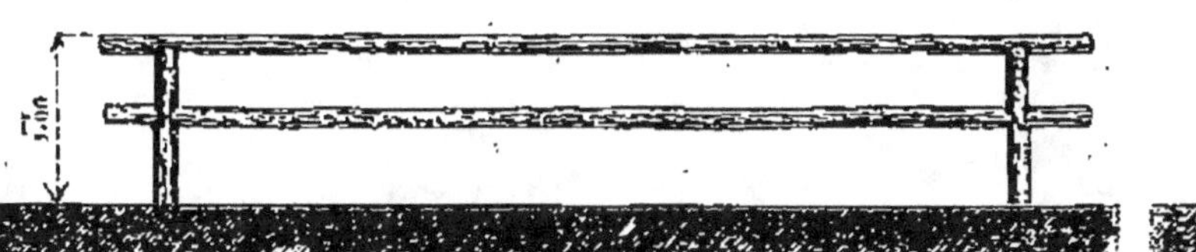

Fig. 25. — Barrière fixe (voir § 199).

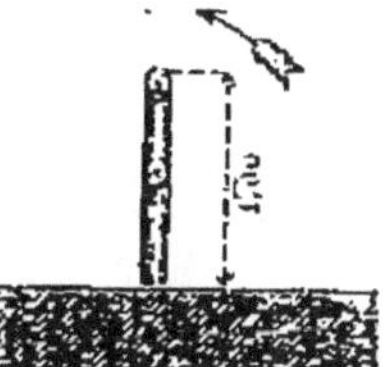

Fig. 26. — Barrière
fixe (profil).

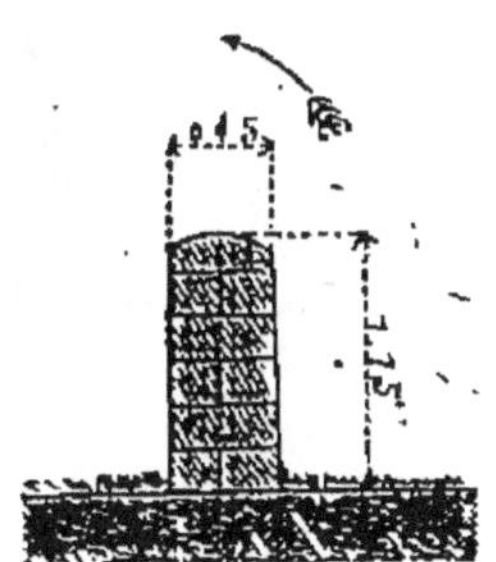

Fig. 27. — Mur (profil, voir § 211).

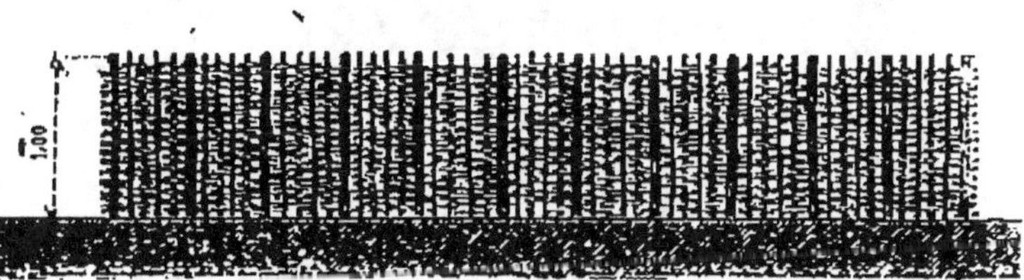

Fig. 28. — Claie (voir § 198).

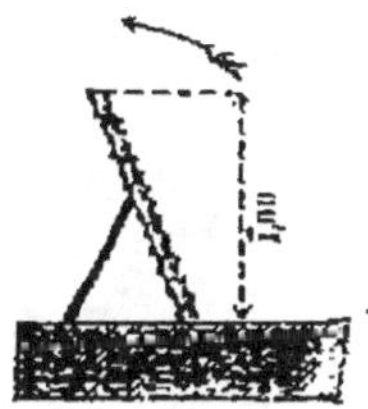

Fig. 29.
Claie (profil).

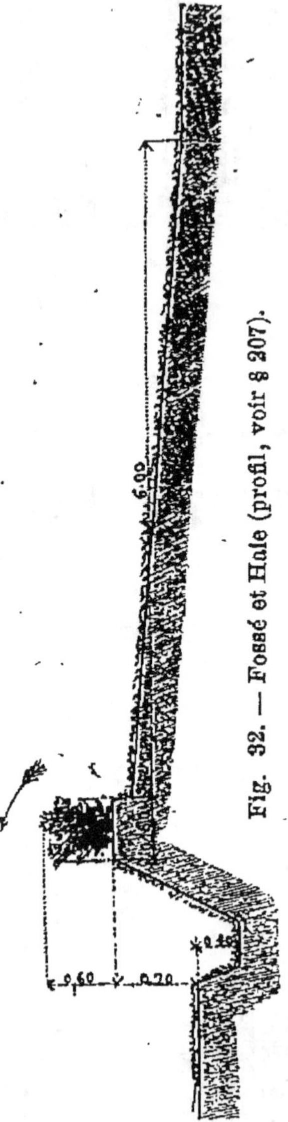

Fig. 32. — Fossé et Haie (profil, voir § 207).

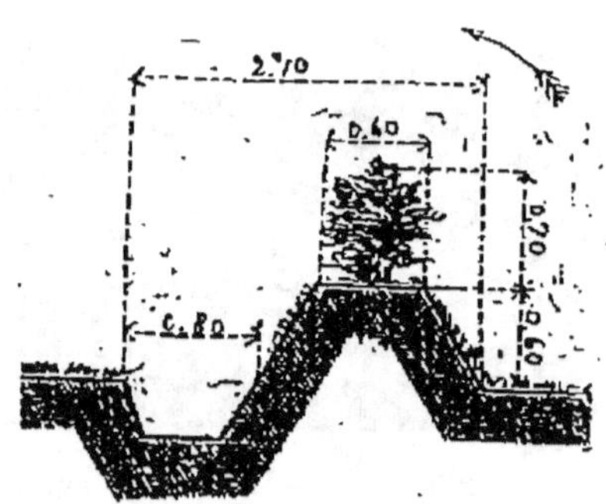

Fig. 30. — Haie anglaise (profil, v. § 208.)

Fig. 31. — Haie simple (profil, v. § 197).

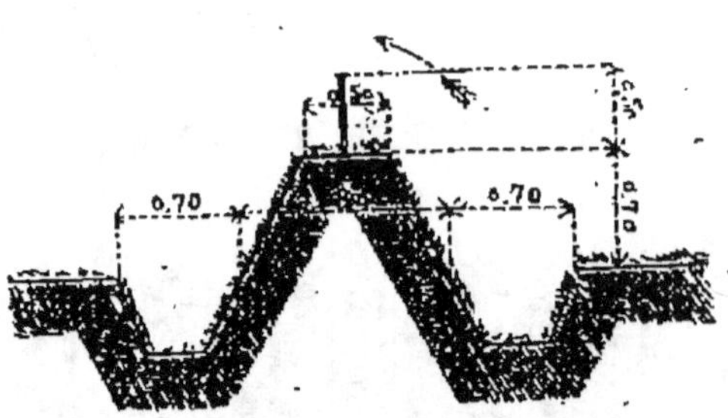

Fig. 33. — Double fossé (profil).
(Voir §§ 193 et 206.)

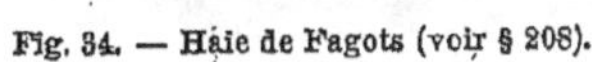

Fig. 34. — Haie de Fagots (voir § 208).

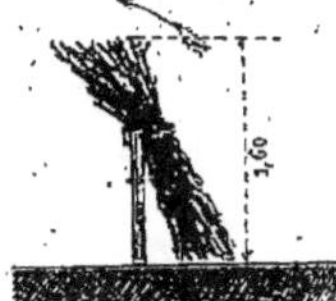

Fig. 35.
Haie de Fagots (profil).

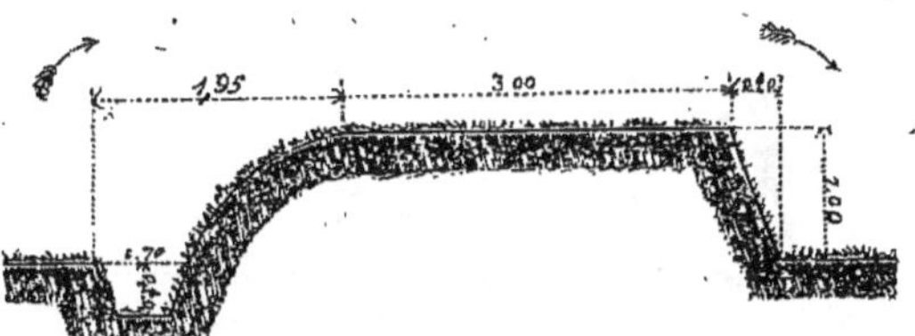

Fig. 36. — Banquette (profil, voir § 194).

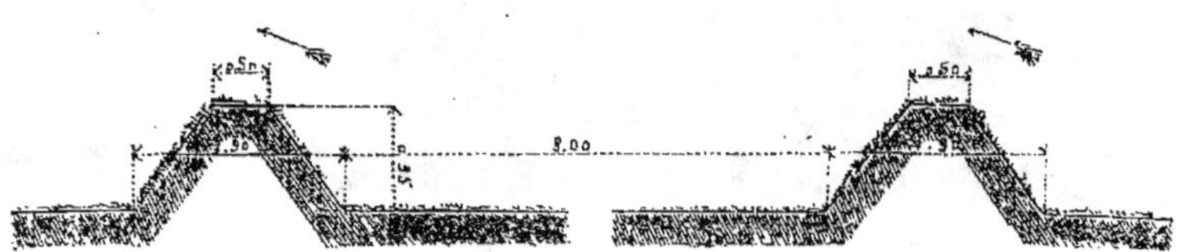

Fig. 37. — Double Mur en terre (profil, voir § 194).

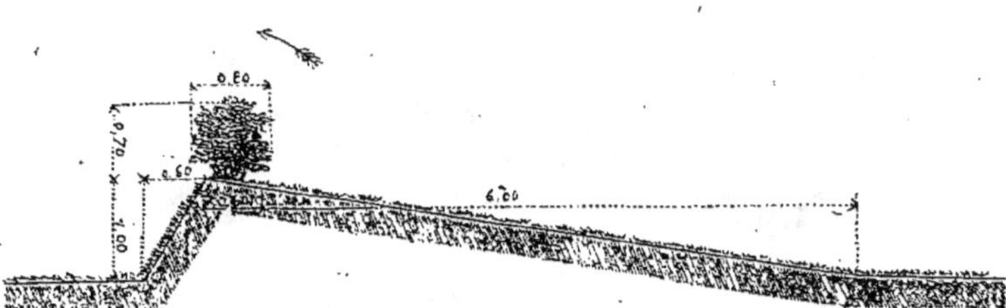

Fig. 38. — Contre-bas et Haie (profil, voir § 196).

206. — Les terrassements avec fossés ne demandent qu'un peu plus de soin qu'un talus ordinaire, et quand les fossés sont larges, il faut mener les chevaux un peu plus vite.

207. — Les talus surmontés de haies d'épines doivent s'aborder suivant l'espèce de ces haies. Si elles sont ouvertes et traînantes et sans tronçons, l'obstacle se franchit en deux fois comme un simple terrassement; mais si la haie d'épines est forte et entrelacée, il faut tout franchir de volée, à une allure suffisante pour tout enjamber du même coup, quelle que soit la largeur.

208. — La même remarque s'applique à l'obstacle classé immédiatement après, savoir le talus à haie d'épines flanqué de un ou de deux fossés; seulement il faut redoubler de précautions et faire un saut encore plus puissant.

209. — Les charmilles appelées *Bull-finches* se traversent à toute course en se servant des mains et des bras pour protéger le visage. L'on peut encore les traverser en rampant, ce que certains chevaux font très-adroitement; mais quand la charmille est épaisse, il est rare que l'on puisse la traverser autrement qu'en la chargeant à fond.

210. — Les claies tressées flanquant un terrassement, ce que l'on appelle la clôture double, sont difficiles à franchir quand elles sont hautes et fortes.

Le seul moyen de s'en tirer est de sauter d'abord sur le tertre et puis plus loin, car c'est un obstacle généralement trop large pour être franchi de volée.

211. — Les murs en pierre sont le plus facile des obstacles quand le cheval se rend bien compte de leur nature..Il faut avoir l'œil ouvert pour *éviter les endroits trop bas*, parce qu'ils sont souvent devant des excavations à sable, des carrières et autres endroits où il est inutile de faire de hautes murailles. En thèse générale, les endroits les plus sûrs sont dans la hauteur moyenne de la muraille. Un galop lent et rassemblé est la meilleure allure pour que le cheval soit à même de faire effort de ses hanches.

LIVRE IV.

COURSES AU TROT.

———

Description des courses au trot. — 212. —
Cet amusement, autrefois populaire en Angleterre
comme en Amérique, est devenu maintenant presque une lettre morte dans les annales du sport[1].
De temps à autre vous voyez le compte rendu
d'une lutte au trot entre Tinker à M. Smith et Polly
à M. Brown, ou tout autre nom, pour dix livres ;
rien qui puisse attirer l'attention de celui qui admire
la chair de cheval sous la forme d'un bon hack.
Tout récemment, on lisait le paragraphe suivant

---

[1] Les sportsmen, en général, sont peu partisans du trot de grande
vitesse. Cette allure comporte l'emploi extrême des moyens du cheval, et
son propriétaire est toujours porté à y faire appel et à engager des paris
quant il ne veut pas voir dégénérer la vitesse. On trouve que le cavalier
est moins gracieux à cette allure qu'au galop cadencé en allant le même
train (Fig. 39).

Les Romains avaient encore une autre motif pour mépriser les trotteurs.
N'ayant point d'étriers, ils pouvaient avec raison qualifier les chevaux
de trot *tortores* ou *cruciatores*. Le mot trot ne vient-il pas de tortor (avis
aux étymologistes) ?

<table><tr><td>I.</td><td>26</td></tr></table>

dans notre première chronique du sport[1]. Il donne bien la mesure de l'état actuel de ce genre de courses. « *Trot extraordinaire.* A Lóng Sutton, dans le Lincolnshire, le 26 juillet 1855, le Cob du Norfolk, âgé de 4 ans et haut de 14 mains et demie, a été

Fig. 39. — Trotteur.

engagé pour parcourir au trot un mille en trois minutes ; il a accompli sa tâche en 2 minutes 47 secondes, et dans la même soirée il a été engagé pour une distance de quatre milles à parcourir en 13 minutes. Il s'en est tiré en 12 minutes 19 secondes, bien qu'il

1 Bell's Life in London.

ait perdu un fer de devant à un mille et demi du poteau d'arrivée. » Cet exploit contraste tristement avec les luttes animées qui ont eu lieu entre Rattler et Driver ou entre Rattler et Rochester. Alors des milliers de livres sterling changeaient de mains, et aussi *les performances*[1] se distinguaient par une vitesse supérieure. Driver, haut seulement de 13 mains et demie, accomplit la prouesse de 17 milles au trot à l'heure. Tom Thumb fit 18 milles à l'heure et cent milles attelé, en dix heures et quelques minutes. Mais il n'y a point de cheval anglais qui puisse lutter avec les trotteurs américains, dont plusieurs peuvent faire un mille en 2 minutes 30 secondes au trot franc et régulier. Ils peuvent traquenarder sur la même distance en 2 minutes 12 ou 13 secondes. Ce traquenard est une espèce de trot bâtard, et n'est pas considéré comme une allure franche par les Américains eux-mêmes. Pour apprécier les résultats de l'autre côté de l'Atlantique, il faut savoir que les chevaux prennent leur départ étant déjà lancés à toute allure ; mais les trotteurs américains qui ont battu les anglais sur le terrain britannique ont été obligés de se conformer à la coutume anglaise de partir du pas. Les trotteurs américains ont l'aspect très-commun, généralement de taille moyenne, avec une vilaine arrière-main,

---

[1] Ce mot passe dans la langue française, il signifie l'exploit accompli dans une course.

mais des têtes bien conformées, dénotant l'énergie,
avec des membres et des pieds de fer. Sous ce rapport comme sous celui du fonds, ils n'ont point de
rivaux, et sans aucun doute il y a peu de chevaux
anglais en état de renouveler l'exploit de Tom Thumb,
de trotter 100 milles en un peu plus de dix heures.
Néanmoins je persiste à croire qu'il y en a ou qu'il
y en a eu, et que les chevaux anglais actuels feraient
tout aussi aisément que lui, si on les choisissait et si
on les entraînait spécialement pour cette besogne.
Le pari contre la voiture d'Hereford était un subter-
fuge, parce que le cheval fut attelé tout le temps.
Moi-même, dans un gig pesant, j'ai conduit pendant
80 milles, en douze heures, dont plus de quatre furent absorbées par la halte à moitié chemin, et je ne
mets pas en doute que ma bête n'eût pu faire 20
milles de plus, sans cette halte, en ne lui donnant
d'autre repos que le temps de prendre ses repas, et
cela sans autre entraînement que son travail quotidien. Mais l'épreuve de Tom Thumb indiquait beaucoup de fonds, et je crois que, sous ce rapport, les
Américains peuvent réclamer la supériorité comme
pour la vitesse de l'allure. Le fait est que, faute
d'hippodromes convenables, ils ont été obligés jusqu'à ces derniers temps de se borner à des courses
au trot et se sont mis à élever exclusivement dans
ce but; ils ont merveilleusement réussi, comme

dans toutes leurs entreprises, quand elles ne sont pas tout à fait impraticables. L'on trouvera peut-être intéressant de comparer le récit d'une course au trot en Amérique avec nos comptes rendus. Voici un récit emprunté à l'ouvrage de M. Murray, intitulé : « *La Terre de l'esclavage et de la liberté.* » C'est certainement une description très-correcte de leurs courses telles qu'on les exécute aux environs de New-York. A la Nouvelle-Orléans, les courses sont différentes : on les fait au galop, et tout se passe comme sur nos hippodromes d'importance secondaire, à part la délicieuse élasticité de nos gazons.

Description d'une lutte au trot à Long Island. — 213. — L'hippodrome a deux milles de longueur ; il est très-uni sur un chemin doux et sans pierres, et formant complétement le cercle ; des chariots légers pour des épreuves au trot se meuvent au centre, allant facilement au train de 16 milles à l'heure ; en dehors sont des groupes de spéculateurs malins, arrangeant leurs livres et ayant l'œil ouvert sur les jobards, espèce plus rare à Long Island qu'à Epsom. La course doit se faire à la selle, et la longue liste de compétiteurs annoncés finit par se réduire à la vieille et célèbre Lady Suffolk, et le jeune Tacony, encore sans réputation. L'on voit un mouvement dans la foule des rôdeurs, c'est l'arrivée de Lady

Suffolk ; je fus, à son aspect, frappé d'étonnement :
c'est un petit animal ayant la mine d'un poney, re-
muant les membres comme s'ils eussent été maintenus par des éclisses et comme si le train de six
milles à l'heure était au-dessus de ses moyens. Puis,
Tacony s'avance, bon modèle de cheval de poste
bien charpenté, sans la moindre beauté, mais paraissant plein de moyens. Les cavaliers n'ont aucun
costume particulier, bottes à la Wellington, mises
par-dessus le pantalon, éperons aigus fixés au talon ;
ils paraissent des gaillards rudes et déterminés. Le
poteau d'arrivée est vis-à-vis la tribune du juge, qui
s'y tient avec une planche de sapin à la main ; un
coup de cette planche sur le bord de la tribune signifie qu'il faut seller ; un second coup indique le
départ. Il se commence au poteau de distance, de
façon à ce que les chevaux puissent acquérir toute
leur allure avant de passer au poteau d'arrivée, où
le juge crie : Off[1], s'ils sont bien ensemble à même
hauteur. Quand on parle du temps mis à parcourir
un mille, il faut toujours tenir compte du fait, qu'il
a été commencé à toute allure. Quelquefois, l'un des
antagonistes fait exprès de faux départs pour mettre
à l'épreuve et irriter le cheval du rival ; de même, si
un homme se sent parfaitement maître de son che-

---

[1] Off (partez).

val, il se mettra à hurler comme un sauvage au moment où il rejoint son adversaire, de façon à le faire rompre, c'est-à-dire prendre le galop, et comme on les entraîne aux grandes allures plutôt par la voix que par l'éperon, souvent la ruse réussit, et naturellement l'adversaire perd beaucoup de temps à chercher à reprendre le trot. Dans l'occasion que nous relatons, il n'y eut point de faux départ; l'écho du second coup retentissait encore dans l'oreille quand les chevaux arrivèrent tête à tête au poteau. Le mot *off* fut prononcé et les voilà partis. Il était sans doute merveilleux de voir comment cette bonne vieille Lady Suffolk arpentait le terrain avec ses jambes raides. Elle paraissait avoir été nourrie avec *des éclairs*, tant elle les remuait vite; mais ses pas étaient remarquablement courts. Tack, au contraire, avait l'air d'avoir mangé des balles en caoutchouc. Chaque fois qu'il levait une jambe de derrière, elle semblait se jeter à une longueur de cheval en avant de sa tête; s'il avait pu répéter ses pas aussi fréquemment que la vieille jument, il aurait presque parcouru un mille à la minute. Voilà que Tacony vient à rompre, et avant qu'il ait pu reprendre le trot, il se fait un long intervalle; l'air se remplit de cris de victoires pour Lady Suffolk; quelques secondes encore et les gigantesques enjambées de Tacony diminuent l'intervalle à chaque pas; les chevaux arrivent au po-

teau, un cri s'élève, c'est Tacony qui gagne, et cela
se trouve vrai d'une longueur de cheval. Le jeune
sang a battu le vieux, le caoutchouc l'emporte sur
les éclairs. Le temps a été de cinq minutes. Comme
à l'ordinaire, retentissent tumulte et discussion ; le
temps accordé s'écoule, le premier coup se donne et
l'on s'apprête ; au deuxième, les voilà préludant, les
bridons font leur jeu, les cavaliers tirent dessus,
comme s'ils voulaient faire pénétrer le mors jusqu'à
la racine de la queue. Au cri de *off* ils recommencent
à lutter ; Tacony rompt l'allure, encore du terrain
perdu, mais regagné par d'énormes enjambées ; Tacony est vainqueur en cinq minutes cinq secondes.
(Hon. capitaine MURRAY.)

Dans une autre partie de ses voyages en Amérique,
le même gentleman décrit une course dans une localité différente. « Le terrain de course à Philadel-
« phie est une route parfaitement horizontale formant
« un cercle d'un mille. Les pierres sont soigneuse-
« ment enlevées et l'on dirait un plancher balayé.
« La tribune permet de voir parfaitement toute la
« course ; mais son état de délabrement prouve clai-
« rement que les courses au trot ne sont pas ici aussi
« à la mode qu'autrefois, bien qu'elles soient mieux
« fréquentées qu'à New-York. Aujourd'hui l'excita-
« tation est à son comble, vous pouvez le reconnaître
« rien qu'à la vigueur toujours croissante avec la-

« quelle on fume et l'on crache. On a trouvé un an-
« tagoniste assez hardi pour se mesurer avec Mac,
« le grand Mac, qui, tout en enfonçant toute la créa-
« tion, n'a pas, dit-on, laissé connaître encore toute
« sa vitesse. Il était de pur sang, haut de 15 mains
« 1/2 et plus légèrement construit que mon osseux
« ami Tacony ; il avait été vendu récemment 1600
« livres sterling. L'on paraissait tellement sûr que
« Mac gagnerait sans peine, qu'il n'était pas question
« de parier simple contre simple. Contrairement à ce
« que nous avons vu à Long Island, les cavaliers se
« montrèrent en tenue de jockey, et l'ensemble de
« la fête était mieux arrangé. Cependant il y avait
« déjà longtemps que les dames avaient renoncé à
« embellir ce spectacle de leur présence. L'on fit
« plusieurs faux départs, tous attribuables à Mac,
« qui, comptant sur le fonds que donne le pur sang,
« semblait chercher à irriter le caractère de Tacony
« et à le lasser un peu à ce jeu. La suite lui prouva
« la futilité de ses efforts. Ils partirent à la fin, Ta-
« cony écartant les jarrets à une largeur comparable
« à l'arche centrale du pont de Westminster et fai-
« sant des enjambées qui eussent presque franchi le
« canal de Bridgewater. Le cavalier de Mac s'aper-
« çut bien vite qu'en *épiçant* le caractère de son ad-
« versaire, il n'avait réussi qu'à *poivrer* celui de sa
« monture, car deux fois il passa au galop. Le vieux

« Tacony et son cavalier étaient évidemment devenus
« intimes depuis que je les avais vus à New-York, et
« ils se comprenaient maintenant en perfection. A
« pas de géant il arpentait son terrain ; Mac disputa
« bravement l'avantage, mais ne put mettre le nez
« plus loin que les sangles de Tacony au poteau
« d'arrivée. Vinrent alors tous les incidents acces-
« soires des hippodromes, tels qu'applaudissements,
« disputes, grognements, rires, paris, liqueurs for-
« tes, etc. Le public n'était pas convaincu, Mac con-
« tinuait à être le favori, et la couronne de champion
« ne pourrait aussi promptement s'arracher de son
« front victorieux. Un repos d'une demi-heure pré-
« céda leur seconde apparition ; Mac a recours à sa
« première tactique. Rien ne put déranger Tacony
« ou produire un faux pas, il vola sur l'arène, à en-
« jambées de la valeur du ricochet d'un boulet de 32.
« Son adversaire rompit plusieurs fois le trot, per-
« dant à la fois son caractère et sa place, et échappa
« tout juste à être distancé pendant que le brave Ta-
« cony arrivait au but les rênes flottantes et caressé
« sur l'encolure par son cavalier. Il avait mis 2 mi-
« nutes 25 secondes ; jamais un mille n'avait été
« parcouru aussi vite au trot régulier, et Tacony au-
« rait évidemment pu encore gagner deux ou trois
« secondes. Au traquenard, cette distance avait été
« franchie précédemment en 2 minutes 13 secondes,

« et au trot 2 minutes 26. Le triomphe fut complet;
« Tacony gagna noblement sa guirlande, et tant
« qu'il sera sous son même cavalier, il faudra, pour

Fig. 40. — Flora Temple.

« lui faire perdre le titre de champion, un cheval si
« non beau comme le jour, au moins vite comme le
« diable[1]. »

1 Toutefois, la grande merveille de l'hippodrome en Amérique c'est
Flora Temple (fig. 40), fille d'un étalon d'origine douteuse et d'une jument
trotteuse, dont le père était arabe. De 1850 à 1860, elle s'est montrée invincible, faisant son mille en 2 m. 19 sec. 3/4, et 2 milles en 4 m. 50 sec., et en
peu d'années a gagné 46,850 dollars de prix, sans compter les paris. Ses

Le trotteur d'hippodrome. — 214. — Le cheval employé dans ce pays pour les paris au trot est une variété accidentelle du hunter ou du hack. Il y en a eu que l'on élevait exprès dans ce but; mais aujourd'hui cet essai se ferait à perte, puisque le prix marchand d'un trotteur de premier ordre, considéré seulement comme trotteur, atteindrait rarement 100 livres. S'il est bon hack, bon cheval de carrosse, de belle apparence, bon à monter un gentleman, il vaudra quelques livres de plus, mais certainement il ne dépassera pas 150 liv. st. Avec cette perspective en cas de réussite et beaucoup de non-valeurs en animaux manqués, ce serait une pauvre spéculation. Toutefois l'on a employé plusieurs étalons trotteurs dans le pays, pour y améliorer la race des hacks et des carrossiers, et parmi leurs produits, l'on choisit quelquefois un trotteur de grands moyens pour le faire travailler sur l'hippodrome, comme cela s'est pratiqué pour Rochester, que l'on supposait venir de Norfolk Phenomenon. En général, ces chevaux ont à peu près 14 mains 1/2 ou n'excèdent pas 15 mains. Rochester, l'un de nos meilleurs trotteurs d'hippodrome, était à peu près de

---

épaules, ses hanches sont magnifiques, et quoiqu'elle ait le rein court et seulement 14 paumes et 2 pouces, elle couvre un vaste espace de terrain. Ses rivaux les plus illustres sont Pocahontas, Lady Suffolk, Etkan-Allen, Young Blackhawk, Trustee, etc.

cette hauteur. La figure au chapitre 1er donne une appréciation fort juste d'un fort trotteur de cette classe engagé dans un pari contre le temps. Il est rare toutefois que ces chevaux aient les formes aussi symétriques, mais cela arrive pourtant quelquefois, et l'artiste a plutôt essayé de rendre ce que doit être l'idéal d'un beau trotteur que ce qu'il est le plus souvent. Mais il n'y a aucune raison pour que ces belles formes ne se trouvent réunies à une exécution parfaite, pas plus que pour le cheval de course ordinaire, chez lequel l'élégance coïncide généralement avec l'excellence, car le meilleur cheval de son année est aussi souvent le plus beau. Néanmoins un animal comme le représente notre esquisse vaudrait un grand prix rien que pour l'apparence, s'il avait seulement un trot ordinaire. La tête est en perfection et rend la véritable expression du cheval, lorsqu'il fait voir tout ce qu'il sait faire. L'épaule oblique, le corps long et près de terre, le rein fort, les membres osseux et bien conformés, conviennent parfaitement pour un travail vite sur la grande route, et le cheval a bien l'air de pouvoir tenir un hack ordinaire derrière lui à un bon galop de chasse. Dans quelques cas, les trotteurs ont été à peu de chose près ou complétement de sang oriental, comme par exemple Infidel par Turk, Scott par Blank, Pretender par Hue and Cry, et une jument de pur sang fille de Pretender; mais généralement parlant ils sont moins que demi-sang.

Le Cavalier. — 215. — L'art de monter les trotteurs de façon à les développer sans rompre est une tâche d'une grande difficulté et demande un ensemble de patience, d'assiette et de mains que l'on trouve rarement au complet. Presque tous ces chevaux tirent considérablement à la main, et tant Anglais qu'Américains n'arrivent à toute leur allure qu'à l'aide d'un bras vigoureux et d'une main régulière. On les monte ordinairement avec un simple Pelham ou avec un bridon et quelquefois un mors droit, mais il faut un Pelham ou une bride ordinaire pour les arrêter court, quand ils viennent à rompre, ou, comme disent les Américains, quand ils s'enlèvent dans la course. Dans cette circonstance, s'ils n'ont que le mors sur lequel ils ont l'habitude de s'appuyer, il est rare qu'on puisse les arrêter assez tôt pour satisfaire les juges, et il devient indispensable de pouvoir employer un aide plus efficace, tel que le Pelham ou le mors de bride. Il faut une assiette bien régulière et ne s'enlever, ni ne retomber que juste ce qu'il faut pour ne pas laisser le cheval s'emporter sur une enjambée, et cependant assez pour lui venir en aide. Surtout, il faut prendre garde, tout en le poussant à la limite de sa vitesse, de ne pas le presser trop; car dans ce cas il rompra et perdra un espace considérable. Le poids a quelque importance dans une course au trot ; mais un homme modérément lourd qui peut maintenir son cheval à l'allure voulue vaut mieux qu'une plume qui le laisse rompre continuellement. M. Daniell fait la remarque suivante : « En 1808, la « jument bai brun de M. Robson, Phenomena, at- « tira, selon M. Lawrence, une attention considéra- « ble en trottant 17 milles en 56 minutes, et ensuite « en 53 minutes, quand son propriétaire s'engagea « à lui faire faire 19 milles et demi à l'heure ; mais « le pari ne fut pas accepté. Ce furent sans « doute des résultats extraordinaires, mais ni « le public ni les jockeys de trot ne tinrent au- « cun compte de ce qu'il fallait attribuer au poids « minime dont elle était chargée et qui méritait bien « le nom de plume, puisque c'était un gamin d'écu- « rie de course, pesant environ 5 stones. Elle « n'allait pas plus vite sous une plume, et probable- « ment pas aussi vite que d'autres chevaux de pre- « mier ordre portant 12 stones et au-dessus, qui, « selon toute probabilité, avaient accompli avec ai- « sance tout autant d'espace dans une heure ou même « qui sont arrivés à ce *nec plus ultra* du trot, 20 *milles* « *à l'heure.* » Dans les courses au trot, l'on adoptait autrefois la maxime que le poids ne formait pas obstacle et que les poids légers ne convenaient pas. Aussi les paris se faisaient-ils sans faire mention du poids, comme dans le défi d'Archer, dans lequel il porta près de 12 stones.

Terrain de course. — 216. — Le terrain de course est ordinairement une route assez large, unie et horizontale, sans pierres roulantes ou autres obstacles. Il est rare d'en trouver sans côtes sensibles ou sans cailloux brisés dans un espace dépassant quelques milles; aussi, dans les paris de plus de quatre ou cinq milles, l'on s'arrange d'avance de façon à trotter une certaine distance, comme cinq milles, en revenant jusqu'à ce que la tâche soit remplie.

Règles. — 217. — *Les seules règles* pour les courses au trot sont les suivantes : Il y aura de chaque côté un arbitre désigné, avec un seul juge, et aussi pour chaque concurrent un observateur muni d'une montre à arrêt [1]. Les arbitres font partir le cheval et arrêtent leurs montres au même instant, après s'être mis préalablement d'accord avec les observateurs, qui n'ont qu'à arrêter les leurs au moment où le cheval franchit le poteau de distance; les différences entre les deux montres indiquent le temps mis à accomplir le pari. Quand ce sont des chevaux attelés, l'arbitre adversaire crie : reculez, et le cheval est obligé de s'arrêter et de faire reculer la roue; dans cette opé-

---

[1] Timekeeper (garde-temps).

ration, la moindre fraction de tour suffit, et puis il peut repartir. A la selle, si le cheval rompt le trot, il doit, au commandement de l'arbitre, faire un tour sur lui-même, et si le cavalier refuse, il perd le pari. Tous les autres points sont réglés dans les conditions du défi, qui varient presque à chaque course.

Performance. (*Résultats obtenus.*) — 218. — En Angleterre, avant l'introduction du trotteur américain, l'extrème vitesse obtenue était de quelques secondes inférieure à trois minutes par mille. Seize milles à l'heure étaient aussi la limite du trot du cheval, toutefois avec un poids de douze stones sur le dos. En novembre 1810, le cheval de M. Fielder parcourut, au trot, dix milles en 30 minutes 10 secondes, d'après les journaux de l'époque; mais il y a encore des doutes sur l'exactitude de cette évaluation, bien que la performance de la jument de Robson, déjà citée plus haut, soit presque aussi bonne, et si l'offre de son propriétaire (19 milles 1/2 à l'heure) avait été réalisée, ce résultat eût été plus méritoire en raison de la double distance. Dans ce pays, les chevaux américains n'ont jamais accompli tout à fait les mêmes exploits que dans leur terre natale. Mais Rattler, à M. Olbaldeston, compléta ses cinq milles, deux secondes au-dessous de 14 minutes, ce qui fait un train de 2 minutes 47 secondes 3/5 par mille, allure merveilleuse qui, si elle pouvait se soutenir, dépasserait 21 milles à l'heure. Ce cheval fut ensuite tué en le surmenant dans un pari de course attelée. Toutefois, en se reportant à la première section de ce chapitre, l'on verra que ces exploits ont été surpassés de nos jours sur les hippodromes américains, où les trotteurs sont incontestablement sans rivaux [1].

Entraînement. — 219. — Les préparations pour ces paris varient selon leur longueur. Si la distance est très-courte, on ne gagne rien en consacrant du temps à l'entraînement, et, si le cheval est en bonne condition d'écurie, une quinzaine de jours ou trois semaines suffiront amplement. Il faudra de l'exercice au pas comme pour le coureur ordinaire, et puis la distance choisie doit se parcourir tous les jours (*sur un terrain qui ne secoue pas les articulations*), à moins que le pari ne soit pour plus de 8 à 10 milles. Rien n'est plus nuisible que de toujours piler sur des routes dures ; cela produit des douleurs d'articulations et une sensibilité des pieds incompatibles avec la vitesse. Cependant le gazon ne convient pas bien à ces chevaux ; il est rare qu'on puisse leur faire prendre leur allure

[1] La performance de 20 milles en 1 heure n'a été accomplie avec certitude que par deux chevaux, Trustee et Lady Fulton. Le premier était par l'étalon Trustee, venant d'Angleterre, et par une trotteuse de trois quarts de sang, Fanny Pullen ; je ne connais pas la généalogie de l'autre.

(Stonehenge, p. 35, *the Horse*, 1866.)

extrème sur ce terrain. Il ne convient donc ni pour la course ni pour l'entraînement, excepté pour les promenades au pas, et il faut former et entraîner le trotteur sur les routes; mais il faut choisir les côtés, qui sont moins durs que le milieu et qui ont tous les avantages sans aucun des inconvénients. Si le cheval est trop gras, il faut le faire suer comme dans un entraînement ordinaire, et il vaut mieux le faire suer au galop qu'au trot, parce que le poids des couvertures tend à faire raccourcir l'allure. Cependant il y a des chevaux qui peuvent trotter plus vite qu'ils ne galopent, et avec eux il serait absurde d'essayer de les faire suer à l'allure la plus lente. Vers les dix derniers jours, il faut exercer le cheval à faire tout son possible, et s'il doit courir contre un autre, et non contre le temps, il doit s'habituer à travailler en compagnie, ou bien, le jour du pari, on le trouverait trop chaud et sûr de rompre l'allure. Si la distance à parcourir est longue, il faudra une préparation de deux mois, avec au moins quatre heures de promenade au pas, tous les jours, en surplus d'une course au trot régulière de 8 ou 10 milles. Ce régime suffira pour mettre n'importe quel cheval à hauteur de sa tâche, et vaut mieux que de trop faire. Pour ces longues distances, les chevaux ont besoin de quelques suées pour faire tomber la chair superflue; mais, en même temps, ne les réduisez pas trop et ne les affaiblissez pas par des suées excessives. Comme pour le cheval de course, tout cela doit varier selon l'animal, et l'on ne peut poser de règle générale.

Voitures et harnais pour les courses au trot. — 220. — Les voitures et harnais destinés à ces exploits doivent être fort légers. Il y a des voitures à roues de cinq pieds, qui ne dépassent guère cent livres. L'on trouve avantage à se servir d'une bricole au lieu de collier, afin de laisser les épaules plus libres. Les équipages américains l'emportent en tous points sur ceux des Anglais, et dans leur modèle le plus léger, le conducteur se trouve en partie assis à côté de son cheval[1].

[1] Ce véhicule s'appelle un Sulky, en français, Solkey.

LIVRE V.

PRÉPARATION DU CAVALIER.

———

221. — L'entraînement en vue d'équitation ne devient utile que dans deux cas : 1º quand un homme fortement charpenté veut réduire son poids jusqu'aux limites compatibles avec la force du hunter qui doit le porter à la queue des chiens ; 2º dans un pari de course où il faut atteindre un poids fixé.

Dans chaque circonstance, il faut seulement éviter de perdre sa vigueur, et, dans les deux cas, on peut essayer le même système, bien qu'il soit fort rare que le sportsman amateur veuille subir les souffrances et les mortifications auxquelles le jockey de profession est obligé de se soumettre.

Il est incontestable que le but à atteindre diffère essentiellement de celui que l'on poursuit pour ramer, courir ou marcher, circonstances dans lesquelles il faut non-seulement conserver sa force, mais encore l'augmenter autant que possible. Il ne faut, dans ce dernier cas, avoir recours aux purgations, aux suées, aux jeûnes, que dans la mesure nécessaire à la conservation de la santé.

Pour l'équitation, au contraire, si l'on peut seulement conserver sa vigueur habituelle, il est inutile de l'augmenter, bien que, pour courir pendant quatre milles, surtout en steeple-chase, avec un cheval qui tire, il en faille encore une certaine dose. Toutefois un homme fait peut encore s'ôter beaucoup de poids par ces moyens et se trouver encore capable de tenir son cheval dans un steeple-chase ou un débuché de vingt minutes à travers champs à la chasse au renard. Mais, pour faire cela, il faut être sportsman au fond du cœur, car il ne s'agit pas de privations ordinaires, il faut se mettre à un régime aussi dur et aussi frugal que la ration du soldat à Sébastopol.

Cependant, plus d'une fois j'ai vu l'amour du sport porter un homme qui, en pleine santé, aurait pesé plus de 16 stones[1] avec la selle de dix livres, à se présenter au rendez-vous de chasse avec 13 stones 7 livres.

C'est le vrai triomphe du sentiment du sport sur les plaisirs de la table, et les hommes de ce calibre sont à peu près sûrs d'être bien placés en chasse, quelles que soient les difficultés du terrain

---

[1] Le stone est de 14 livres anglaises, qui sont moindres d'un 7° que les nôtres; c'est donc se réduire de 203 livres à 171 livres françaises.

et la vitesse de l'allure. Ils ont aussi leur récompense, car ils jouissent de la vive satisfaction de voir travailler les chiens, sans épuiser leurs chevaux, au lieu d'être obligés d'aller chercher quelque chemin public, ou de suivre en queue tout *le champ* des poids légers, sans le plaisir de la vue ou l'excitation de la lutte.

Il faut se souvenir toutefois que, pour chasser, il faut réduire son poids pendant toute une saison, et, conséquemment, toutes les purgations extraordinaires et toutes les suées sont hors de question, puisque dans un si grand laps de temps elles causeraient à toute la constitution un dommage hors de proportion avec le but à atteindre. Je conseille donc, à cet effet, de ne se purger que tous es dix jours ou au plus tous les huit, car la répétition de ce médicament affaiblit l'estomac et les entrailles, et, selon toute probabilité, raccourcit la vie. Les suées excessives sont aussi de nature à endommager la constitution, et l'ardent sportsman doit également les rejeter. Mais son meilleur système est de se décider à la transpiration *modérée* que produisent par semaine trois jours de chasse au renard et trois jours de chasse au tir. Ce système est encore sans utilité, si l'on n'a pas une surveillance excessive sur le département des vivres, et je connais peu de tâches plus ardues.

L'amour du sport est fort développé dans le cœur de presque tous les Anglais, aussi bien que chez leurs voisins les Irlandais et les Écossais ; mais chez tous les trois, après une rude journée de chasse, le goût d'un bon dîner est, en règle générale, d'après mon expérience, encore plus intense. Mais, si l'on cède à ce penchant, adieu au premier rang à la chasse, car un seul bon dîner détruira tout l'effet d'une semaine de jeûne, et puis, ce n'est que par de longues habitudes de privations que l'estomac peut arriver au degré d'abstinence voulu dans ce cas.

Supposons un homme pesant sur ses souliers 16 stones et qui veut se soulager de 2 stones, que doit-il sacrifier sur son régime ordinaire ? Voici le degré d'abstinence que je crois nécessaire pour un homme fort, plein d'entrain, et il faut le combiner avec *trois jours de chasse au renard et trois jours de chasse au tir.* Cette dernière clause est importante dans l'évaluation, parce qu'il est manifeste qu'avec une pareille dose d'exercice un homme perdra du poids avec un régime qui, au sein de la paresse, suffirait peut-être pour produire de l'embonpoint. D'abord il est absolument nécessaire de réduire strictement à deux le nombre des repas — déjeuner et dîner. L'infortuné soumis à ce régime ne doit pas même se laisser tenter par

un biscuit au rendez-vous de chasse, ou à l'heure
du luncheon, après avoir mis en carnassière quinze
ou vingt couples de perdrix. Un pareil régal suffirait
pour compenser, et plus que compenser, la perte
occasionnée par le travail de la journée; il faut
en dire autant du vin ou du grog à l'heure du
souper.

En fait, ainsi que je viens de le dire, en dehors
des repas, il ne faut boire que de l'eau, et contre les
angoisses de la faim, il n'y a que le remède indien
de serrer sa ceinture, si on en a une, ou bien de la
remplacer par un mouchoir. A ce régime, il faut
choisir pour déjeuner les aliments les plus volumineux et les moins nourrissants, et peut-être, à cet
effet, les pommes de terre répondent-elles mieux
que toute autre denrée, si elles conviennent à l'estomac de la personne.

Mais il est rare que l'on ait à s'en occuper, vu
qu'un estomac mis à ce régime digérera ordinairement tout ce qu'on lui fournira. Si l'on adopte
les pommes de terre, il ne faut pas dépasser six
à huit onces, et le mieux est de les manger simplement bouillies avec un peu de sel. Si on ne veut
pas des pommes de terre, le gros pain bis est ce
qu'il y a de mieux, et si on ne l'aime pas, on peut
griller du pain de ménage et le tremper dans du
thé léger, qui est le meilleur liquide pour ce re-

pas (ou bien dans du café, qui ne convient toutefois pas aussi bien). Mais, comme je l'ai déjà recommandé, l'infusion doit être très-faible, car le thé fort est capable de retarder l'amaigrissement, et une petite quantité de nourriture arrosée de thé ira plus loin qu'une plus grande quantité prise avec tout autre liquide; le café seul a les mêmes propriétés.

Quatre onces de pain nourrissent autant pour le moins que huit onces de pommes de terre, et cependant, dans le moment, elles ne satisfont pas à beaucoup près autant que le tubercule. On peut supposer que, six heures après, l'estomac criera plus la faim à la suite des pommes de terre qu'après le pain; mais il y a une satisfaction à se sentir à peu près plein, même quand elle est passagère. Pour ce repas, ni viande, ni beurre, ni crème, ni lait, ni autres friandises. Il faut une misérable pitance, consistant en simples pommes de terre ou en pain sec avec du thé faible sans sucre et sans lait.

J'ai vu qu'une tasse d'arrowroot à l'eau pouvait encore être employée avec avantage en l'adoucissant légèrement avec du sucre blanc, et la prenant avec quelques tranches minces de pain sec et grillé. Cependant cela tient si peu, que l'on pourrait à peine faire des marches après un tel repas; mais le jour de chasse à courre, il fera assez bien. Pour dîner, il faut se contenter de quatre ou six onces de n'importe quelle viande, et quant aux légumes, rien de mieux que les navets et les pommes de terre, sans dépasser six ou au plus huit onces, dont les navets doivent former plus de la moitié. Si l'on prend de la soupe ou du poisson, cela doit être en place de la ration de viande, et non en surplus. Pendant le dîner, il ne faut boire que de l'eau, et, après le dîner, du vin juste ce que la santé exige en raison de la longue habitude que l'on en a contractée [1]. Voilà, d'après mes observations, le régime que je crois nécessaire pour retirer et empêcher de revenir deux stones de

[1] On a heureusement constaté récemment que ces austérités sont superflues et sont avantageusement remplacées par un régime auquel M. Banting, ancien tapissier des palais de la reine d'Angleterre, a donné son nom comme Améric Vespuce au continent découvert par Christophe Colomb. Ce régime a été en effet indiqué pour la première fois par Brillat-Savarin dans sa *Physiologie du goût;* mais le livre était écrit avec trop d'esprit pour être pris au sérieux en France. Un médecin anglais en fit, il y a peu d'années, une application systématique, et depuis, M. Banting, qui a fait de grands frais d'impression pour répandre la découverte, a reçu plus de 4000 lettres de remercîments de personnes que ce régime a, comme lui, délivrées de la camisole de force. Aujourd'hui il est aussi facile de remédier à l'obésité que de guérir par une friction de *soufre* une maladie cutanée qui avait autrefois ses hôpitaux à part et qui ne cédait qu'à des traitements compliqués, dans lesquels le véritable spécifique agissait seul. Pour maigrir, il suffit de s'interdire l'usage des farineux et du sucre. A l'âge de 60 ans, l'auteur de ce livre a pu en un mois perdre 6 kilogr. de son poids, 11 centimètres à la ceinture; deux mois après, il avait perdu 10 kilogr., et il ne suit plus que très-modérément ce régime libérateur, n'ayant que fort peu de *chair superflue;* mais il faut de l'attention et l'avis d'un médecin, si l'on est sujet à la gravelle. Dans ce cas, le régime préconisé par Stonehenge guérirait sans engraisser.

bonne chair dure et solide. Un régime plus doux diminuera un homme très-gras tombé dans l'obésité par gourmandise ou par paresse. Mais le cas que je viens de traiter est celui d'un homme sain et vigoureux, en pleine activité, qui veut opérer cette réduction sur son poids. Si donc un homme dans ces conditions aime assez la chasse au renard pour adopter ce régime, j'honore son goût du sport, et je lui souhaite tous les succès imaginables. Mais que personne n'espère arriver au but par des moyens moins désagréables, car il peut être convaincu qu'une diète moins sévère ne le maigrira jamais assez, et que s'il a recours aux purgatifs et aux suées, ce régime lui ôtera l'*animus*, qui fait aimer le sport, et la force corporelle qui permet à l'esprit d'en jouir.

Entraînement pour les courses d'amateurs. — 222. — A l'egard des jockeys de profession, je crois qu'ils ont peu besoin de conseils, et qu'il y a peu de chances de leur en donner d'utiles, puisque l'entraînement fait partie du métier auquel ils consacrent leur vie, et non-seulement ils connaissent les règles ordinaires de leur confrérie, mais l'expérience leur montre bientôt ce qui convient le mieux à leur tempérament particulier. Néanmoins, il y a des gentlemen-jockeys qui, par occasion, ont du poids à retirer, et pour ces messieurs, quelques mots à ce sujet peuvent n'être pas déplacés. Il faut se souvenir que, dans ce cas, le poids ne doit être réduit que pour *un seul jour*, ce qui est bien différent de la carrière du chasseur au renard. En conséquence, dans un terme aussi court, l'on peut accumuler sur un homme tous les moyens d'exténuation, sans à jamais ruiner sa constitution. C'est un fait fort connu qu'un homme est plus affaibli par l'application d'une sangsue par jour pendant seize jours que par seize sangsues appliquées une seule fois. Le même principe est encore plus vrai, quand il s'agit de purgations et de suées.

Revenons à notre sujet, c'est-à-dire à une diminution de deux stones en dix jours. C'est là le superflu que l'on a souvent à faire disparaître. Plus affaiblirait trop, bien que naturellement tout cela dépende de l'état de l'individu. Il est tout d'abord évident qu'il est plus aisé de retirer 2 stones à un homme de 16 stones qu'à un homme de 7 ou 8 stones. Dans le premier cas il s'agit d'un huitième de la personne ; dans le second il s'agit d'un quart. Mais en supposant que nous ayons affaire à un homme qui veut monter à cheval à douze stones, ce qui est le poids ordinaire pour les courses d'amateurs, et que dix jours avant la course il pèse de sa personne 13 stones 7 livres, en tenant compte de sept autres livres pour la selle, voilà deux stones à enlever, ce qui fait près de trois livres par jour, pendant dix jours. Je lui conseille de commencer par s'assurer de la façon dont se comporte son foie, car si ce viscère ne fonctionne pas bien, on est sûr de s'enrhumer si l'on est obligé de prendre des purgatifs mercuriels pendant la préparation. Sans ce remède, il est certain qu'on bouleversera son estomac et perdra ses forces avec un foie en état de torpeur. Mais supposons le foie en bon état et la santé bonne ; on n'a qu'a mettre ses vêtements de suée, savoir : caleçon de flanelle, deux pantalons, un Jersey en flanelle, un *comforter* bien épais, un bonnet chaud et deux habits. Ainsi accoutré, que le sportsman fasse une bonne promenade de quatre à six milles et qu'au retour il se mette sous un lit de plume et sue au moins pendant une heure. Puis qu'il se lève, s'éponge à l'eau froide, s'habille promptement et un peu plus chaudement qu'à l'ordinaire, puis qu'il prenne un déjeuner frugal composé ainsi que nous l'avons indiqué dans le chapitre précédent. Après ce repas, il peut prendre, pour s'amuser, tout exercice peu violent ou bien se promener jusqu'à l'heure du dîner vers les quatre ou cinq heures. Ce repas doit être aussi du genre précédemment décrit. Le lendemain matin, il lui faudra avaler une potion de 4, 6 ou 8 drachmes de sel d'Epsom mêlés à une quantité de jalap variant de 5 à 12 grains, une cuillerée à thé de teinture de séné, une autre d'essence douce de séné, le tout dissous dans un peu d'eau chaude. Cela le purgera bien et lui enlèvera presqu'autant que les suées, et en usant alternativement de ces deux moyens, les trois livres par jour disparaîtront régulièrement. Il va sans dire qu'il se pèsera journellement et se guidera d'après le poids perdu pour la quantité de nourriture à prendre, ainsi que pour la longeur des suées et la quantité de vêtements, et aussi pour la force du purgatif. En suivant ces indications, le poids peut et doit se réduire, la veille de la course, à deux livres au-dessous du poids voulu ; car le jour même il faut éviter, *si cela est possible*, la suée ou la purgation, afin de pouvoir conserver, lors de la course, la force et surtout l'énergie nécessaires. L'on trouvera que tout en jeûnant, autant que cela est praticable, si l'on s'abstient de suée ou de purgation, l'on gagnera environ deux livres entre la dernière suée et le moment de la course, période d'environ 30 heures, et il faut se régler en conséquence. Il faut aussi savoir que le vin pris le matin de la course, ou du thé ou du café un peu forts, augmentent le poids dans une proportion supérieure à celui des liquides avalés. Des hommes expérimentés m'ont ainsi assuré qu'un seul verre de vin, qui ne peut peser plus d'une once et demie, avalé après le pesage, ajoutera un quart de livres au poids d'un homme qui a été sévèrement entraîné.

Cela paraît au premier abord un paradoxe, mais je
ne mets pas le fait en doute, tant j'ai de forts témoi-
gnages en faveur de cette opinion. Je conclus donc
que c'est l'effet stimulant du vin sur le système qui
permet à l'estomac de puiser au contact de l'atmosphère la différence de poids entre le liquide con-
sommé et l'augmentation du corps du consommateur.

FIN DU TOME PREMIER,

TABLE DES MATIÈRES

DU TOME PREMIER.

LIVRE II. COURSES DE HAIES ET STEEPLE-CHASE.

LIVRE III. A LA QUEUE DES CHIENS.

LIVRE IV. COURSES AU TROT.

LIVRE V. PRÉPARATION DU CAVALIER.

FIN DU TOME PREMIER.

BEAUX-ARTS — ARCHÉOLOGIE

La Colonne Trajane. — 220 planches in-folio en couleur, en phototypographie d'après le surmoulage exécuté à Rome en 1861 et 1862. Texte orné de nombreuses vignettes, par W. FRŒHNER (*Conservateur du Louvre*). . . . . 600 fr.

Les Musées de France. — Monuments antiques reproduits en chromolithographie, gravure sur bois, phototypographie. Texte par W. FRŒHNER (*Conservateur du Louvre*). — Un volume in-folio, avec 40 planches . . . . 100 fr.

Numismatique de la Terre-Sainte, par F. DE SAULCY (*Membre de l'Institut*). In-4°, avec 25 pl., 60 fr.; sur pap. de Hollande. 90 fr.

La Dentelle à l'aiguille, aux fuseaux. 50 planches donnant les plus beaux types de dentelles avec texte orné de vignettes, par J. SÉGUIN. — In-folio, 100 fr.; sur papier de Hollande. . . . 160 fr.

AGRICULTURE

Les Plantes fourragères. — Atlas in-folio, avec 60 planches accompagnées d'une légende, par V.-J. ZACCONE (*Sous-intendant militaire*). — Avec fig. noires, 25 fr.; avec fig. coloriées . . . 40 fr.

Prairies et Plantes fourragères, par ED. VIANNE (*Directeur du Journal d'Agriculture progressive*). — In-8° avec 170 gr. . 8 fr.

Le Brome de Schrader, Par A. LAVALLÉE. 4e édition. In-18 avec 2 planches sur acier . . . . 1 fr. 50

Dictionnaire vétérinaire, par L. FÉLIZET (*Vétérinaire*). Introduction de J.-A. BARRAL. — In-18, relié. . . . . 2 fr. 50

La Pustule maligne. — Charbon, sang de rate, par CH. BABAULT (*Docteur médecin*). — In-18, relié. . . . . 2 fr.

Législation protectrice des Animaux, par B. de BEAUPRÉ (*Docteur en droit*). 3e édition. — In-18, relié. . . . . 0 fr. 75

Les Oiseaux utiles et nuisibles aux champs, jardins, vignes, forêts, etc., par H. DE LA BLANCHÈRE. 2e édition. In-18, relié, avec 150 gravures . . . . 3 fr. 50

La Culture économique par l'emploi des instruments et machines, par ED. VIANNE. — In-18 avec 204 figures, relié. . . . . 2 fr. 50

Enquête sur les Engrais, par MM. DUMAS (*Membre de l'Institut*) et DE MOLON. — In-18, relié . . . . 2 fr.

SCIENCE — INDUSTRIE

Musée entomologique illustré.—Histoire naturelle iconographique des Insectes, publiée par une réunion d'Entomologistes français et étrangers. Tome premier : Les Coléoptères ; classification, mœurs, chasse, collections ; Iconographie et Histoire naturelle des Coléoptères d'Europe. 1 vol. in-4° avec 48 planches en couleur et 335 vignettes . . . . 30 fr.

Grand Atlas universel. — 51 cartes en couleur, dessinées par W. Hughes (*de la Société de Géographie de Londres*). 2ᵉ édition, avec Introduction par E. Cortambert (*Bibliothécaire à la Bibliothèque nationale*). — Avec Index général, relié. . . . . 125 fr.

La Vie. — Physiologie humaine appliquée à l'hygiène et à la médecine, par le docteur Le Bon. — In-8° avec 339 figures . . 15 fr.

L'Origine de la Vie, par Pennetier, avec Introduction, par Pouchet (*Directeur du Muséum de Rouen*). — In-18, avec figures. 3 fr.

Le Médecin des Enfants, par Barthélemy (*Docteur médecin*). — In-18, relié . . . . 1 fr.

L'Allaitement maternel, par le Dʳ Brochard. — In-18, rel.. 1 fr.

Clinique médicale de Montpellier, par le professeur Fuster (*Médecin en chef de l'Hôtel-Dieu Saint-Éloi*). — In-8°, cartonné. . 10 fr.

Causeries scientifiques. — Découvertes, inventions de l'année 1875, par H. de Parville (*Rédacteur du* Journal officiel *et du* Journal des Débats). — In-18 avec 50 figures . . . . 3 fr. 50

L'Ammoniaque. — Son emploi en industrie, par Ch. Tellier (*Ingénieur civil*). — In-8° avec figures et plans. . . . . . . 12 fr.

Principes de Science absolue par J. Thomson. — In-8° relié. 16 fr.

La Culture des Plages maritimes par H. de la Blanchère (*Ancien élève de l'école forestière*). — Préface de Coste (*de l'Institut*), — In-18, 70 gravures, relié. . . . . 3 fr.

Le Monde microscopique des Eaux, par J. Girard.—In-18, avec 70 gravures, relié toile. . . . . 3 fr. 50

La Lithotritie et la Taille. — Guide pratique pour le traitement de la pierre, par le docteur S. Civiale (*Membre de l'Institut*). 2ᵉ édition, avec 50 gravures avec catalogue de calculs et d'instruments. — Relié, toile.. . . . . 16 fr.

L'Aquarium d'eau douce et d'eau de mer, par J. Pizzetta. Introduction, par A. Geoffroy Saint-Hilaire (*Directeur du Jardin d'acclimatation*). — In-18 avec 220 gravures, relié. . . . . 3 fr. 50

La Pluie et le Beau Temps. Météorologie usuelle, par P. Laurencin. — In-18, avec 110 gravures et cartes, relié. . . . . . 3 fr. 50

www.ingramcontent.com/pod-product-compliance
Lightning Source LLC
LaVergne TN
LVHW020132030726
842520LV00001B/121